KB240824

맛있는 요리를 만드는 레시피가 있는 것처럼 웃음, 힐링, 성장을 만드는 레시피도 있을까요?
레시피팩토리는 모호함으로 가득한 이 세상에서 당신의 작은 행복을 위한 간결한 레시피가 되겠습니다.

그대로 따라 하면 완성되는
진짜 초보를 위한
뜨개 레시피 31가지

진짜 기본 뜨개책

코바늘편

뜨개 유튜브를 시작하던 날,
'왕초보를 위해 정말 완벽한 수세미 동영상을
만들어보자'고 생각했습니다

제가 코바늘 뜨개를 시작하고 한참 열심히 뜨던 때,
추진력이 남달랐던 친한 동생이 부채질을 했어요.

"언니, 뜨개도 잘하고 목소리도 좋은데 너무 아깝다. 유튜브 한번 해봐"
"내가 무슨 유튜브를 해. 뜨개 잘하는 사람이 얼마나 많은데"

그렇게 처음엔 손사래를 쳤습니다. 하지만 좋아하는 뜨개를 하면서
사람들과 소통할 수 있겠다는 생각에 용기를 냈어요.

첫 영상으로 뭐가 좋을까 고민하다가, '내 손으로 수세미라도 떠서 써보자'하는 마음으로
코바늘 뜨개를 시작했던 순간이 떠올랐습니다. 작고 단순해 보이는 수세미가
생각보다 너무 어려워서 '푸르시오(뜨개를 하다 잘못된 부분을 발견했을 때 실을 도로 풀어내는 작업)'를
반복하며 힘겹게 만들었던 기억이 있었거든요.

그래서 저처럼 '독학으로 시작하는 왕초보를 위해 정말 완벽한 수세미 동영상을
만들어보자'고 마음먹었고, 그 영상이 저의 '정성을 뜨는 421' 유튜브 채널 첫 영상이자,
여전히 최고 조회수(221만)와 댓글(2,500개) 기록을 보유한 원형 수세미 영상이 되었습니다.

지금 생각해 보면 저 역시 독학으로 코바늘을 시작했고, 6개월 정도밖에 안된
초보였기 때문에 초보의 마음을 잘 알고 있었던 것 같아요. 초보가 헷갈릴만한 부분을
잘 짚어주고 공감해 주니까 많은 초보 분들이 좋아해 주시지 않았나 싶습니다.

코바늘 뜨개에 도전해보고 싶지만 어떻게 시작해야 할지 고민인 분들에게,
조금 먼저 시작한 사람으로서 누구보다 쉽고 친절하게 알려드리고 싶었어요.
이 책은 저의 그런 마음을 담아 만들었습니다.

책을 쓰며 두 가지 꿈이 생겼습니다. 첫 번째는 뜨개 작가로서의 꿈이에요.
저는 제 작품이 이야기가 담긴 작품으로 기억되기를 바랍니다.

이렇게 제 작품을 뜨신 분들에게 소중한 이야깃거리와 추억이 생기면 정말 좋을 것 같아요.

두 번째는 유튜버로서의 꿈이에요. 유튜브에 올라오는 수많은 콘텐츠는
여러 사람들에게 재미, 정보, 대리만족, 시간 때우기 등 다양한 목적으로 활용되고 있습니다.
제가 올린 콘텐츠가 누군가의 삶에 영향을 준다는 건 무거운 책임감이 느껴지기도 하고
뜻깊은 일이기도 한 것 같아요. 그래서 저는 앞으로도 제 분야에서 좋은 영향을 전하는
뜨개 유튜버가 되고 싶어요.

무엇보다, 저는 '뜨개 초보'에 진심입니다. 앞으로도 뜨개를 시작하는 분들에게
도움이 되는 영상을 만들고 싶고, 함께 성장하고 싶어요. 제 영상으로 입문하신 분들이
저보다 훨씬 멋진 작품을 만드시길 바랍니다. 우리 오래오래 함께 뜨개 해요.

— 2025년 겨울, 정성을 뜨는 421 김나리

CONTENTS

004 PROLOGUE
뜨개 유튜브를 시작하던 날,
'왕초보를 위해 정말 완벽한
수세미 동영상을 만들어보자'고 생각했습니다

012 BASIC GUIDE
코바늘 뜨개 준비하기

014 기본 준비물
016 실 & 바늘 고르기
021 이 책에서 사용한 코바늘 기법과 기호
022 코바늘 뜨개 기초 용어
024 이 책의 도안 읽는 법
025 뜨개 작품 관리하는 법

373 INDEX
실과 바늘에 따른 목차

CHAPTER 1

코바늘 뜨개 시작하기

028 기본 자세

030 5가지 기초 기법
사슬뜨기 / 빼뜨기 / 짧은뜨기 / 긴뜨기 / 한길긴뜨기

058 이 책에서 사용한 코 늘림, 코 줄임 기법
짧은뜨기 2코 넣어뜨기 / 짧은뜨기 3코 넣어뜨기 /
한길긴뜨기 2코 넣어뜨기 / 한길긴뜨기 3코 넣어뜨기 /
한길긴뜨기 5코 넣어뜨기 /
짧은뜨기 2코 모아뜨기 / 한길긴뜨기 2코 모아뜨기

065 이 책에서 사용한 응용 기법
빼뜨기 이랑뜨기 / 짧은뜨기 이랑뜨기 /
긴뜨기 이랑뜨기 / 한길긴뜨기 이랑뜨기 /
짧은뜨기 앞걸어뜨기 / 한길긴뜨기 앞걸어뜨기 /
한길긴뜨기 뒤걸어뜨기 / 두길긴뜨기

074 작품 시작하기

081 실 연결하기

084 작품 마무리하기

085 꼬리실 정리하기

PLUS TIP
086 초보가 당황하는 순간 20

그대로 따라 하면 완성되는
뜨개 레시피
21

1시간 완성!

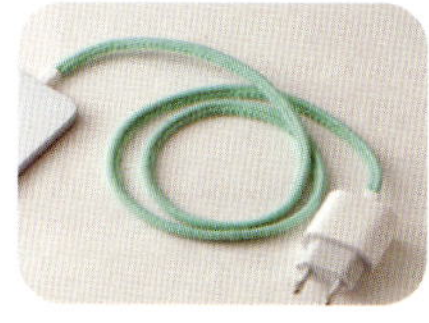

기본
100 충전선 꾸미기
응용
107 보카시 실로 뜨기
107 합사해서 뜨기

기본
108 체인 팔찌
응용
115 얇은 실로 뜨기

1시간 완성!

기본
116 꽃
응용
123 꽃 키링
123 꽃 책갈피

기본
124 네잎클로버
응용
131 네잎클로버 키링
131 네잎클로버 책갈피

기본
132 리본
응용
139 심플 리본
139 리본 머리끈
140 빅 리본 머리핀
140 리본 키링

3시간 완성!

기본
142 사각 티코스터
응용
149 냄비 받침
149 도톰 겨울실 티코스터

기본
150 원형 티코스터
응용
157 삼베 수세미
157 반짝이 수세미

기본
158 미니 사각 바구니
응용
167 사각 실 바구니
167 면사로 뜨기

기본
168 미니 원형 바구니
응용
177 원형 실 바구니
177 면사로 뜨기

하루 완성!

기본
178 투톤 명함지갑
응용
185 여름용 카드지갑

기본
186 곱창 밴드
응용
193 합사해서 뜨기

기본
194 줄무늬 네트 파우치
응용
203 단색 빅 파우치
203 단색 미니 파우치

기본
204 네트 크로스백
응용
211 세로형 네트 크로스백
212 가죽 네트백
212 배색하기

3일 완성!

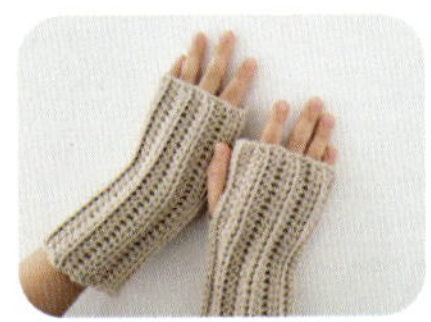

기본
214 포근 핸드워머
(아동용)
응용
221 포근 핸드워머
(성인 여성용)

기본
222 온 가족 비니
(성인 여성용)
응용
229 온 가족 비니
(아동용)
229 온 가족 비니
(성인 남성용)

기본
230 다용도 물결 매트
응용
239 미니 테이블 매트
239 주방용 덮개

기본
240 핸들백
응용
249 미니 핸들백
249 겨울 토트백

일주일 완성!

기본
250 줄무늬 스트링백
응용
259 미니 크로스백

기본
260 데일리 망태기 가방
응용
269 미니 망태기 가방
269 배색하기

기본
270 내추럴 빅 네트백
응용
279 비치 네트백

기본
280 도트 무릎 담요
응용
287 겨울 담요
288 바구니 덮개
288 핸드 타월

그대로 따라 하면 완성되는
선물 레시피
10

기본
292 와인 네트백
응용
299 텀블러백
299 가죽 와인백

기본
300 네트 휴지걸이
응용
307 촘촘 네트 휴지걸이

기본
308 블루투스 이어폰 파우치
응용
315 겨울용 파우치
315 비상약 파우치

기본
316 반려동물 케이프
응용
323 램스울 케이프

기본
324 머랭크래커 키링
응용
331 미니 머랭이
331 빅 머랭이

기본
332 통통 오색 복주머니
응용
339 램스울 복주머니

기본
340 사탕 꽃다발
응용
347 램스울 사탕 꽃다발

기본
348 생리대 파우치
응용
355 대형 파우치
355 합사해서 뜨기

기본
356 꽈배기 목도리
응용
363 뽀글이 목도리
363 세안 머리띠

기본
364 421 무드백
응용
372 숄더백
372 포슬 무드백

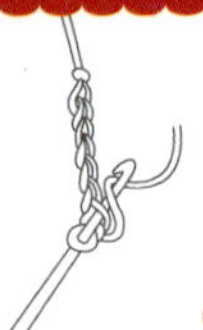

이 책의 활용법, 7단계 스텝

뜨개 입문자부터 기초를 튼튼히 하고 싶은 초급자, 내 작품을 만들고 싶은 중급자까지 아래 7단계 스텝을 따라 해보세요.

1 단계

작품의 완성된 모습과
사용하는 실, 바늘, 기법까지
한눈에 살펴봅니다.

2 단계

작품에 들어가기 전,
초보가 살펴보면 좋은 팁들을
미리 확인합니다.

3 단계

뜨기 전 한눈에 보기
사진과 도안을 함께 살펴보며
작품의 진행 순서를 이해합니다.

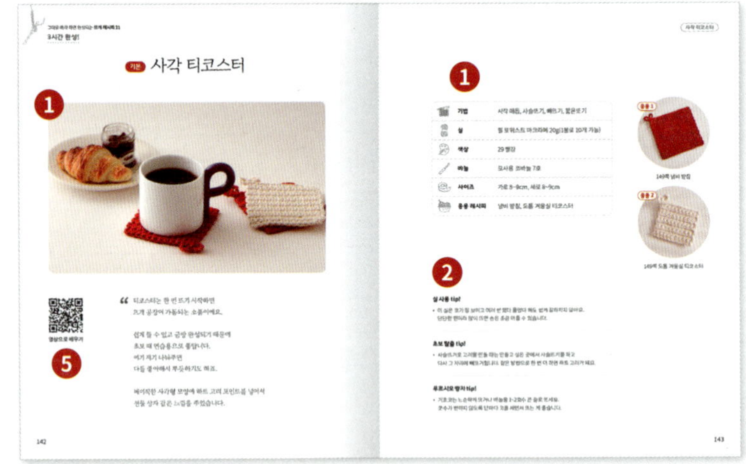

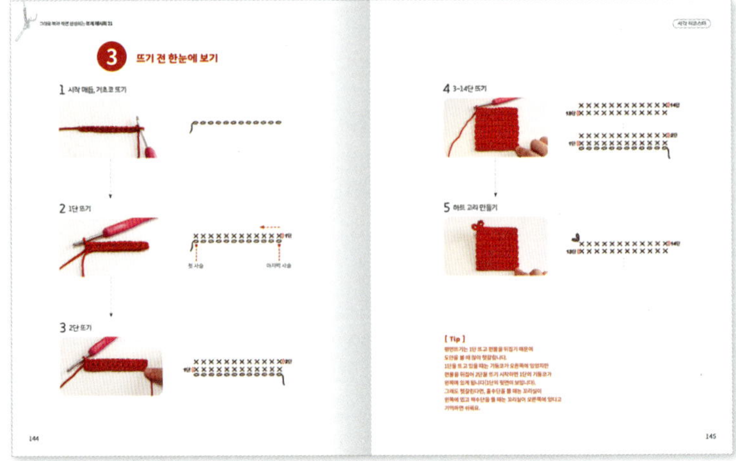

코바늘 뜨개 준비하기

코바늘 뜨개를 시작하기 전에 알아둘 모든 것을 소개합니다.

꼭 필요한 기본 준비물부터 실과 바늘 고르는 방법, 코바늘 뜨개 기초 용어,

그리고 뜨개 작품을 관리하고 세탁하는 방법까지 다루었습니다.

지금은 용어들이 조금 낯설 수 있지만, 최대한 쉽게 풀어 설명했으니 천천히 읽어주세요.

기본 준비물

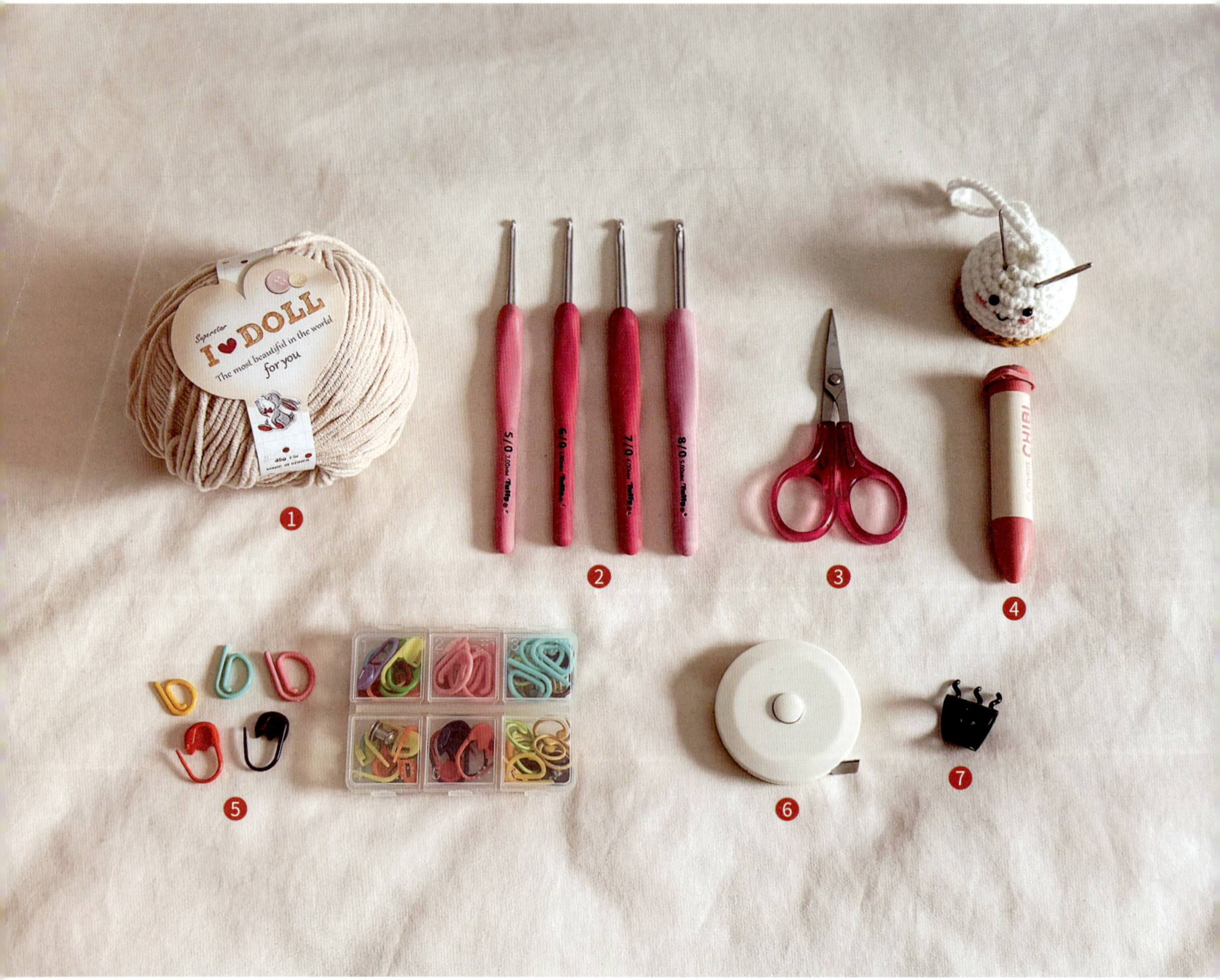
I DOLL
The most beautiful in the world
for you
5/0
6/0
7/0
8/0
CHIBI
1
2
3
4
5
6
7

1 실

면, 폴리, 아크릴, 울 등 다양한 소재의 뜨개 실이 있어요.
같은 작품이라도 실 선택에 따라 느낌이 많이 달라지기 때문에
작품의 특징과 계절에 맞는 실을 고르는 것이 중요합니다.

2 모사용 코바늘(털실용 코바늘)

2호에서 10호까지 호수가 커질수록 바늘이 굵어집니다.
실의 두께에 맞는 코바늘을 사용하세요.

3 가위

실을 자를 때 사용합니다. 작고 뚜껑이 있는 가위가 휴대성이 좋습니다.

4 돗바늘

실을 숨길 때 사용합니다. 바느질용 실보다 끝이 뭉둑한 깃이 특징이에요.

5 단수링(단수표시링)

콧수나 단수를 표시할 때 사용하는 것으로 초보에게는 꼭 필요한 준비물입니다.
색깔 / 크기별로 휴대용 약통에 담아 보관하면 좋습니다.

6 줄자

작품의 길이를 잴 때 사용합니다.

7 니팅링

까슬하거나 단단한 실을 사용할 때는 왼손 검지에 니팅링을 끼고 떠야
손가락이 쓸리지 않아 좋습니다.

실 & 바늘 고르기

1 실의 종류와 특징

이 책에서는 작품에 어울리는 다양한 실을 활용했습니다. 특히 면사는 얇은 실부터 도톰한 실까지
다양하게 떠볼 수 있도록 구성했어요. 취향과 실의 성격에 맞게 골라 사용하세요.

- **면** 통기성이 좋아 봄, 여름 소품 뜨기 좋은 실
- **폴리프로필렌** 탄탄하고 물에 강해서 여름 소품 뜨기 좋은 실
- **아크릴** 보온성이 뛰어나 겨울 소품 뜨기 좋은 실
- **수면사** 보송보송한 촉감의 가볍고 부드러운 실
- **혼방사** 성질이 다른 섬유를 섞어서 짠 실로, 장점을 결합한 실
- **삼베** 순식물성 재료로 만들어 환경을 생각한 실
- **램스울** 빈티지한 색감의 겨울 소품 뜨기 좋은 실

☑ 입문자에게 좋은 실

밝은 색상의 코가 잘 보이는 실, 너무 얇거나 두껍지 않은
실(코바늘 5~7호 정도 사용하는 실)이 좋습니다.

① **5~7호 정도 사용하는 두께의 면사** 특히 튜브사 형태로 된
면사는 코가 잘 보이고, 여러 번 떴다 풀었다 해도 실이 잘
풀리지 않는다. 예시) 필트위스트 마크라메, 더코튼 등

② **면과 아크릴의 장점을 결합한 부드러운 혼방사** 코가 잘
보이고 부드러워 초보자에게 추천한다. 여러 번 떴다 풀었다
하면 실끝이 갈라질 수 있으니 주의한다. 예시) 아이돌,
롤리코튼 등

③ **솜이 들어간 실** 코가 제일 잘 보이고 부드럽다. 텐션이 있어
너무 당기면서 뜨면 편물이 작게 나올 수 있으니 주의한다.
예시) 아몬드, 메이크업 등

☑ 입문자에게 어려운 실

어두운 색상의 실, 너무 얇거나 두꺼운 실, 반짝이 실,
뽀글이실, 납작한 실은 피하는 게 좋습니다.

① **여러 가닥의 실이 꼬여있지 않고 갈라지는 실**
실 사이로 바늘이 빠지거나, 잘 엉킬 수 있어
다루기 어렵다. 예시) 램스울 메종, 삼베실 등

② **반짝이 수세미실** 실 겉에 반짝이는 날개가 달린 실은
코가 잘 안 보인다.

③ **보글보글한 털이 달린 실** 겨울 소품 뜨기 좋은
실이지만 코가 잘 안 보여 입문자에게는 추천하지
않는다. 예시) 설리, 포슬 등

2 실 정보 알기

라벨(띠지)에는 실에 대한 많은 정보가 있습니다.
실을 구매한 후 라벨은 보관하거나 사진으로 찍어두면 좋아요.

실 구매 전 라벨 체크 리스트

☑ 계절에 맞는 실인가? ①번 소재 확인하기

☑ 작품에 알맞은 두께인가? ②번 권장바늘 확인하기

☑ 추가로 구매할 때 실 색상이 바뀌진 않을까? ④번 실 번호 / 로트 색상 적어놓기
　　★ '로트 색상'은 한 번에 염색된 실의 그룹을 식별하는 번호를 말해요.
　　실 번호가 같아도 로트 색상이 다르면 실의 색상이 달라보일 수 있습니다.
　　가급적이면 하나의 작품을 뜰 때는 같은 로트 색상의 실을 구매하는 게 좋아요.

☑ 이 실로 뜨면 몇 볼이나 사야 하는가? ⑤번 실의 길이, ⑥번 실의 무게 확인하기

☑ 완성품의 무게는 얼마나 될까? ⑥번 실의 무게 확인하기

☑ 10cm × 10cm 정사각형을 떴을 때 몇 코, 몇 단이 나올까? ⑦번 표준 게이지 확인하기
　　★ 게이지는 보통 대바늘 기준으로 표기되어 있어요.

☑ 세탁 시 주의해야 할 점이 있는가? ⑧번 취급 방법 확인하기

3 실을 편리하게 사용하는 법

☑ 심지가 없는 작은 실(아이돌, 아몬드 등)

띠지를 제거하는 순간 술술 풀려버리는 실이 있습니다. 이런 실은 이렇게 사용해보세요.

1

실을 일회용 컵에 넣는다.

2

띠지를 제거하고
가운데에서 실을 뽑는다.

3

뚜껑 구멍으로 실을 빼서 사용한다.
* 풀린 실이 많을 때는 컵 바깥에 감아
사용하세요.

☑ 심지가 없는 큰 실(필트위스트 마크라메, 단디, 콘사 등)

심지가 없는 큰 볼

커피 캐리어에 넣고 가운데에서 실을 뽑는다.
손잡이가 있어서 휴대하기 좋다.

심지가 없는 콘사

• 콘사가 들어가는 크기의 비닐 봉투에 넣고
가운데에서 실을 빼서 사용한다.
• 비닐 봉투는 구하기도 쉽고 주변에 걸어
편리하게 사용할 수 있다.

 심지가 있는 실(컬러코튼, 샌디, 버디버디, 콘사 등)

심지가 있는 작은 볼, 큰 볼

- 심지가 있는 실은 바깥에서 실을 빼기 때문에
  그냥 사용하면 바닥에 굴러다녀 더러워진다.
- 실이 안에서 굴러다닐 수 있는 정도의 지퍼백이나
  비닐봉투에 넣어 사용한다.
- 지퍼백에 넣을 경우, 돗바늘로 지퍼백에 구멍을 뚫어서
  실을 빼내거나 지퍼백 입구로 실을 빼서 사용한다.

심지가 있는 콘사

- 얀 홀더에 끼운 후 바깥에서 실을 빼서 사용한다.
  홀더가 없다면 그냥 바닥에 내려놓고 떠도 좋다.

 외출, 여행갈 때 유용한 아이템

커피 캐리어

- 간단하게 챙겨서 외출할 때 좋다.
- 일회용 컵에 실을 넣고
  커피처럼 캐리어에 넣는다.
- 코바늘, 가위, 돗바늘 등
  뜨개 소품을 함께 담아도 좋다.

브랜드얀 니팅 파우치

- 손잡이가 있고 가방 안쪽에
  코바늘을 꽂을 수 있는 칸이 있어서
  편리하다.
- 탄탄한 파우치라 단독으로
  사용해도 좋고, 다른 가방에 넣어
  이너 파우치로도 사용 가능하다.

다이소 미니 캐리어

- 미니 캐리어는 여행갈 때 유용하다.
- 뜨개실을 많이 넣을 수 있고
  한쪽은 지퍼로 닫는 공간이 있어서
  실이 서로 섞이지 않는다.

4 바늘 고르기

끝에 갈고리가 달린 모사용 코바늘을 준비합니다. 초보자 단계에서는 주로 5~7호 바늘을 많이 쓰게 될 거예요.
실의 라벨에 권장 바늘 호수가 표기 되어 있으니 구매 시 참고하세요.
작품 특성과 기호에 따라서 아래와 같이 기준을 두고 고르기도 합니다.

☑ **탄탄하게 뜨고 싶을 때** 작은 호수의 바늘을 사용한다. 예시) 5~7호 권장할 경우 5호 사용

☑ **느슨하게 뜨고 싶을 때** 큰 호수의 바늘을 사용한다. 예시) 5~7호 권장할 경우 7호 사용

5 준비물 구매처

다양한 뜨개 실과 준비물들을 판매하는 곳들을 소개할게요.
이 외에 많은 오프라인 상점과 뜨개 카페가 있습니다.

- **온라인** 앵콜스, 바늘이야기, 쎄비, 청송뜨개실, 쿠팡 등
- **오프라인** 앵콜스 아카이브(강남), 바늘이야기(파주점, 연희점), 쎄비 하우스(성수)

추천 구매처 앵콜스

이 책에서 사용한 코바늘 기법과 기호

기초 기법

○	사슬뜨기	
●	빼뜨기	
✕	짧은뜨기	
⊤	긴뜨기	
⊤	한길긴뜨기	

코 줄임 기법

짧은뜨기 2코 모아뜨기	
한길긴뜨기 2코 모아뜨기	

걸어 뜨기

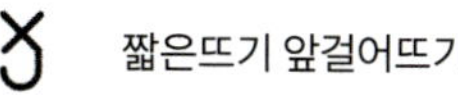

짧은뜨기 앞걸어뜨기	
한길긴뜨기 앞걸어뜨기	
한길긴뜨기 뒤걸어뜨기	

코 늘림 기법

짧은뜨기 2코 넣어뜨기	
짧은뜨기 3코 넣어뜨기	
한길긴뜨기 2코 넣어뜨기	
한길긴뜨기 3코 넣어뜨기	
한길긴뜨기 5코 넣어뜨기	

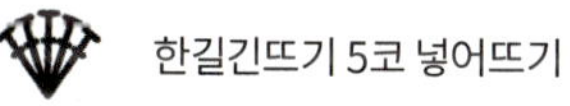

이랑뜨기

빼뜨기 이랑뜨기	
짧은뜨기 이랑뜨기	
긴뜨기 이랑뜨기	
한길긴뜨기 이랑뜨기	

다중 감기 기법

두길긴뜨기	

코바늘 뜨개 기초 용어

*** 예시 사진 :**
기초코(사슬5),
기둥코(사슬3),
한길긴뜨기4
진행한
모습입니다.

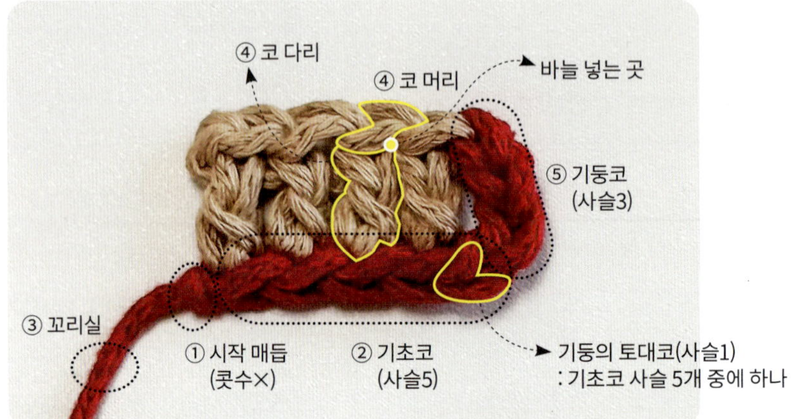

1 시작 매듭

평면뜨기로 뜨개 작품을 만들 때 처음에 사슬뜨기 1개를 하는데, 이 사슬은 시작 매듭이 됩니다.
시작 매듭은 콧수로 세지 않습니다. * 원형뜨기는 매직링(원형코)으로 시작합니다.

2 기초코

뜨개 작품을 뜰 때 기초가 되는 코입니다. 평면뜨기는 시작 매듭(사슬1)을 만든 후에
사슬뜨기로 기초코를 만듭니다.

3 꼬리실

작품을 시작하고 끝낼 때, 실을 연결할 때 남겨두는 짧은 실을 꼬리실이라고 합니다.
남은 꼬리실은 작품 완성 후 돗바늘로 숨겨줍니다.

4 코와 단

하나의 코는 머리와 다리로 이루어집니다. 코의 머리는 위쪽에 위치한 사슬 모양이고, 코의 다리는
기법에 따라 길이가 달라집니다. 기둥코를 세우고 마지막 코까지 뜨면 한 단이 완성됩니다.

5 코의 높이 및 기둥코

뜨개를 처음 하시는 분들은 기둥코의 개념이 어렵게 느껴집니다.
이해하기 쉽게 예를 들어 설명할게요.

높이가 10cm인 벽돌로 담을 만든다고 상상해보세요.
1층에 높이가 10cm인 벽돌 5개를 시작점에서 왼쪽 방향(←)으로 나란히 놓으려고 해요.
이때, 시작점에 놓는 첫 번째 벽돌을 '기둥 벽돌'이라고 할게요. 기둥 벽돌을 시작으로,
왼쪽으로 쭉 놓을 나머지 4개 벽돌의 높이가 같아야 1층 높이가 일정하게 만들어지겠죠?

자, 뜨개와 비교해볼게요.
기둥 벽돌은 기둥코, 나머지 4개의 벽돌은 4개의 코라고 생각해보세요.

1층은 1단과 같습니다.
기둥 벽돌과 나머지 4개 벽돌의 높이가 같아야 하듯이,
기둥코와 나머지 4개 코의 높이가 같아야 한 단(1층)이 균형있게 만들어집니다.

기둥코는 사슬뜨기로 만듭니다.
짧은뜨기 < 긴뜨기 < 한길긴뜨기 < 두길긴뜨기 순서로 코의 다리(벽돌의 높이)가 길어져요.
그래서 그 단에서 쓰는 기법에 따라 기둥코의 높이(사슬뜨기 개수)가 달라집니다.

짧은뜨기 기둥코	긴뜨기 기둥코	한길긴뜨기 기둥코	두길긴뜨기 기둥코
사슬뜨기 1개 콧수로 세지 않습니다.	사슬뜨기 2개 콧수로 셉니다.	사슬뜨기 3개 콧수로 셉니다.	사슬뜨기 4개 콧수로 셉니다.

 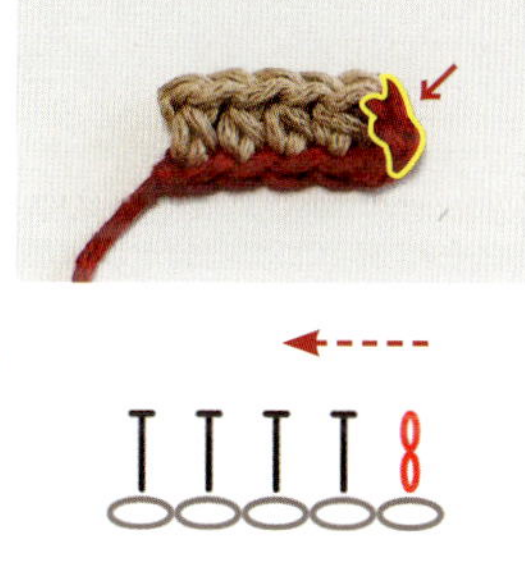  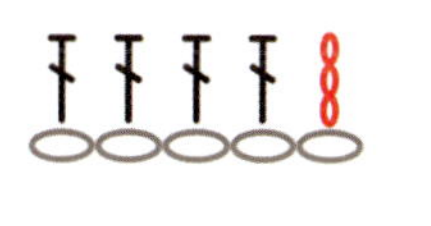  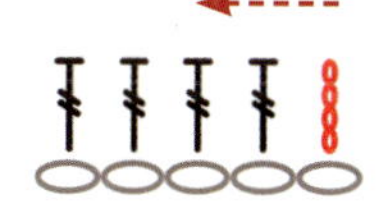

* 짧은뜨기는 첫 번째 자리에 기둥코와 짧은뜨기가 함께 들어갑니다.
기둥코(사슬1)가 너무 작기 때문이에요. 따라서 콧수로 세지 않습니다.

이 책에서는 모든 도안의 기둥코를 빨간색으로 표시했습니다.
단이 시작하는 곳이 어디인지 헷갈릴 때는 빨간색 기둥코를 찾아주세요.
뜨개를 시작할 때는 기둥코부터 왼쪽 방향으로 뜹니다(원형뜨기는 반시계 방향).

[Tip] 421's Comment

같은 기법이 반복될 때 중요한 것은 코의 높이를 비슷하게 맞추는 것이에요. 예를 들어 한길긴뜨기로
계속 뜨는 작품이라면 첫 번째 한길긴뜨기부터 마지막 한길긴뜨기까지 높이가 일정해야 예쁘게 완성됩니다.
사실 작품을 예쁘게 완성하기까지 이 기술이 제일 중요하고 어렵답니다. 저도 한 작품을 2일 동안 뜨면
어제 뜬 코 보다 오늘 뜬 코가 더 느슨하게 나오기도 합니다. 그래서 손으로 하는 모든 일은 참 어렵고
경이로운 것 같아요. 기계처럼 다 똑같이 나오지 않기 때문에 더 정감있다고 생각합니다.

이 책의 도안 읽는 법

평면뜨기	원형뜨기	원통뜨기

평면뜨기

1단 뜨고 편물 뒤집고,
2단 뜨고 편물 뒤집고, 이렇게 앞면과
뒷면을 번갈아 보면서 뜬다.
* 편물을 뒤집을 때는 계속 같은 방향으로
뒤집어야 모양이 균일하게 나와요.

원형뜨기

편물의 앞면을 보고
가운데에서 시작해
반시계 방향으로 뜬다.

원통뜨기

겉면을 보고 왼쪽으로 진행하면서
원통 모양으로 뜬다.
* 이렇게 겉면을 보면서 한 방향으로
뜰 때는 단의 시작 부분이
약간 오른쪽으로 이동합니다.

평면뜨기

- **기둥코**부터 시작해 왼쪽 방향으로
  읽습니다. 맨 왼쪽의 코가
  단의 마지막 코입니다.
  * 사진에 보이는 면을 기준으로
  그려진 도안(짝수단은 앞면, 홀수단은
  뒷면)입니다. 14단(짝수단)을 뜰 때의
  모습이므로, 1단(홀수단)의 기둥코가
  왼쪽에 있어요.
- 단수를 셀 때는 아래에서 위로 셉니다.
- **예시 도안 읽기**
  기초코(사슬12), **기둥코**(사슬1, 콧수×),
  짧은뜨기12, 1단 12코, 총 단수 14단

원형뜨기

- **기둥코**부터 시작해
  반시계 방향으로 읽습니다.
  기둥코 오른쪽 코가
  단의 마지막 코입니다.
- 단수를 셀 때는
  중앙에서 바깥으로 셉니다.
- **예시 도안 읽기**
  매직링(가운데 동그라미),
  1단 **기둥코**(사슬3, 콧수O),
  한길긴뜨기13, 빼뜨기(콧수×),
  1단 14코, 총 단수 3단

원통뜨기

- **기둥코**부터 시작해 왼쪽 방향으로
  읽습니다. 기둥코 오른쪽 코가
  단의 마지막 코입니다.
- 단수를 셀 때는 아래에서 위로 셉니다.
  (원통뜨기는 사진에서 정면으로 보이는
  부분만 도안으로 담았습니다.)
- **예시 도안 읽기**
  몸통 1단 **기둥코**(사슬1, 콧수×),
  한 코에 하나씩 짧은뜨기이랑뜨기,
  빼뜨기(콧수×), 총 단수 6단

뜨개 작품 관리 하는 법

 완성 후 정돈하기

완성한 뜨개 작품이 고르지 않을 때 스팀 다리미를 사용해 정돈해 주면 좋습니다.

정돈하기

① 작품을 뒤집어 놓고 다리미를 살짝 띄워서 스팀을 쐬어준다.

② 열기가 조금 식었을 때 손으로 만져가며 펴준다.
   * 열기에 화상을 입지 않도록 조심하세요.
   * 더 일정한 크기로 펴고 싶다면 모서리를 핀으로 고정한 후 스팀을 쐬어주세요.
   * 스팀을 쐬기 전에 남은 실에 스팀을 쐬어보거나, 실 라벨의 '취급 방법'을 확인합니다.

 세탁하기

사용한 실에 따라 드라이 크리닝, 손세탁 등 세탁 방법이 다릅니다.
세탁 전에 라벨의 '취급 방법'을 확인하세요.

손세탁 하기

① 30℃ 정도의 미지근한 물에 중성세제를 풀고,
   손으로 살살 흔들거나 조물조물 가볍게 눌러가며 세탁안나.

② 세탁 후 헹굼 과정에서 섬유유연제를 사용하고,
   마른 수건으로 두드리며 물기를 제거한다.

③ 바람이 잘 통하는 그늘에 펼쳐서 건조한다.
   * 말릴 때도 모양을 잡아주면 좋습니다.

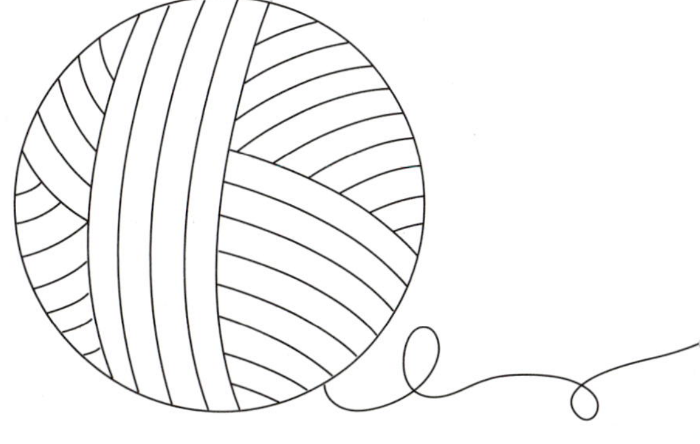

코바늘 뜨개
시작하기

이제 코바늘 뜨개를 시작해볼까요? 기본 자세와 5가지 기초 기법부터

하나씩 차근차근 따라 해보세요. 무한 반복하면 뜨개인으로 거듭날 수 있어요.

초보가 당황할 수 있는 순간 20가지도 Q&A 코너로 정리했습니다.

뜨다가 막힐 때 찾아보는 '초보 사용 설명서'가 되어주길 바랍니다.

기본 자세

1 실 빼는 방법

심지가 없을 때 실 안쪽에서 뺀다.

심지가 있을 때 실 바깥쪽에서 뺀다.

2 실 거는 방법 둘 중 더 편한 방법을 사용하세요. 저는 '왼손 검지 앞에서 뒤로 걸기' 방법으로 합니다.

☑ 왼손 검지 뒤에서 앞으로 걸기

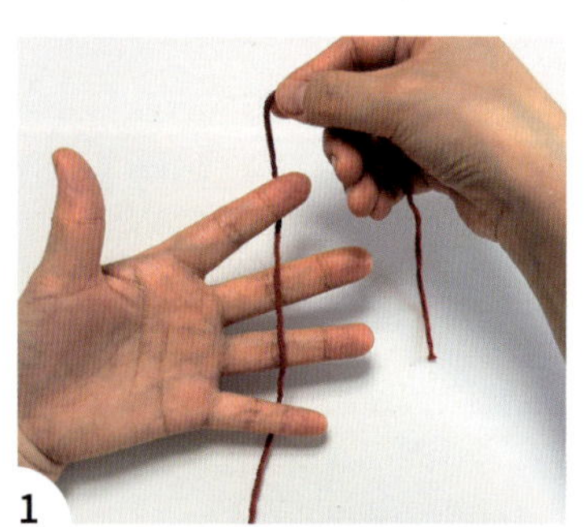

1

오른손으로 실 끝부분을 잡고
왼손 약지와 새끼손가락 사이로
실을 끼운다.

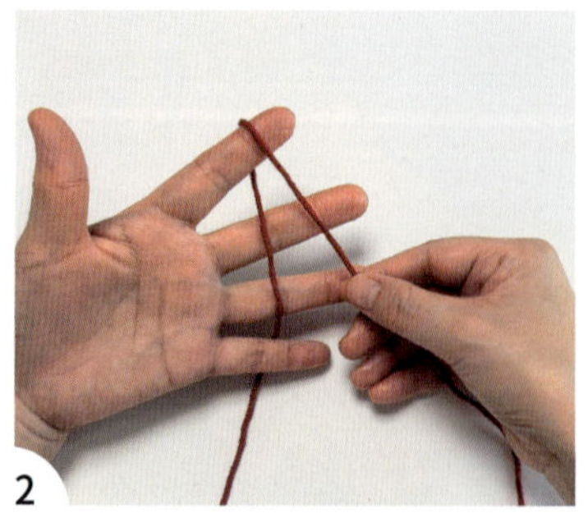

2

왼손 검지 뒤에서 앞으로
실을 걸어준다.

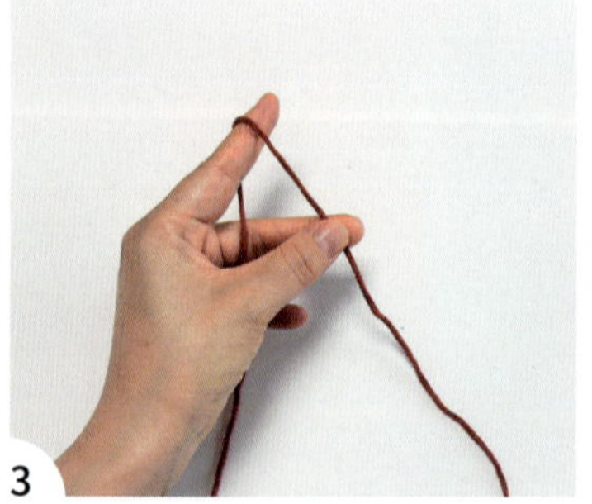

3

왼손 엄지와 중지로
실 끝부분을 잡는다.

☑ 왼손 검지 앞에서 뒤로 걸기

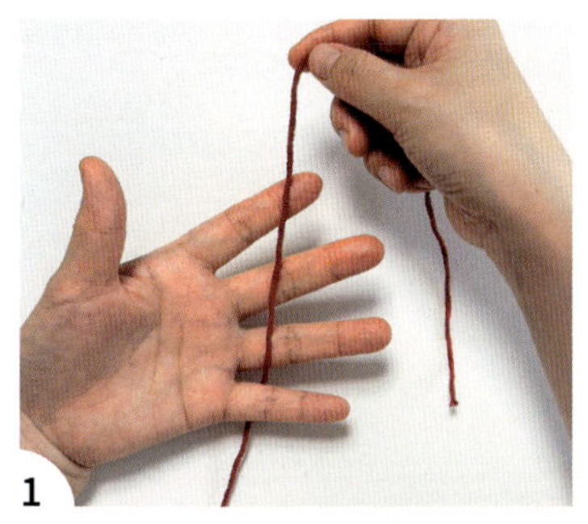

1

오른손으로 실 끝부분을 잡고
왼손 약지와 새끼손가락 사이로
실을 끼운다.

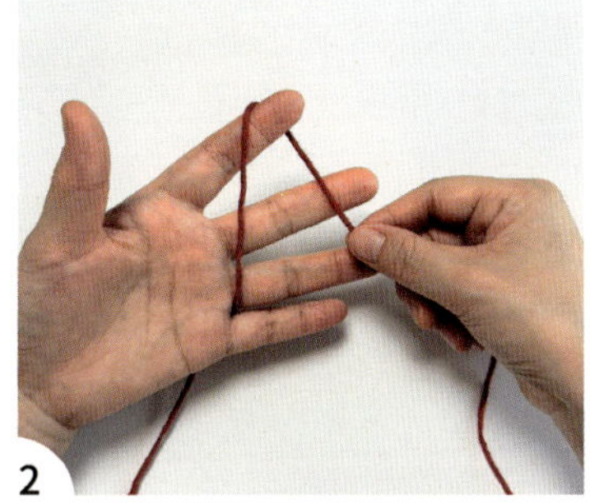

2

왼손 검지 앞에서 뒤로
실을 걸어준다.

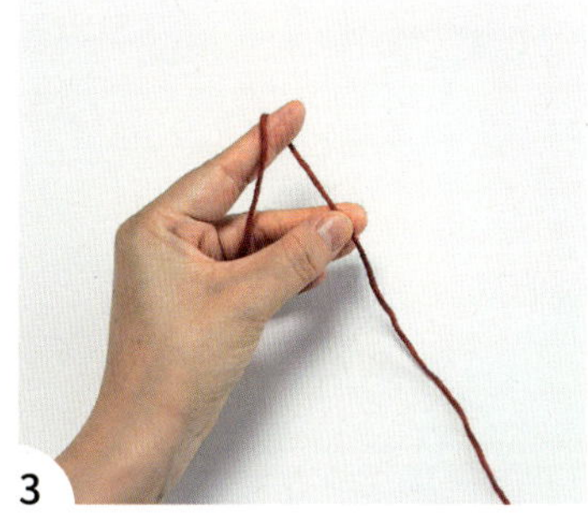

3

왼손 엄지와 중지로
실 끝부분을 잡는다.

3 코바늘 잡는 방법 둘 중 더 편한 방법을 사용하세요.

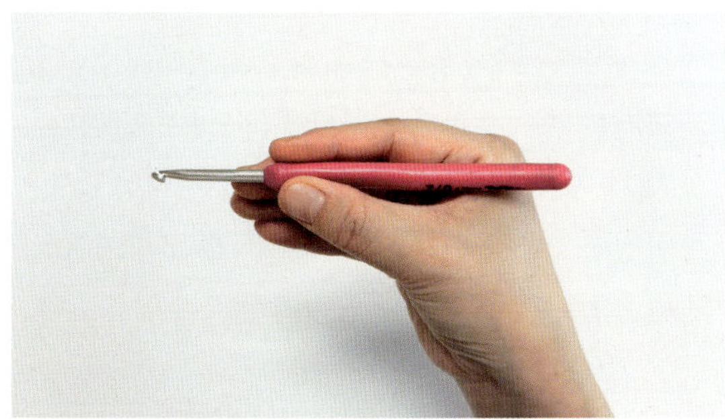

펜 그립

- 연필 잡듯이 잡는 방법이다.
  숙달되면 나이프 그립보다 조금 더 빠르다.
- 오른손 엄지와 검지로 코바늘을 잡고,
  중지는 코바늘을 가볍게 받쳐준다.
  나머지 손가락도 자연스럽게 중지 옆으로 붙인다.

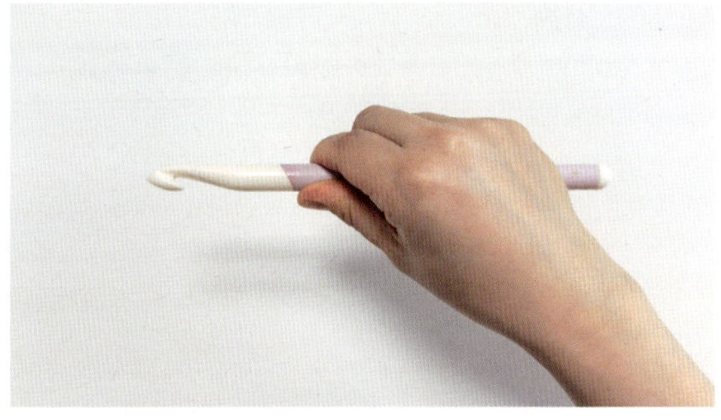

나이프 그립

- 나이프 잡듯이 잡는 방법이다.
  점보코바늘로 뜰 때 주로 사용한다.
- 오른손 엄지와 검지로 바늘을 움켜쥔다.

5가지 기초 기법

01
코바늘 뜨개의 시작
사슬뜨기

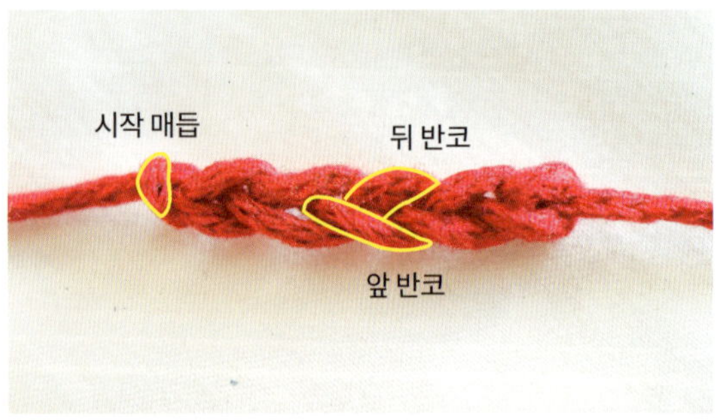

사슬뜨기 앞면

코들이 쭉 이어진 모습이 사슬 같아요. 사슬 위쪽을 '뒤 반코', 사슬 아래쪽을 '앞 반코'라고 부릅니다.

사슬뜨기 뒷면

올록 볼록 튀어나온 콧이 코산입니다. 마치 등뼈처럼 생겼어요.

> 코바늘을 잡으면 제일 먼저 배우는 사슬뜨기!
> 사슬뜨기를 하면 코가 작아졌다가 커졌다가,
> 베베 꼬이고 아주 엉망일 거예요.

난생 처음하는 손동작 때문에 손가락에 쥐가 날 것 같고, 이 작은 사슬을 만들겠다고 낑낑대는 내 모습이 초라하게 느껴질 수도 있어요.

그래도 '난 역시 똥손인가'하고 좌절하지 마세요. 뜨개는 손재주보다 인내심이 더 필요하답니다. '내가 이기나 네가 이기나 해보자!'는 마음으로 한참을 연습하면 어느새 예쁜 사슬 모양이 나온답니다. 여러분이 승자가 될거라 믿습니다.

영상으로 배우기
9:11 사슬뜨기

 **연습용 실**	면사(필트위스트 마크라메, 순면 콘사 24합 등)	
연습용 바늘	모사용 코바늘 7호	
특징	• 사슬뜨기는 코바늘 뜨개에서 가장 기본이 되는 기법이에요. 코들이 쭉 이어진 모습이 사슬 같아서 '사슬뜨기'랍니다. • 작고 귀여운 모습과는 달리 큰 역할을 하는데요, 뜨개 작품의 토대가 되는 '기초코'가 되고, 하나의 단을 시작하는 '기둥코'도 사슬뜨기로 만듭니다.	

사슬뜨기의 쓰임새

기초코

많은 작품에서 사슬뜨기로 기초코를 만든다.
기초코는 느슨하게 뜨거나 1~2호 큰 바늘로 뜨는 게 좋다.

기둥코

단을 시작할 때 사슬뜨기로 기둥코를 세운다.

빈 공간

사슬뜨기를 하고 다음 코를 건너가면 빈 공간이 생긴다.
이 방법은 주로 네트 모양을 만들 때 사용된다.

고리

간단한 고리를 만들 때 주로 사슬뜨기를 사용한다.

사슬뜨기 연습하기

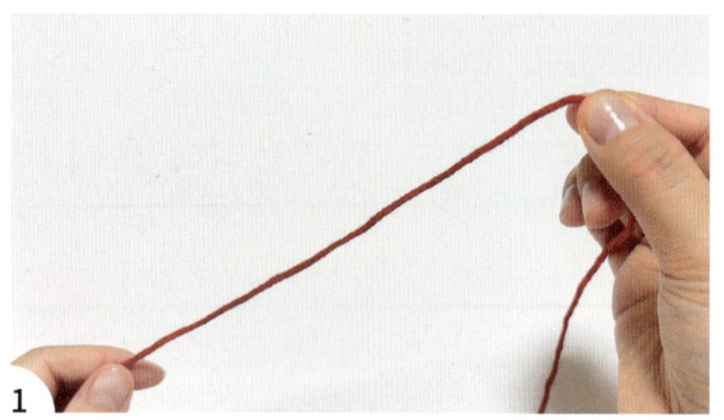

1

오른손으로 실 끝을 잡는다.

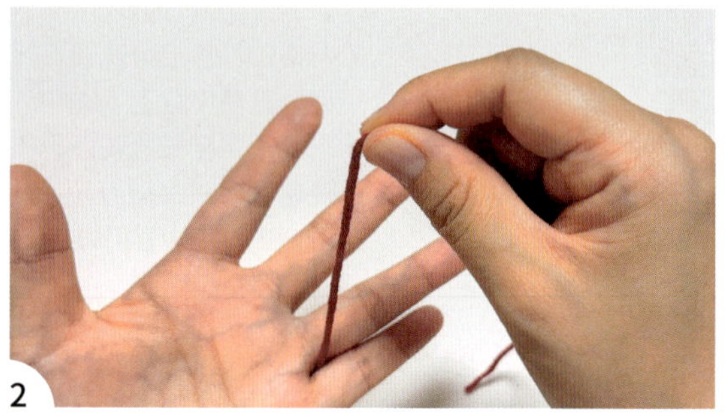

2

왼손 약지와 새끼손가락 사이로 실을 끼운다.

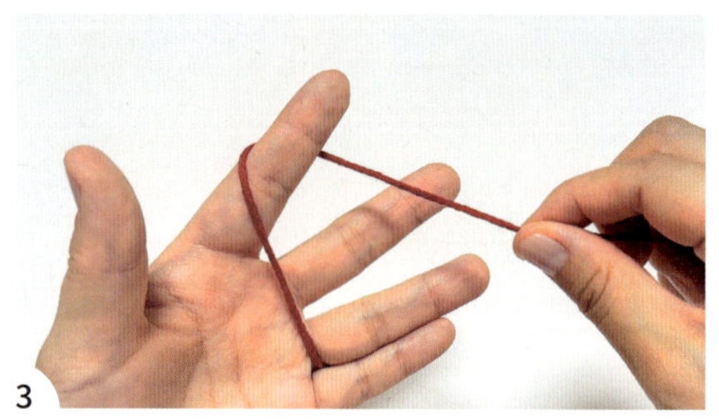

3

왼손 검지 앞에서 뒤로 실을 건다. * 왼손 검지 뒤에서 앞으로 걸어도 좋아요. 편한 방법을 선택하세요.

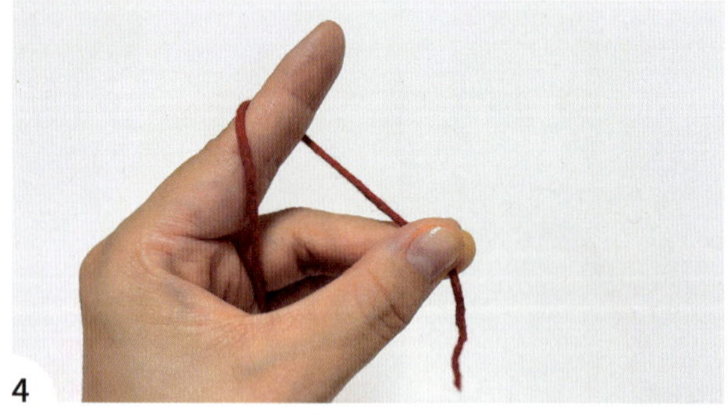

4

왼손 엄지와 중지로 실 끝을 잡는다.

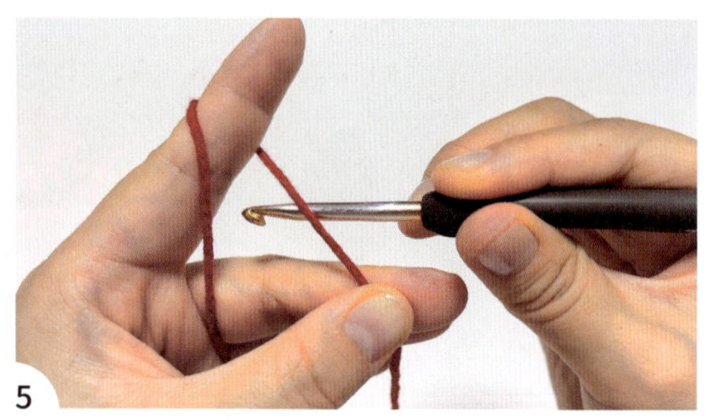

5

오른손으로 코바늘을 잡고 바늘 갈고리 부분을 실 뒤에 둔다.

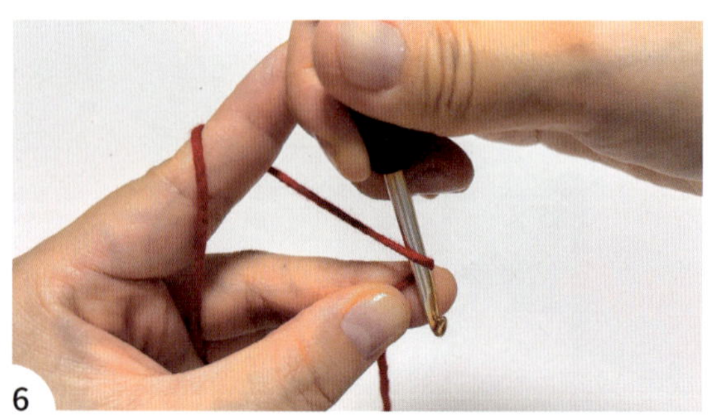

6

실을 감으며 갈고리가 아래로 가도록 숙인다.

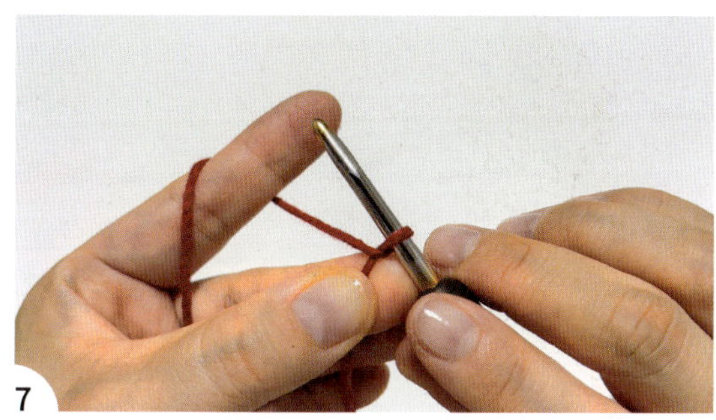

7

코바늘을 한 바퀴 돌려 제자리로 돌아온다.
이때, 실이 꼬인 것을 확인한다.

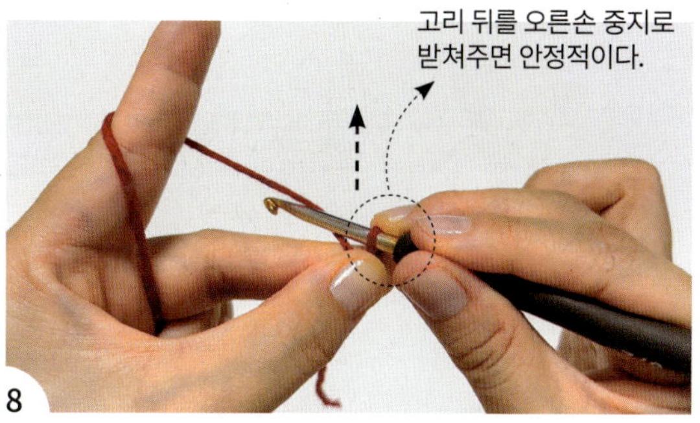

8

꼬인 부분을 왼손 엄지와 중지로 잡는다.
이때, 바늘 전체를 살짝 위로 들어서 고리 크기를 키운다.
★ 고리가 작으면 바늘을 통과시키기 어려워요.

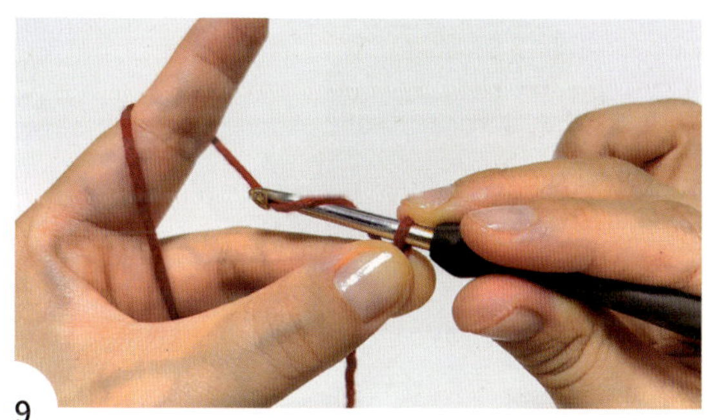

9

바늘로 실을 누르듯 감아 갈고리로 건다.

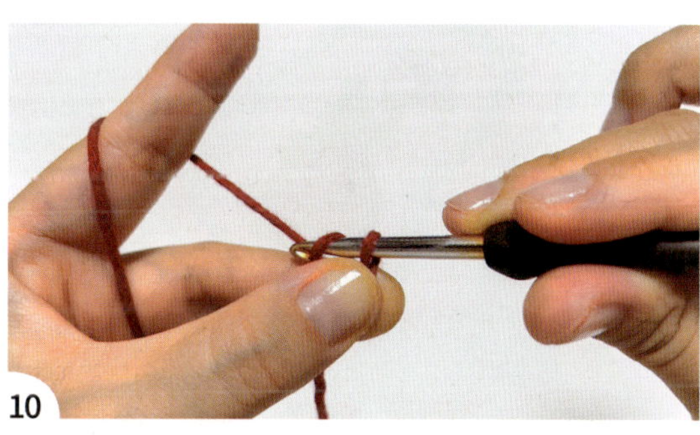

10

실을 감은 갈고리를 아래로 숙인다.

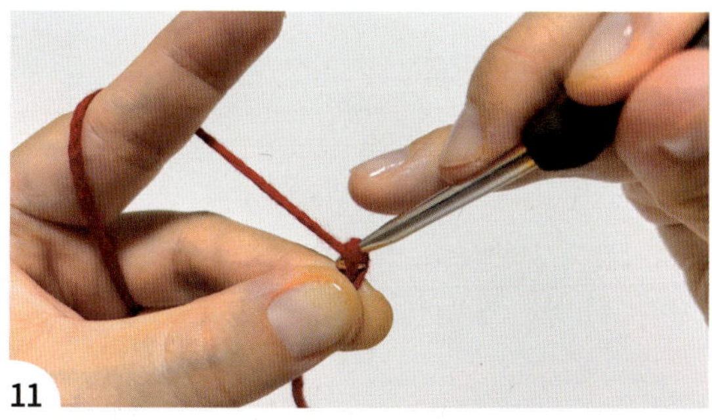

11

갈고리에 걸린 실을 오른쪽 고리로 통과시킨다.

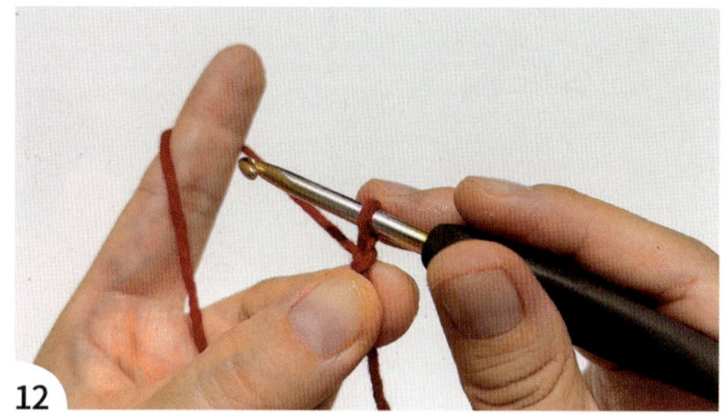

12

꼬리실을 아래로 잡아당겨 매듭으로 만든다.
★ 이렇게 제일 처음 만든 사슬은 시작 매듭이 됩니다.
시작 매듭은 콧수에 포함하지 않는다는 것을 기억하세요.

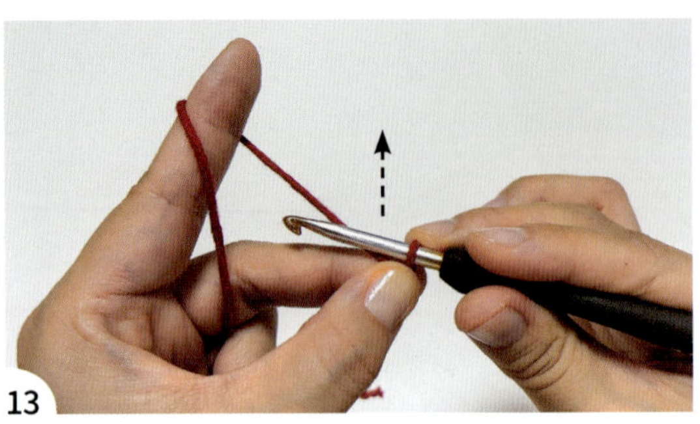

13

고리 아래를 왼손 엄지와 중지로 잡는다. 이때, 바늘 전체를
살짝 위로 들어서 고리 크기를 키운다.

★ 고리가 작으면 바늘을 통과시키기 어려워요.

★ 지금부터 하는 사슬뜨기가 콧수에 포함됩니다.

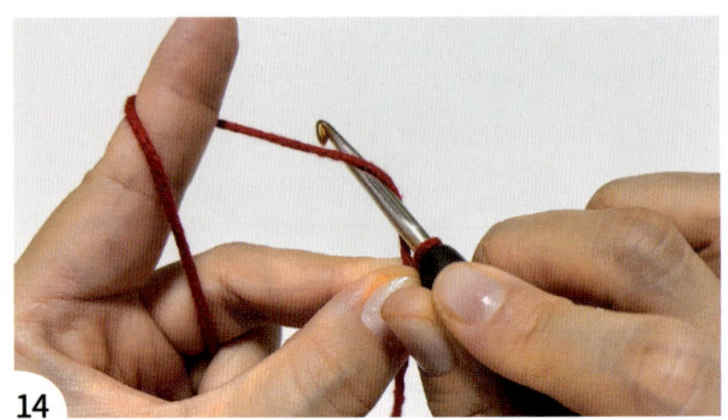

14

바늘로 실을 누르듯 감는다.

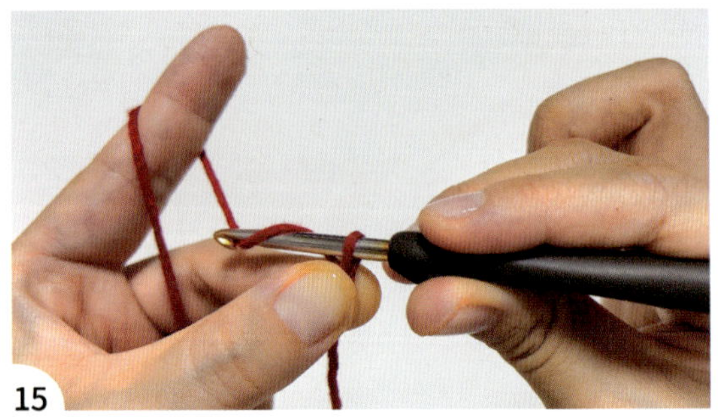

15

갈고리에 실을 건다.

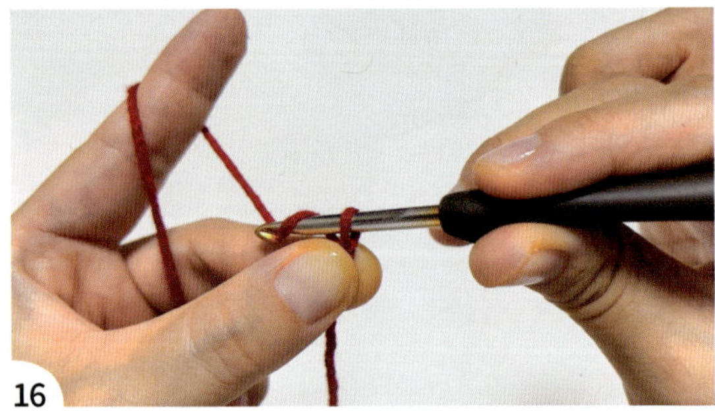

16

실을 감은 갈고리를 아래로 숙인다.

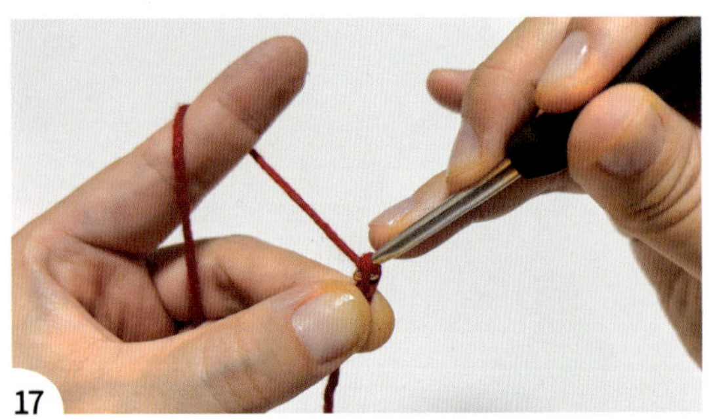

17

갈고리에 걸린 실을 오른쪽 고리로 통과시킨다.

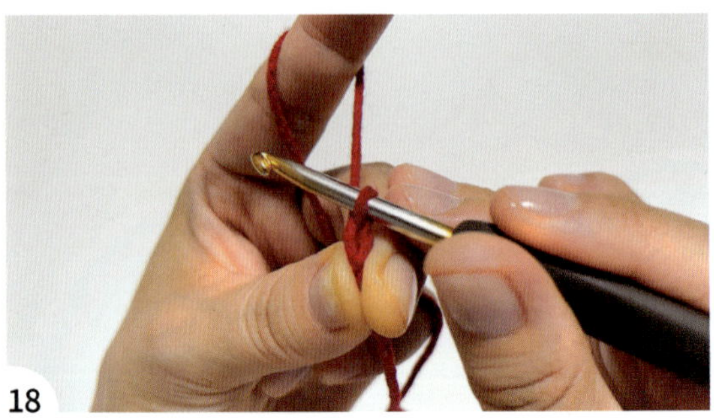

18

사슬뜨기 1개가 완성되었다.

숨은 사슬뜨기 찾기!

사슬뜨기의 쓰임새는 어디까지 일까요?

정답 조임끈

02
코바늘 뜨개의 끝
빼뜨기

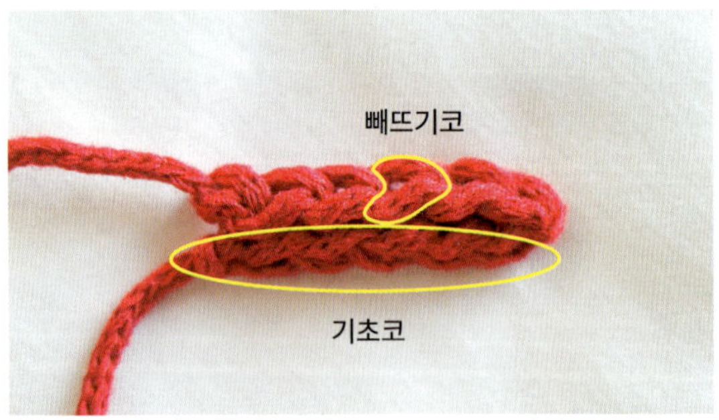

빼뜨기 앞면

사슬 모양이고 높이가 거의 없습니다.

빼뜨기 뒷면

매듭처럼 보여요.

> 빼뜨기는 좀 안타까운 코예요.
> '나도 뜨개코다!' 라며 자신을 보여주고 있지만
> 우리는 모른 척 지나가야 합니다.
> 빼뜨기코에는 뜨지 않기 때문이에요.

종종 빼뜨기코를 콧수에 포함시키거나
빼뜨기코에도 뜨는 실수를 하는데요,
그러면 코가 늘어나고 어딘가 모양이
이상해진답니다.

도대체 어디가 틀린걸까 고민하게 되는
원인이 되기도 하지만,
그래도 빼뜨기를 너무 미워하진 마세요.
빼뜨기가 없으면 마무리가 안되니까요.

영상으로 배우기
21:47 빼뜨기

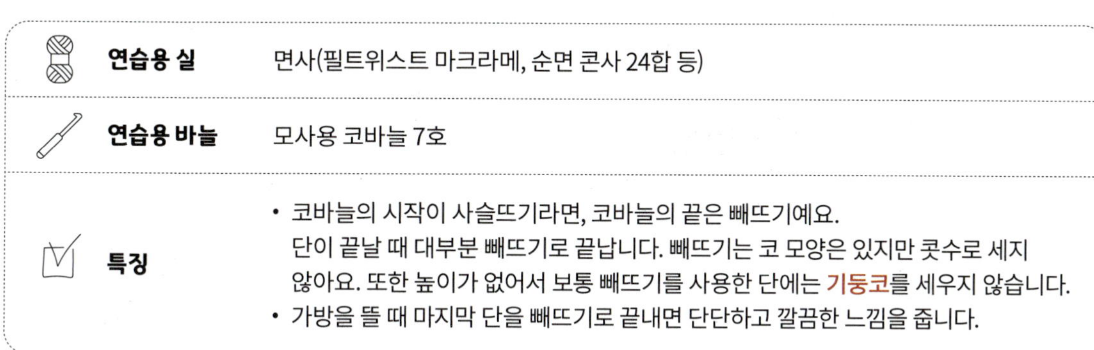

연습용 실	면사(필트위스트 마크라메, 순면 콘사 24합 등)	
연습용 바늘	모사용 코바늘 7호	
특징	• 코바늘의 시작이 사슬뜨기라면, 코바늘의 끝은 빼뜨기예요. 단이 끝날 때 대부분 빼뜨기로 끝납니다. 빼뜨기는 코 모양은 있지만 콧수로 세지 않아요. 또한 높이가 없어서 보통 빼뜨기를 사용한 단에는 **기둥코**를 세우지 않습니다. • 가방을 뜰 때 마지막 단을 빼뜨기로 끝내면 단단하고 깔끔한 느낌을 줍니다.	

빼뜨기의 쓰임새

단의 끝

단이 끝날 때는 첫 코에 빼뜨기로
마무리한다.

작품의 마지막 단

마지막 단 모든 코에 빼뜨기해
단단하게 마무리한다.

모티브 연결

모티브 2장을 빼뜨기로 연결한다.

빼뜨기 연습하기

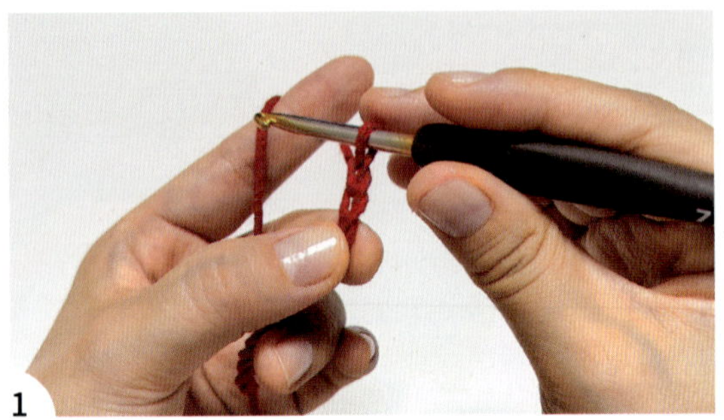

1

시작 매듭을 만들고 사슬뜨기를 여러 개 한다.

★ 사슬뜨기로 제일 처음 만든 사슬은 시작 매듭이 됩니다.
시작 매듭은 콧수에 포함하지 않는다는 것을 기억하세요.

2

마지막 사슬 바로 전 사슬 뒤 반코에 바늘을 넣는다.
이때, 바늘 넣는 곳 왼쪽을 왼손 엄지와 중지로 잡아준다.

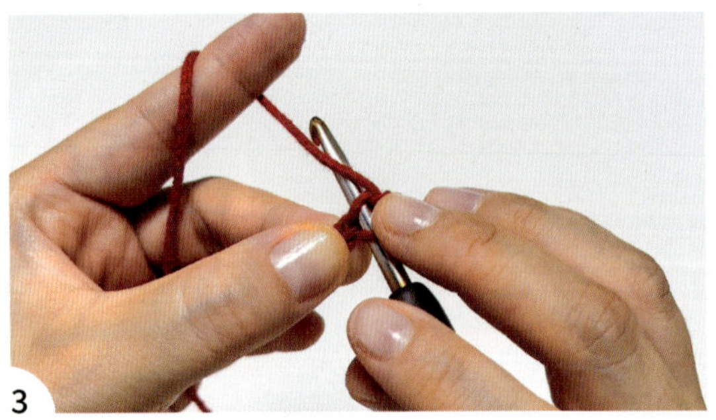

3

바늘을 실 뒤로 넣어 갈고리로 실을 감는다.

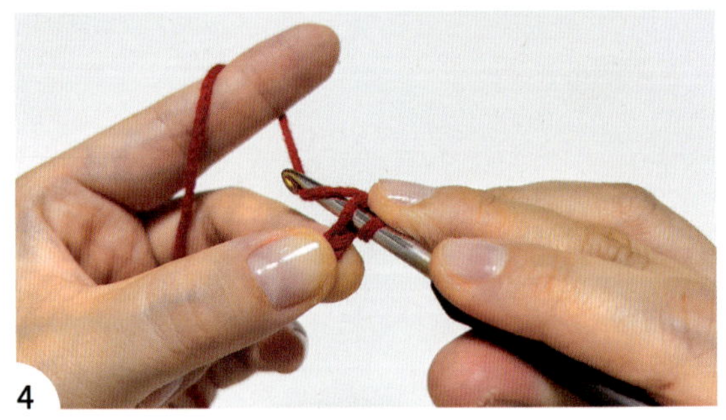

4

갈고리에 실을 건다.

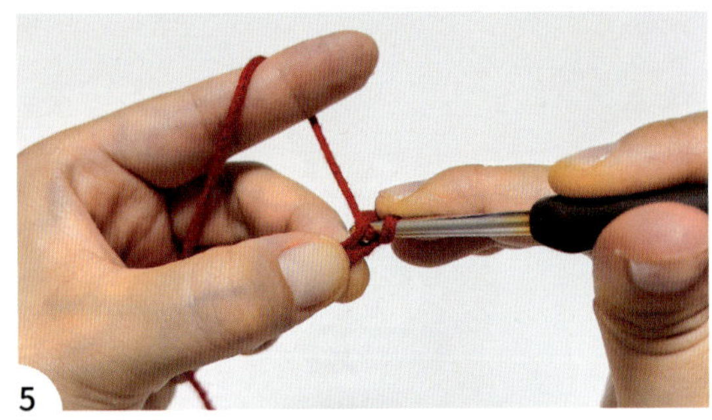

5

갈고리를 숙이면서 걸린 실을 뒤 반코 앞으로 뺀다.

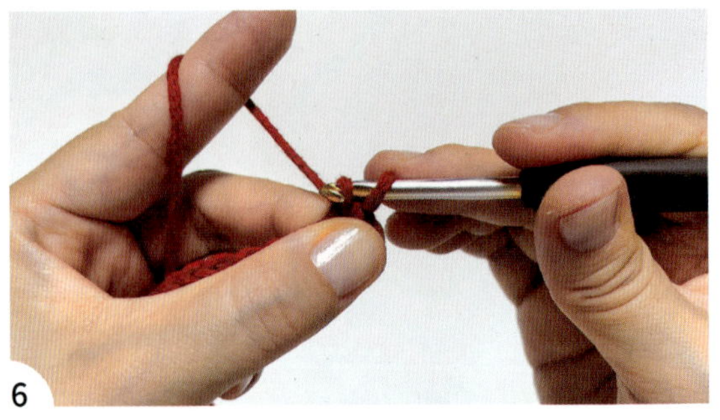

6

왼손 엄지와 중지를 이동해 고리 아래쪽을 잡은 후, 이어서
오른쪽 고리로 통과시킨다.

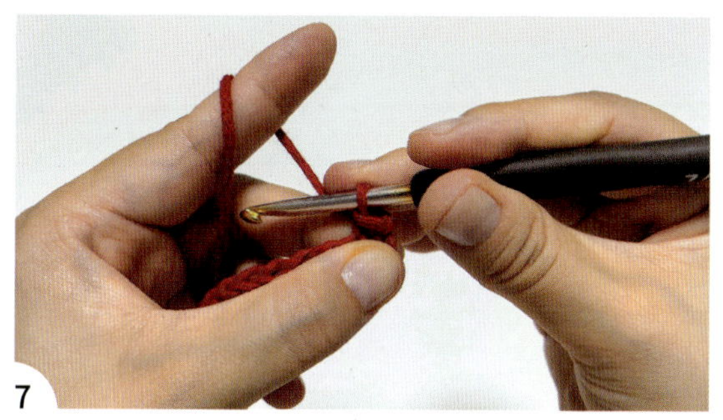

7

빼뜨기 1개가 완성되었다.

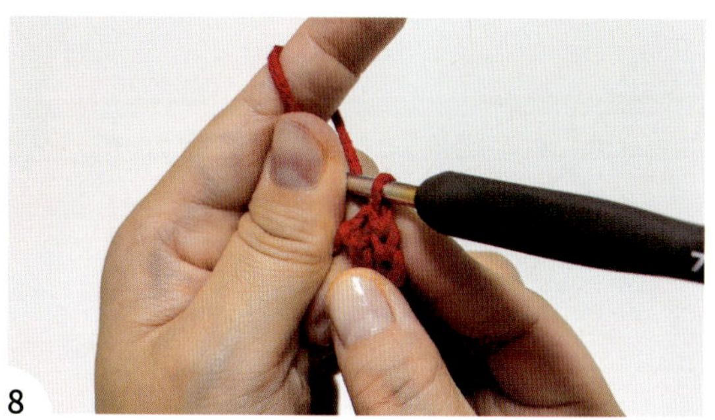

8

빼뜨기도 앞면은 사슬 모양이다.

숨은 빼뜨기 찾기! 🔍

사슬뜨기와 똑같이 생겨서 좀 어려운가요?

정답 케이프 윗부분

| × | 03
탄탄한 기법
짧은뜨기 |  |  |

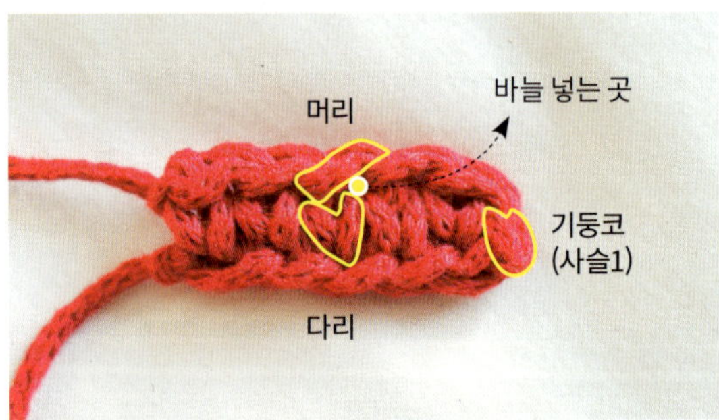

짧은뜨기 앞면

코 다리 위에 머리가 살짝 오른쪽에 있습니다.
보통 다음 단을 뜰 때, 머리에 바늘을 넣어서 뜹니다.

짧은뜨기 뒷면

코 다리 위에 머리가 살짝 왼쪽에 있습니다.

> 짧은뜨기는 믿음직스러워요.
> 짧은뜨기로 뜨면 탄탄한 바구니와 가방을
> 만들 수 있고, 가방 끈에도 짧은뜨기를 하면
> 튼튼한 끈이 됩니다.

하지만 짧은뜨기는 코의 높이가 짧아서
더디게 완성되는 기법이에요.
우리 주변에도 느리지만 맡은 일은
완벽하게 해내는 친구들이 있죠.
짧은뜨기는 그런 기법이랍니다.

이 책에서는 큰 작품을 빠르게 완성하기 위해
한길긴뜨기를 많이 사용했지만,
탄탄함을 원한다면 짧은뜨기를 추천해요.

영상으로 배우기
11:05 짧은뜨기

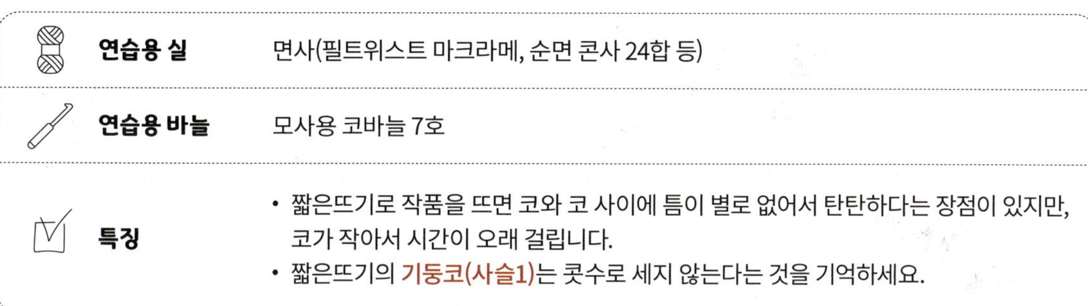

	연습용 실	면사(필트위스트 마크라메, 순면 콘사 24합 등)
	연습용 바늘	모사용 코바늘 7호
	특징	• 짧은뜨기로 작품을 뜨면 코와 코 사이에 틈이 별로 없어서 탄탄하다는 장점이 있지만, 코가 작아서 시간이 오래 걸립니다. • 짧은뜨기의 **기둥코(사슬1)**는 콧수로 세지 않는다는 것을 기억하세요.

짧은뜨기의 쓰임새

바닥

소품의 바닥을 짧은뜨기로 뜨면
탄탄하다.

몸통

소품의 몸통을 짧은뜨기로 뜨면
각이 잘 잡힌다.

끈

가방의 끈을 짧은뜨기로 뜨면
도톰하고 튼튼하다.

짧은뜨기 연습하기

1

시작 매듭을 만들고 사슬뜨기를 여러 개 한다.
＊사슬뜨기로 제일 처음 만든 사슬은 시작 매듭이 됩니다.
시작 매듭은 콧수에 포함하지 않는다는 것을 기억하세요.

2

기둥코(사슬1)를 세운다.

3

사슬 뒷면을 보고 코산을 찾는다.

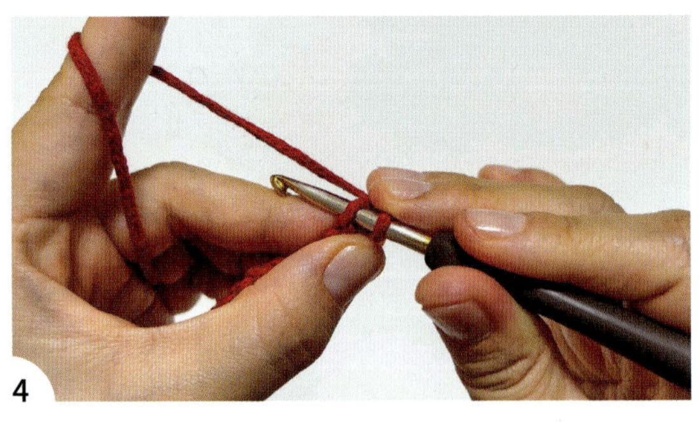

4

기초코 마지막 사슬의 코산에 바늘을 넣는다. 이때, 바늘 넣는 곳
왼쪽을 왼손 엄지와 중지로 잡아준다.

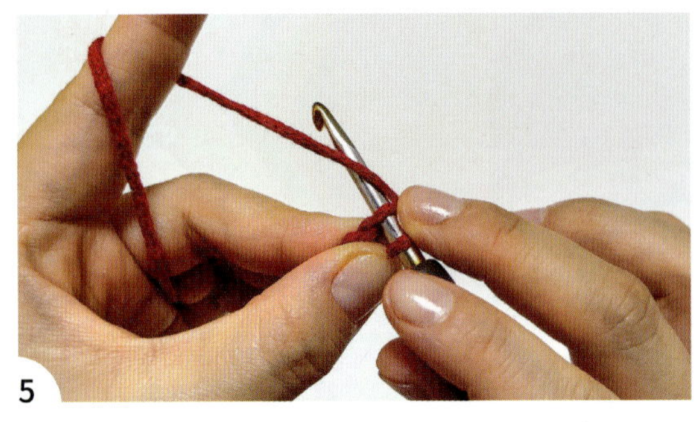

5

바늘을 실 뒤로 넣어 갈고리로 실을 감는다.

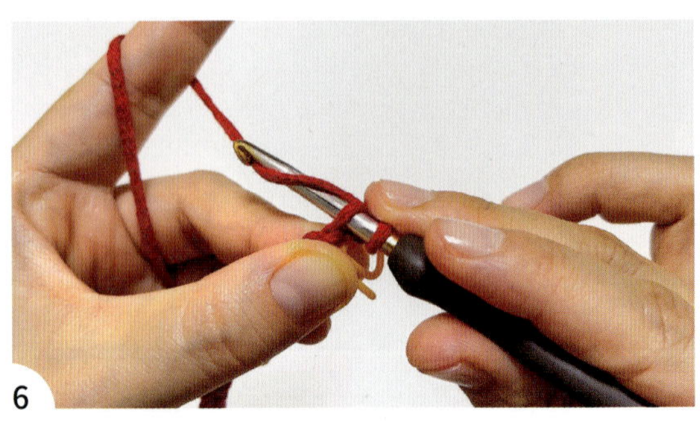

6

갈고리에 실을 건다.

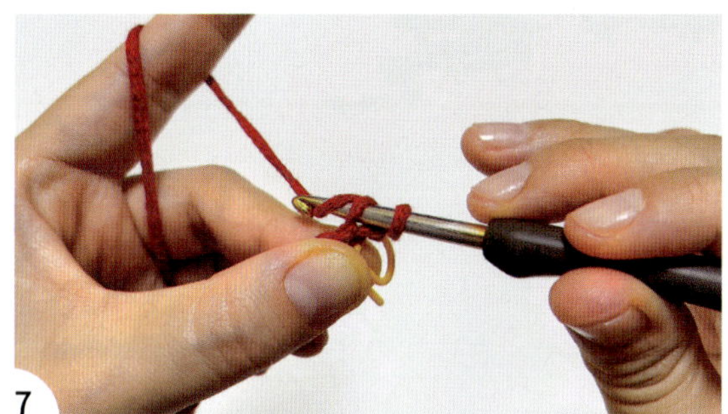

7

갈고리를 숙이면서 걸린 실을 코산 앞으로 뺀다.

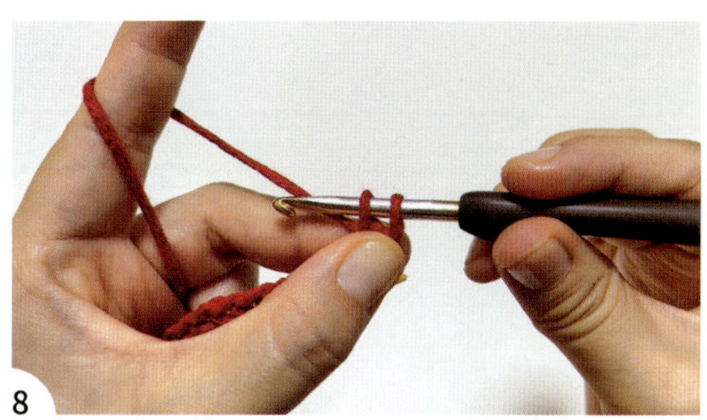

8

고리 2개가 생겼다.

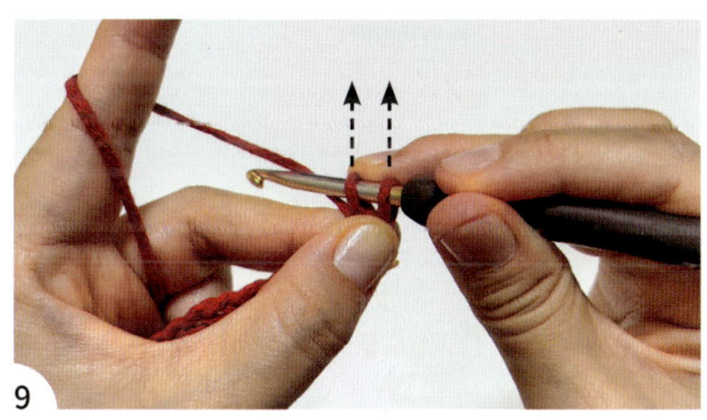

9

고리 2개 아래쪽을 왼손 엄지와 중지로 잡는다. 이때, 바늘
전체를 살짝 위로 들어서 고리 2개 크기를 키운다.
★ 고리가 작으면 바늘을 통과시키기 어려워요.

10

바늘로 실을 누르듯 감는다.

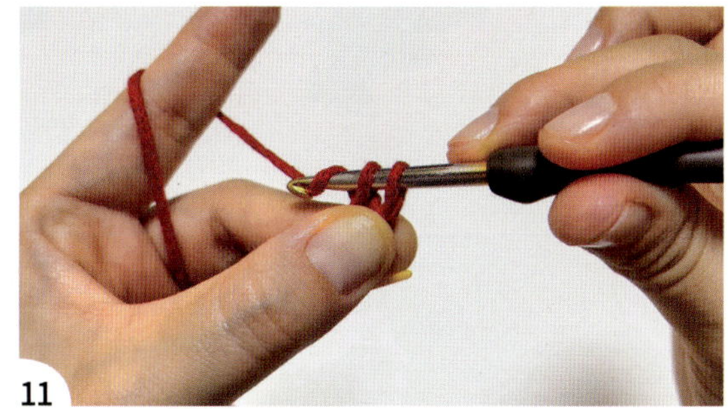

11

갈고리에 걸린 실을 고리 2개로 한 번에 통과시킨다.
★ 갈고리를 아래로 숙이면서 해보세요.

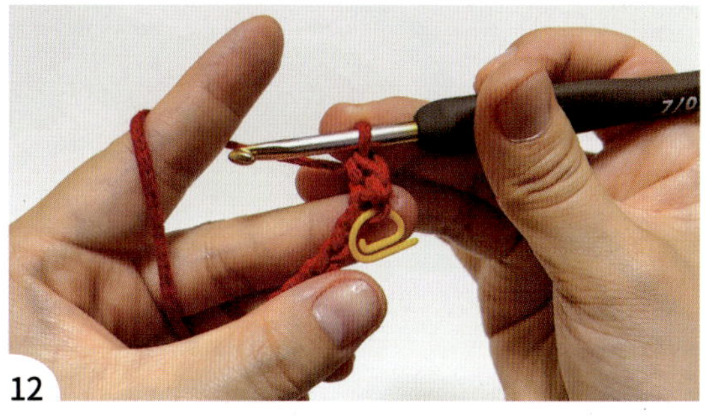

12

짧은뜨기 1개가 완성되었다.

숨은 짧은뜨기 찾기! 🔍

짧은뜨기를 많이 연습했다면 금방 찾을 거예요!

정답 그물 가운데 코

04
짧은뜨기와 한길긴뜨기의 중간
긴뜨기

긴뜨기 앞면

코 다리 위에 머리가 살짝 오른쪽에 있습니다.
보통 다음 단을 뜰 때 머리에 바늘을 넣어서 뜹니다.

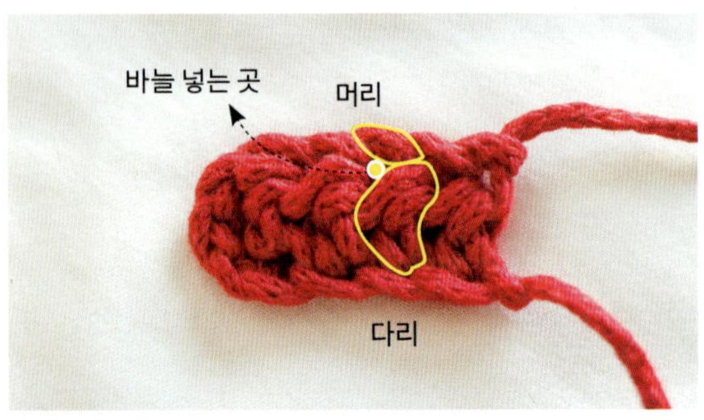

긴뜨기 뒷면

코 다리 위에 머리가 살짝 왼쪽에 있습니다.

> 긴뜨기는 삼남매 중 둘째 같아요.
> 짧은뜨기와 한길긴뜨기 사이에서
> 빛을 못봅니다. 하지만 자주 쓰이진 않아도
> 꼭 필요할 때가 있어요.

특히 비니를 뜰 때는 긴뜨기 이랑뜨기만 한
기법이 없습니다. 제일 심플하고 예뻐요.
몇 년전에 유행했던 플리츠백도
긴뜨기 이랑뜨기로 많이 떴었죠.

긴뜨기를 보면 드라마 <응답하라 1988>의
덕선이가 생각납니다. 뭘 하고 싶은지, 누구를
좋아하는 지도 잘 모르지만 덕선이가 필요한
곳에서는 누구보다 빛을 냅니다.
긴뜨기는 그런 코예요.

영상으로 배우기
2:39 긴뜨기

🧶	**연습용 실**	면사(필트위스트 마크라메, 순면 콘사 24합 등)
✏️	**연습용 바늘**	모사용 코바늘 7호
☑️	**특징**	• 긴뜨기는 코의 높이가 짧은뜨기보다 길고 한길긴뜨기보다 짧습니다. 그래서 짧은뜨기보다는 빠르게, 한길긴뜨기보다는 탄탄하게 완성하고 싶을 때 사용해요. • 긴뜨기의 **기둥코(사슬2)** 는 1코로 셉니다. ＊기둥코 = (사슬2) = 긴뜨기 1코로 간주합니다.

긴뜨기의 쓰임새

포근 핸드워머

편물을 뒤집으면서 긴뜨기 이랑뜨기를 하면
골지 느낌을 낼 수 있다.

온 가족 비니

편물을 뒤집으면서 긴뜨기 이랑뜨기를 하면
골지 느낌을 낼 수 있다.

긴뜨기 연습하기

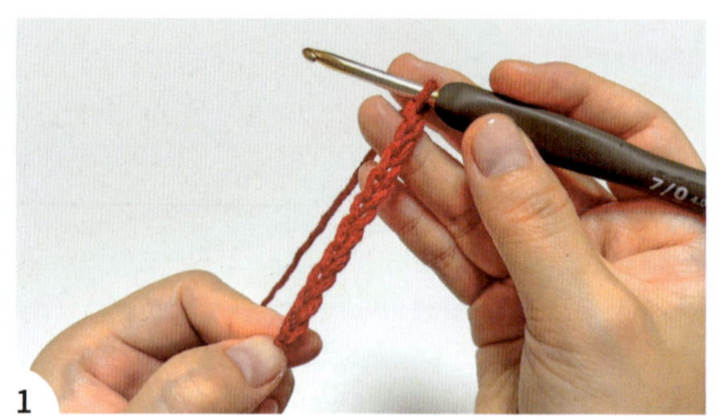

1

시작 매듭을 만들고 사슬뜨기를 여러 개 한다.
＊ 사슬뜨기로 제일 처음 만든 사슬은 시작 매듭이 됩니다.
시작 매듭은 콧수에 포함하지 않는다는 것을 기억하세요.

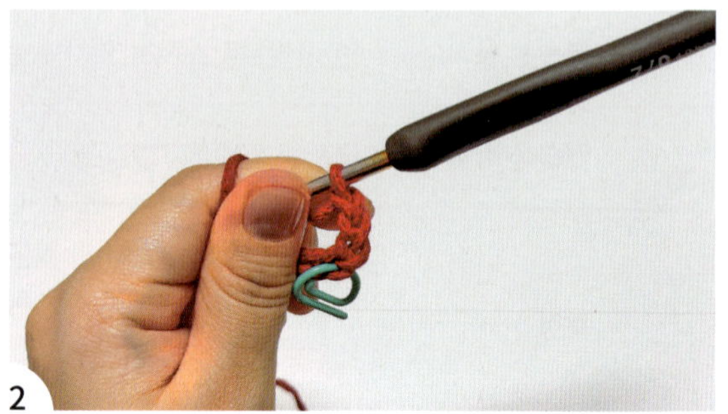

2

기둥코(사슬2)를 세운다.

고리 뒤를 오른손 중지로
▶ 받쳐주면 안정적이다.

3

바늘로 실을 누르듯 감는다.

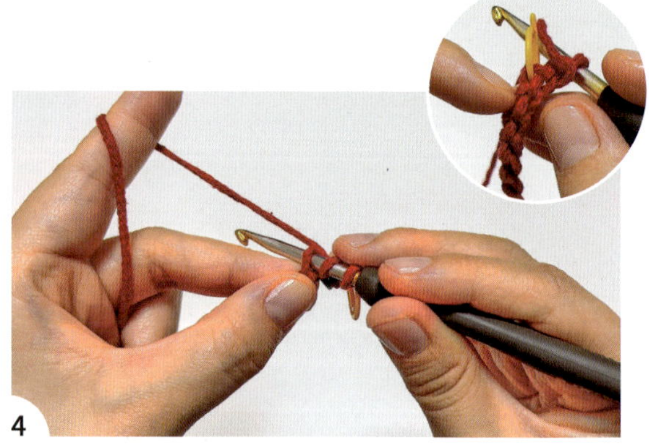

4

기초코 마지막 사슬의 코산에 바늘을 넣는다.
이때, 바늘 넣는 곳 왼쪽을 왼손 엄지와 중지로 잡아준다.

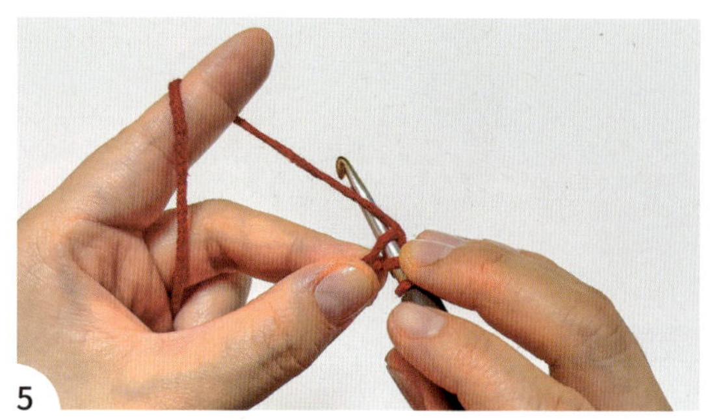

5

바늘을 실 뒤로 넣어 갈고리로 실을 감는다.

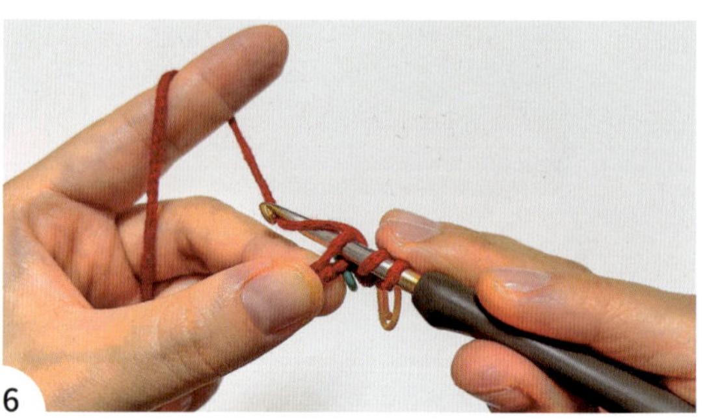

6

갈고리를 숙이면서 걸린 실을 코산 앞으로 뺀다.

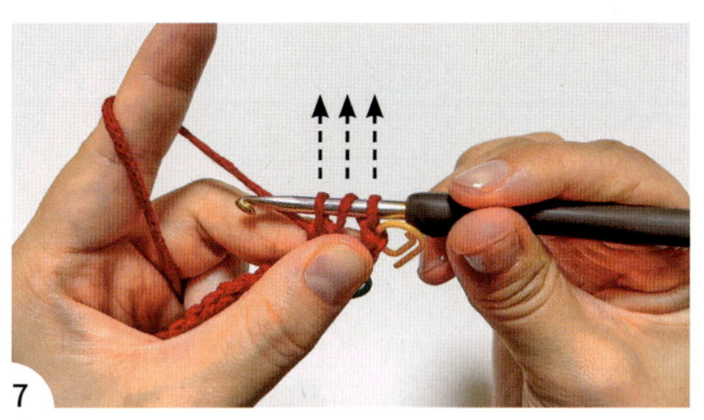

7 고리 3개가 생겼다. 이때, 고리 3개 아래쪽을 왼손 엄지와 중지로 잡는다. 바늘 전체를 살짝 위로 들어서 고리 3개 크기를 키운다. * 고리가 작으면 바늘을 통과시키기 어려워요.

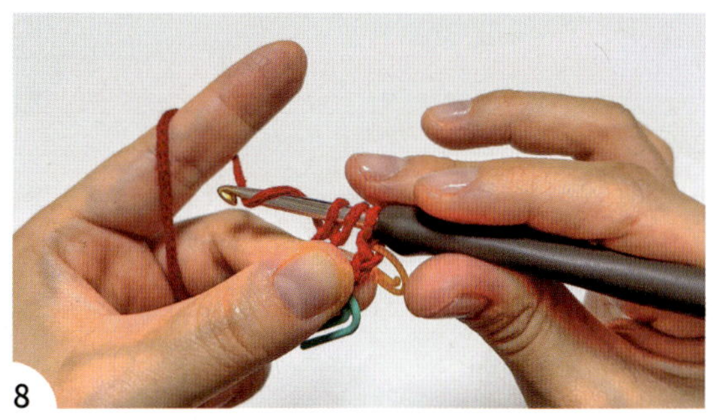

8 바늘로 실을 누르듯 감는다.

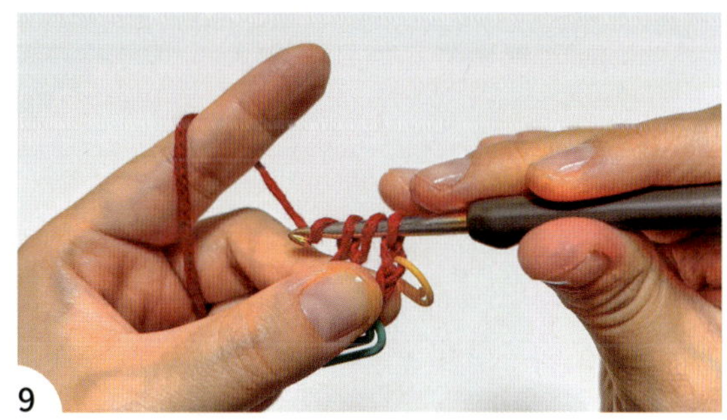

9 갈고리에 걸린 실을 고리 3개로 한 번에 통과시킨다.
* 갈고리를 아래로 숙이면서 해보세요.

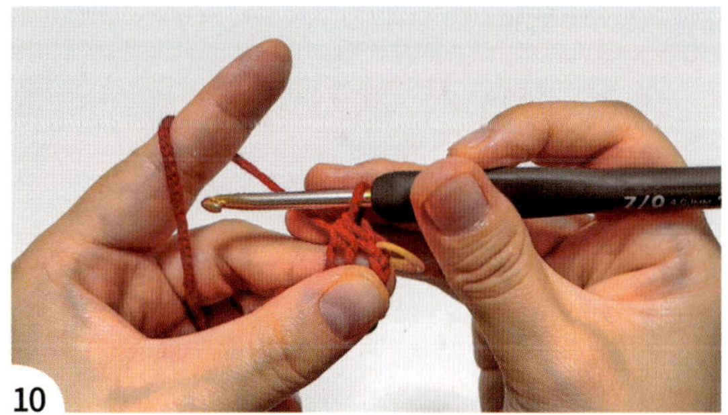

10 긴뜨기 1개가 완성되었다.

숨은 긴뜨기 찾기! 🔍

힌트! 긴뜨기는 한길긴뜨기보다 살짝 짧아요.

정답 하트 잎 가운데 코

05
넓은 면적을 빠르게 뜰 때
한길긴뜨기

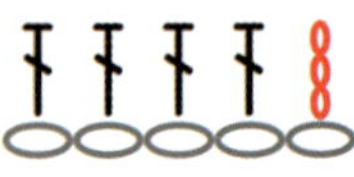

한길긴뜨기 앞면

코 다리 위에 머리가 살짝 오른쪽에 있습니다.
보통 다음 단을 뜰 때, 머리에 바늘을 넣어서 뜹니다.

한길긴뜨기 뒷면

코 다리 위에 머리가 살짝 왼쪽에 있습니다.

" 한길긴뜨기는 인기쟁이에요. 가장 많이
사용합니다. 뜨개 초보들도 한길긴뜨기는
아는 경우가 많아요. 수세미를 뜨려고
코바늘을 시작하는 분들이 많은데,
수세미는 보통 한길긴뜨기로 뜨거든요.

하지만 수세미는 쉬운 작품이 아니에요.
기초 기법중에 제일 어려운 한길긴뜨기에,
원형 수세미에선 콧수 늘리기까지!
초보에겐 정말 어려운 작품이랍니다.
그래서 수세미를 뜨다가 포기하고 던져버린
분들 많으실 거예요.

어쩌면 애증일 수도 있을 한길긴뜨기,
이번 기회에 친해져보세요.

영상으로 배우기
22:58 한길긴뜨기

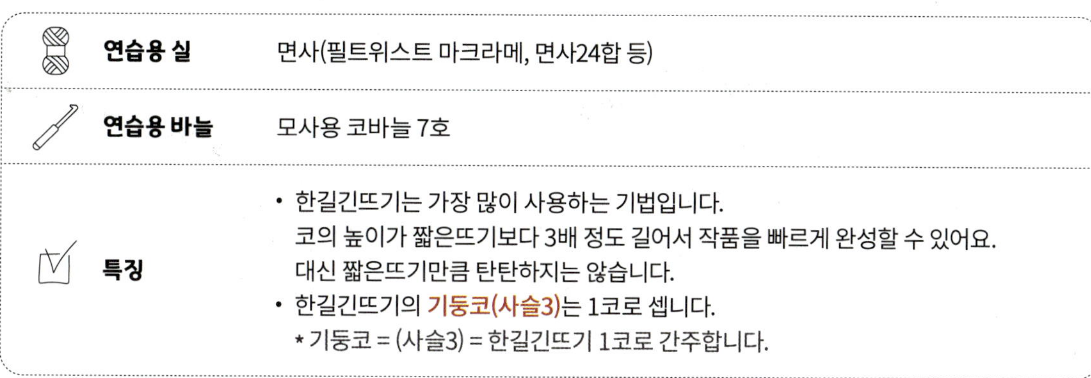

연습용 실	면사(필트위스트 마크라메, 면사24합 등)	
연습용 바늘	모사용 코바늘 7호	
특징	• 한길긴뜨기는 가장 많이 사용하는 기법입니다. 코의 높이가 짧은뜨기보다 3배 정도 길어서 작품을 빠르게 완성할 수 있어요. 대신 짧은뜨기만큼 탄탄하지는 않습니다. • 한길긴뜨기의 **기둥코(사슬3)**는 1코로 셉니다. * 기둥코 = (사슬3) = 한길긴뜨기 1코로 간주합니다.	

한길긴뜨기의 쓰임새

바닥

한길긴뜨기로 바닥을 뜨면
빠르게 완성할 수 있습니다.

몸통

한길긴뜨기로 몸통을 뜨면
빠르게 완성할 수 있고,
유연한 느낌을 줍니다.

네트

[한길긴뜨기1사슬뜨기1]를 반복해서
네트 무늬를 만들 수 있습니다.

한길긴뜨기 연습하기

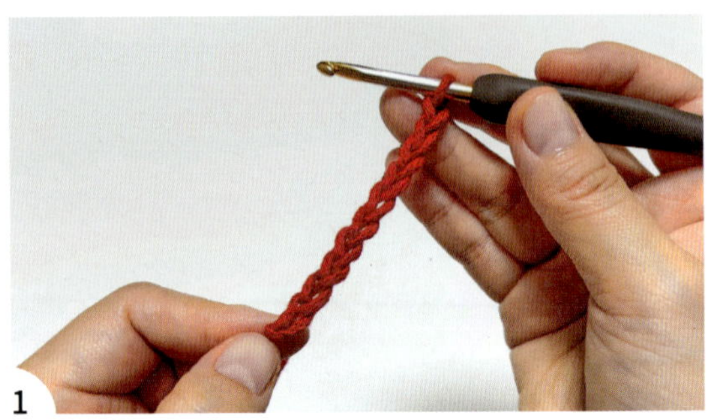

1

시작 매듭을 만들고 사슬뜨기를 여러 개 한다.
* 사슬뜨기로 제일 처음 만든 사슬은 시작 매듭이 됩니다.
시작 매듭은 콧수에 포함하지 않는다는 것을 기억하세요.

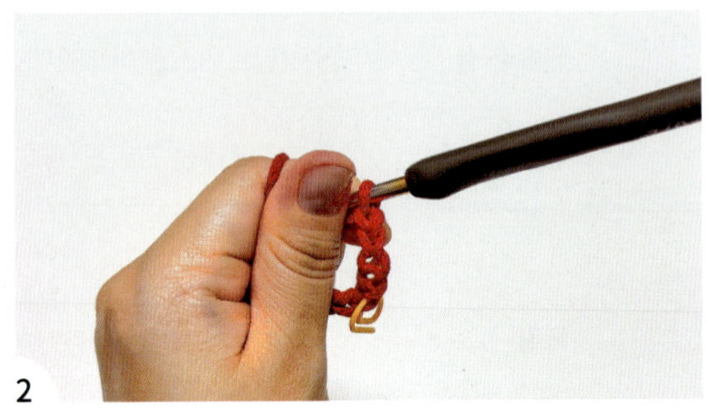

2

기둥코(사슬3)를 세운다.

고리 뒤를 오른손 중지로
받쳐주면 안정적이다.

3

바늘로 실을 누르듯 감는다.

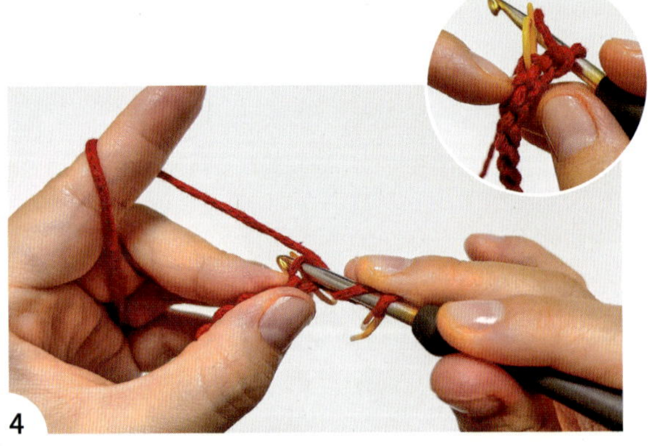

4

기초코 마지막 사슬의 코산에 바늘을 넣는다.
이때, 바늘 넣는 곳 왼쪽을 왼손 엄지와 중지로 잡아준다.

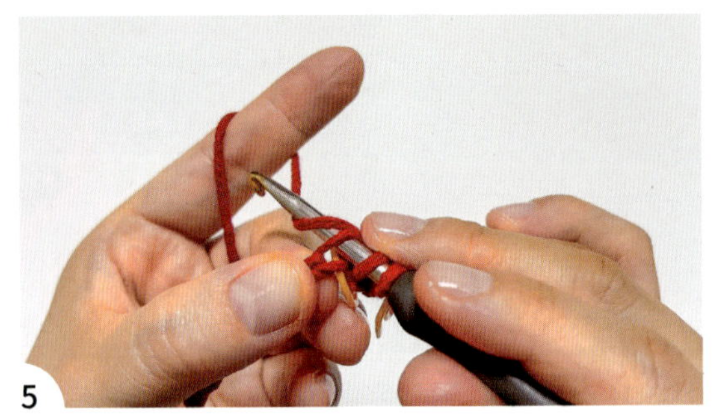

5

바늘을 실 뒤로 넣어 갈고리로 실을 감는다.

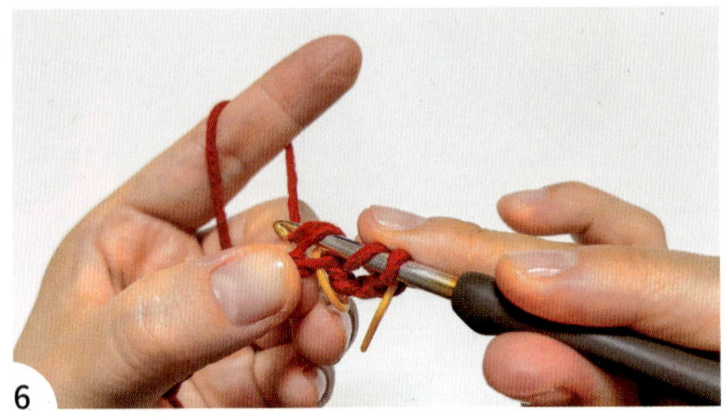

6

갈고리를 숙이면서 걸린 실을 코산 앞으로 뺀다.

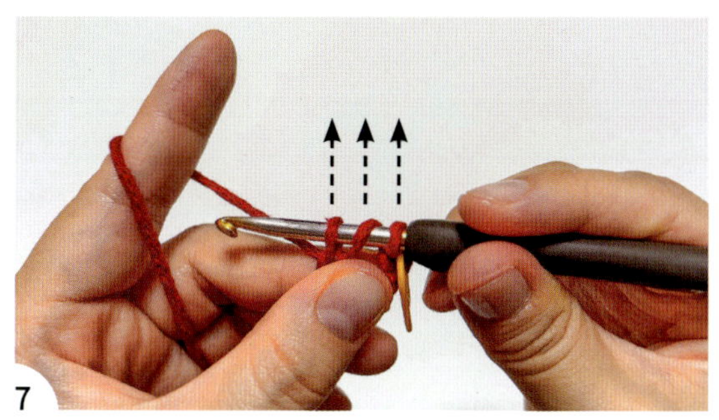

7

고리가 3개 생겼다. 이때, 고리 3개 아래쪽을 왼손 엄지와 중지로 잡는다. 바늘 전체를 살짝 위로 들어서 고리 3개 크기를 키운다. * 고리가 작으면 바늘을 통과시키기 어려워요.

8

바늘로 실을 감고, 갈고리에 걸린 실을 앞에 고리 2개로만 통과시킨다. * 갈고리를 아래로 숙이면서 해보세요.

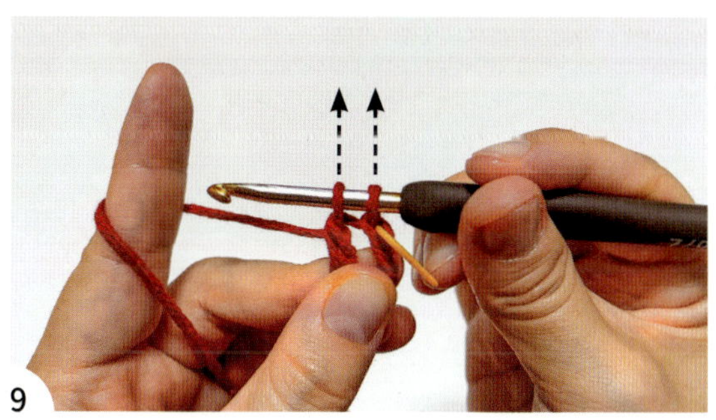

9

고리 2개가 남았다. 이때, 고리 2개 아래쪽을 왼손 엄지와 중지로 잡는다. 바늘 전체를 살짝 위로 들어서 고리 2개 크기를 키운다.

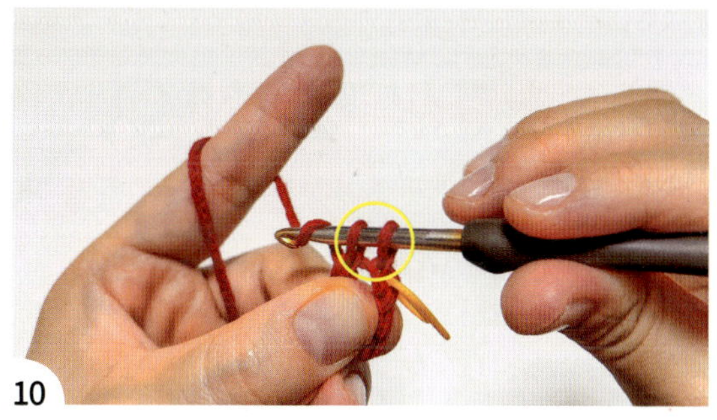

10

다시 바늘에 실을 감고, 갈고리에 걸린 실을 나머지 고리 2개로 통과시킨다. * 갈고리를 아래로 숙이면서 해보세요.

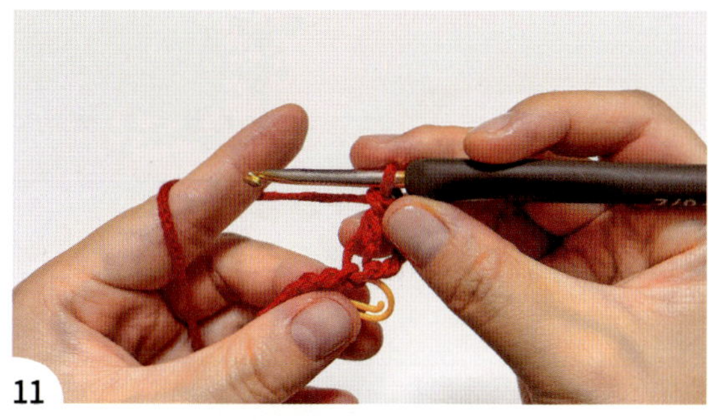

11

한길긴뜨기 1개가 완성되었다.

숨은 한길긴뜨기 찾기! 🔍

한길긴뜨기는 제가 좋아하는 네트 무늬를 뜰 때 꼭 필요해요.

정답 그물 가운데 코

이 책에서 사용한 코 늘림, 코 줄임 기법

 **짧은뜨기
2코 넣어뜨기**

영상으로 배우기

☑ Point!

한 코에 짧은뜨기를 2개 넣습니다.

쓰임새

미니 원형 바구니 : 바닥 코 늘리기

머랭크래커 키링 : 윗부분 코 늘리기

짧은뜨기 3코 넣어뜨기

영상으로 배우기

☑ Point!

한 코에 짧은뜨기를 3개 넣습니다.

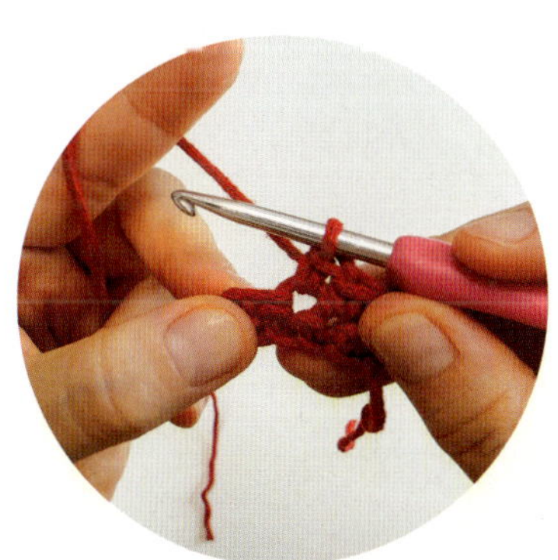

쓰임새

미니 사각 바구니 : 바닥 꼭짓점에서 코 늘리기

 | ## 한길긴뜨기 2코 넣어뜨기

☑ Point!

한 코에 한길긴뜨기를 2개 넣습니다.

쓰임새

원형 티코스터 : 코 늘리기

통통 오색 복주머니 : 바닥 코 늘리기

한길긴뜨기 3코 넣어뜨기

영상으로 배우기

☑ Point!

한 코에 한길긴뜨기를 3개 넣습니다.

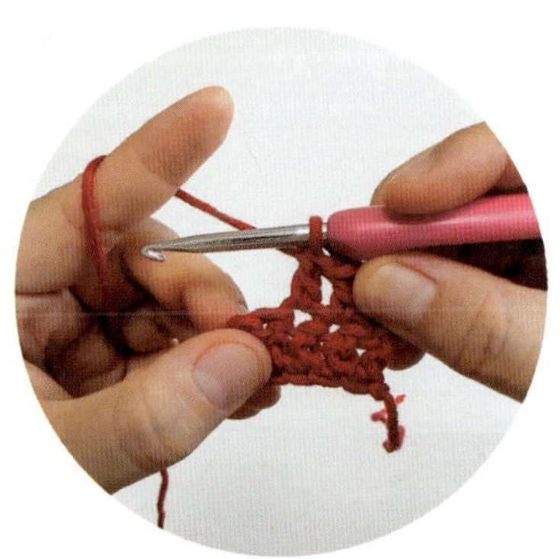

쓰임새

다용도 물결 매트 : 코 늘리기

데일리 망태기 가방 : 바닥 꼭짓점에서 코 늘리기

 **한길긴뜨기
5코 넣어뜨기**

영상으로 배우기

☑ Point!

한 코에 한길긴뜨기를 5개 넣습니다.

쓰임새

반려동물 케이프 : 반원 뜨기

사탕 꽃다발 : 꽃잎 뜨기

짧은뜨기
2코 모아뜨기

영상으로 배우기

☑ Point!

2코를 한 코로 줄입니다(다리는 2개 머리는 1개입니다).

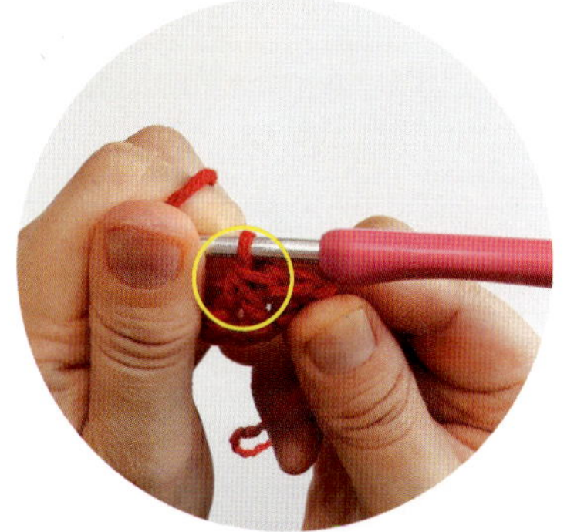

쓰임새

머랭크래커 키링 : 아래쪽 줄여서 구멍 오므리기

 | 한길긴뜨기
2코 모아뜨기 

영상으로 배우기

☑ Point!

2코를 한 코로 줄입니다(다리는 2개 머리는 1개입니다).

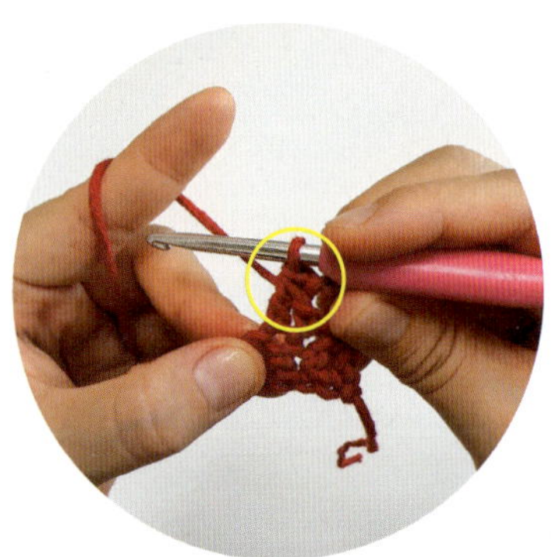

쓰임새

다용도 물결 매트 : 코 줄이기

데일리 망태기 가방 : 몸통 가운데 코 줄이기

 | **빼뜨기 이랑뜨기** 

영상으로 배우기

☑ **Point!**

코 머리 뒤 반코에 바늘 넣어서 빼뜨기합니다
(기본 빼뜨기와 바늘 넣는 위치만 다릅니다).

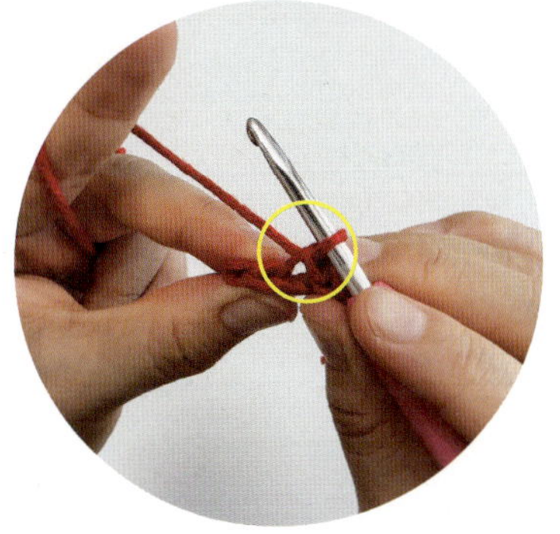

쓰임새

빼뜨기 리본 : 빼뜨기 이랑뜨기로 평면뜨기

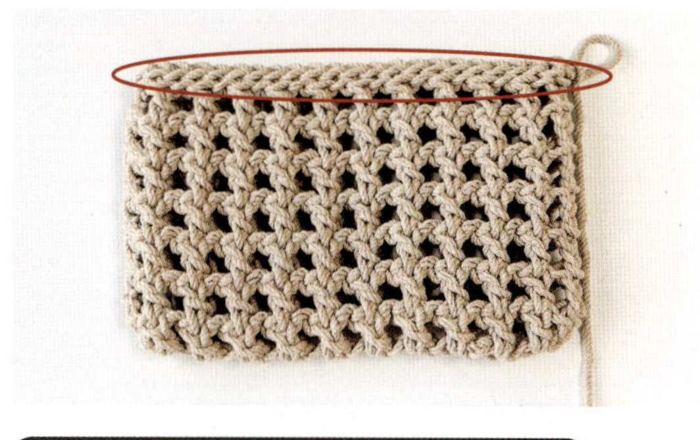

네트 크로스백 : 가방 마지막단 탄탄하게 마무리하기

★ ✕ 이렇게 기호의 아래쪽에 다른 모양이 있으면
'바늘 넣는 위치가 달라진다'는 뜻입니다.

 | **짧은뜨기
이랑뜨기** |  | 

영상으로 배우기

☑ Point!

코 머리 뒤 반코에 바늘 넣어서 짧은뜨기합니다
(기본 짧은뜨기와 바늘 넣는 위치만 다릅니다).

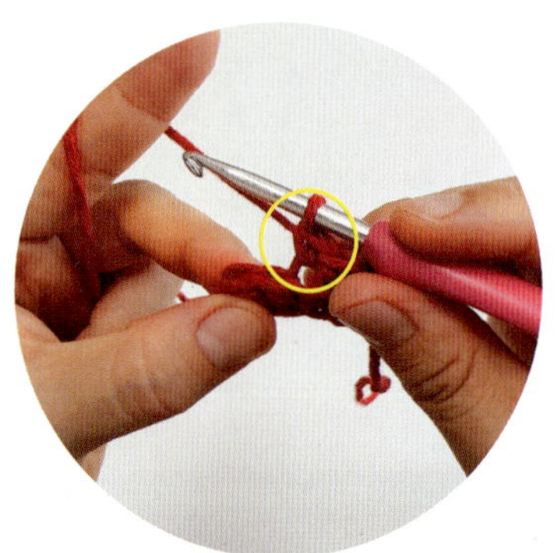

쓰임새

짧은뜨기 리본 : 짧은뜨기 이랑뜨기로 평면뜨기

미니 원형 바구니 : 바닥과 몸통 경계선 만들기

긴뜨기 이랑뜨기

☑ Point!

코 머리 뒤 반코에 바늘 넣어서 긴뜨기합니다
(기본 긴뜨기와 바늘 넣는 위치만 다릅니다).

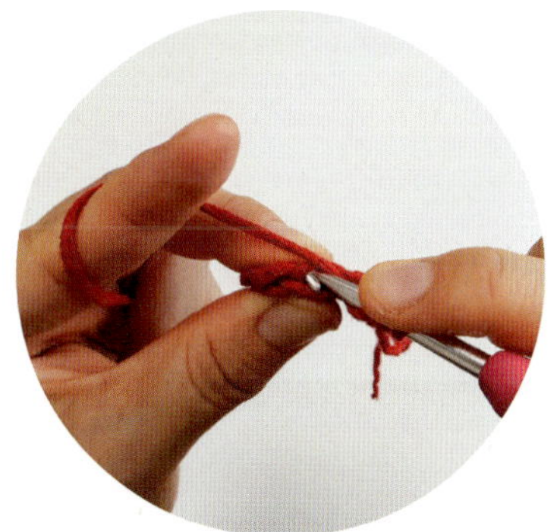

쓰임새

포근 핸드워머 : 골지 무늬 만들기

온 가족 비니 : 골지 무늬 만들기

한길긴뜨기 이랑뜨기

영상으로 배우기

☑ Point!

코 머리의 뒤 반코에 바늘 넣어서 한길긴뜨기합니다
(기본 한길긴뜨기와 바늘 넣는 위치만 다릅니다).

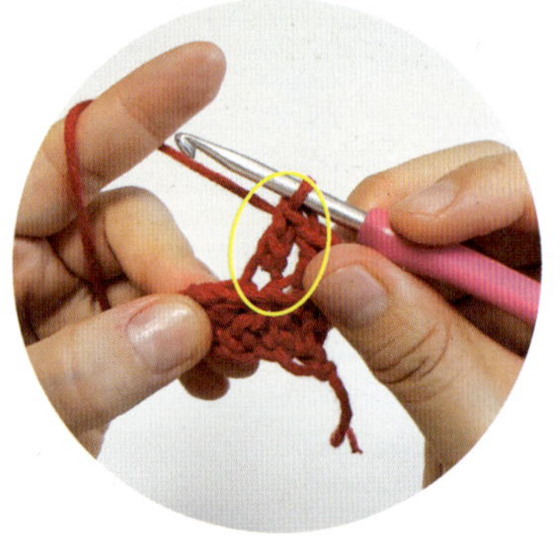

쓰임새

핸들백 : 바닥과 몸통 경계선 만들기

짧은뜨기 앞걸어뜨기

☑ Point!

선 단의 다리를 앞에서 걸어서 짧은뜨기합니다.

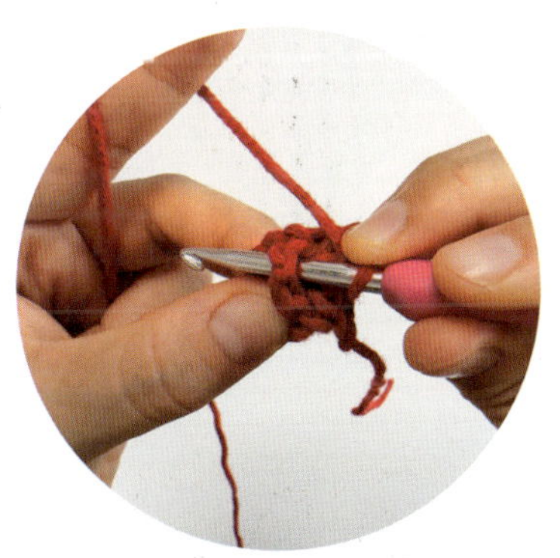

쓰임새

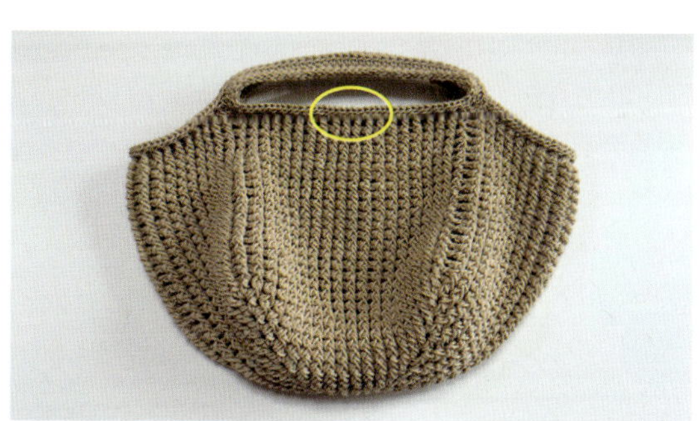

421 무드백 : 몸통 윗부분

이 책의 '421 무드백(364쪽)'에서는 전 단의 짧은뜨기 다리가
아닌, 머리를 앞에서 걸어서 떴습니다. 작품의 특성에 맞게 조금
변형했으니 참고해 주세요.

한길긴뜨기
앞걸어뜨기

영상으로 배우기

☑ Point!

전 단의 다리를 앞에서 걸어서 한길긴뜨기합니다.

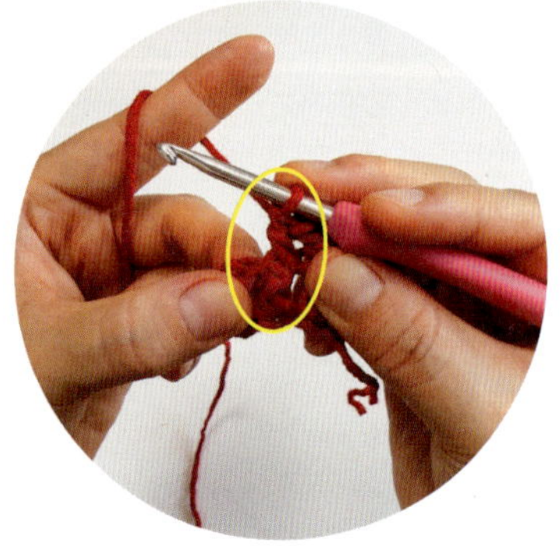

쓰임새

꽈배기 목도리 : 홀수단(앞면)

421 무드백 : 바닥과 몸통

한길긴뜨기
뒤걸어뜨기

☑ Point!

전 단의 다리를 뒤에서 걸어서 한길긴뜨기합니다.

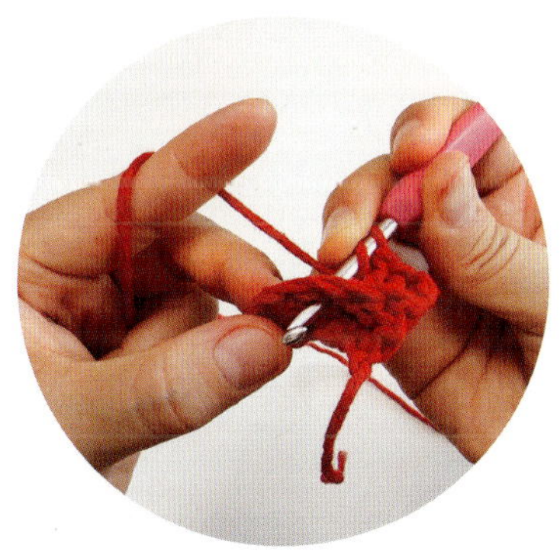

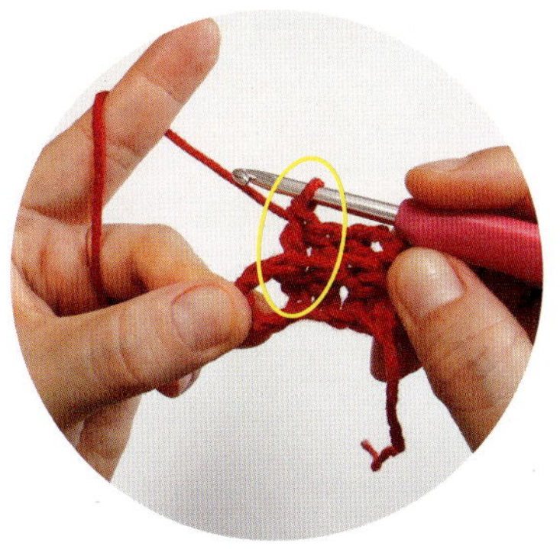

쓰임새

꽈배기 목도리 : 짝수단(뒷면)

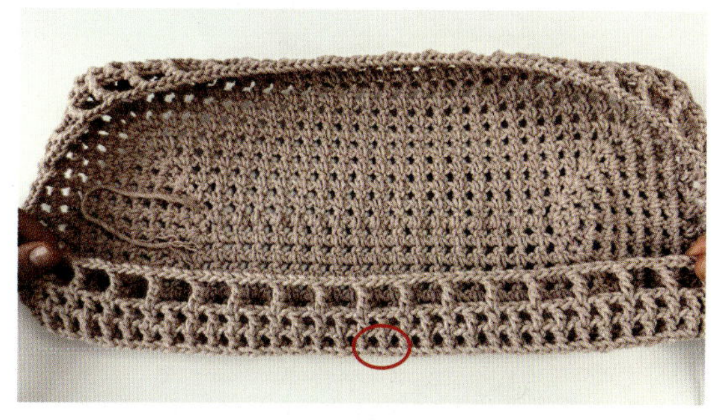

내추럴 빅 네트백 : 바닥과 몸통의 경계선 만들기

이 책의 '내추럴 빅 네트백(270쪽)'에서는 전 단의 한길긴뜨기 다리가 아닌, 머리를 뒤에서 걸어서 떴습니다. 작품의 특성에 맞게 조금 변형했으니 참고해 주세요.

두길긴뜨기

영상으로 배우기

☑ Point!

바늘에 실을 2번 감아서 뜹니다.

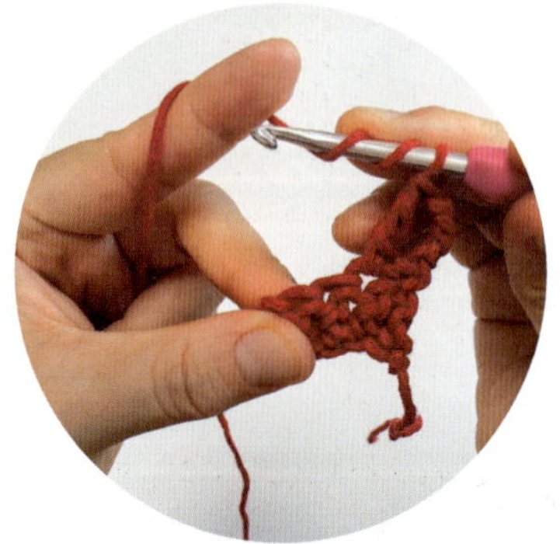

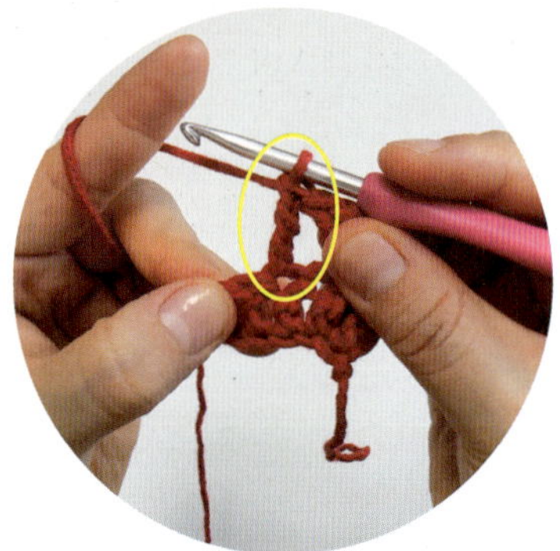

쓰임새

통통 오색 복주머니 : 조임끈 윗부분

네추럴 빅 네트백 : 큰 네트 무늬

① 니팅 파우치
② 내추럴 빅 네트백(270쪽)
③ 코바늘 파우치
④ 머랭크래커 키링(324쪽)
⑤ 미니 사각 바구니(158쪽)
⑥ 줄무늬 네트 파우치(194쪽)
⑦ 여름용 카드지갑(185쪽)
⑧ 블루투스 이어폰 파우치(308쪽)
⑨ 합사해서 뜨기(107쪽)
⑩ 가죽 네트백(212쪽)

작품 시작하기

평면뜨기를 시작할 때
시작 매듭 만들기

영상으로 배우기

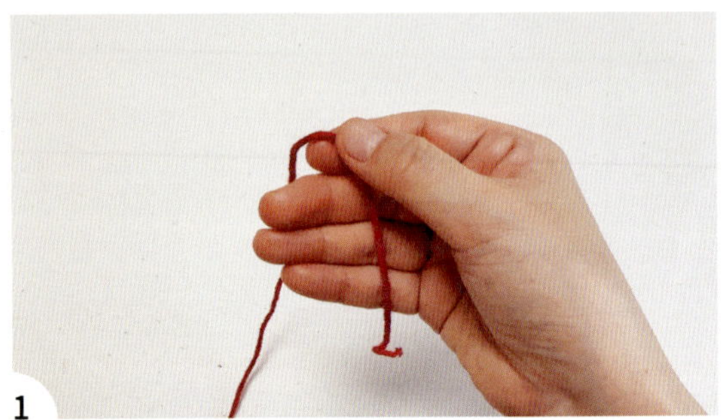

1 오른손으로 실 끝을 잡는다.

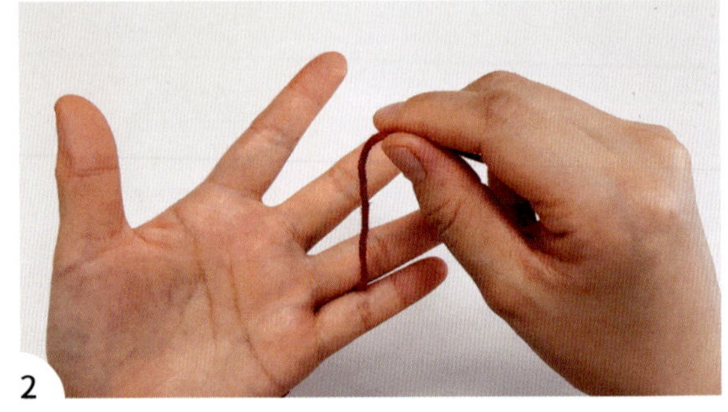

2 왼손 약지와 새끼손가락 사이로 실을 끼운다.

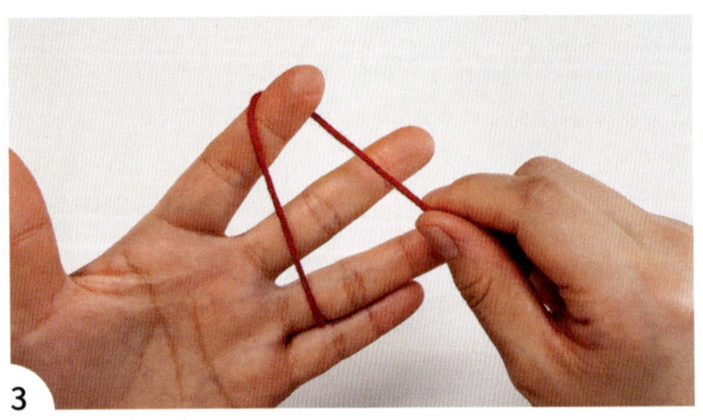

3 왼손 검지 앞에서 뒤로 실을 건다. * 왼손 검지 뒤에서 앞으로 걸어도 좋아요. 편한 방법을 선택하세요.

4 왼손 엄지와 중지로 실 끝을 잡는다.

5 오른손으로 코바늘을 잡고 바늘 갈고리 부분을 실 뒤에 둔다.

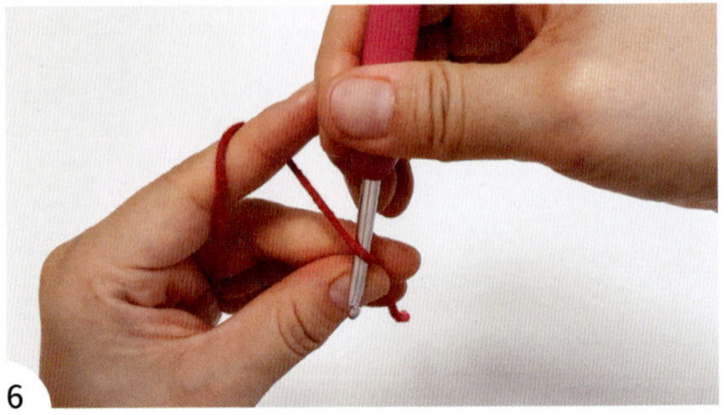

6 실을 감으며 갈고리가 아래로 가도록 숙인다.

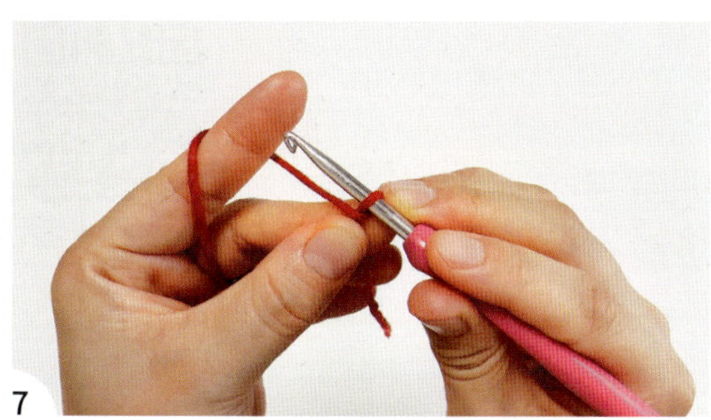

7

코바늘을 한 바퀴 돌려 제자리로 돌아온다.
이때, 실이 꼬인 것을 확인한다.

8

꼬인 부분을 왼손 엄지와 중지로 잡는다.
이때, 바늘 전체를 살짝 위로 들어서 고리 크기를 키운다.
★ 고리가 작으면 바늘을 통과시키기 어려워요.

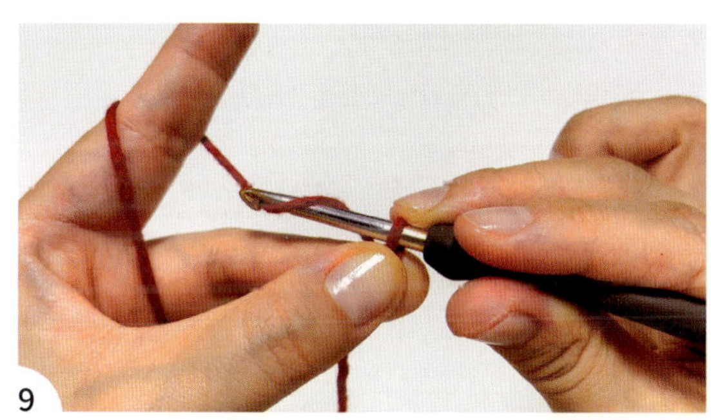

9

바늘로 실을 누르듯 감아 갈고리로 건다.

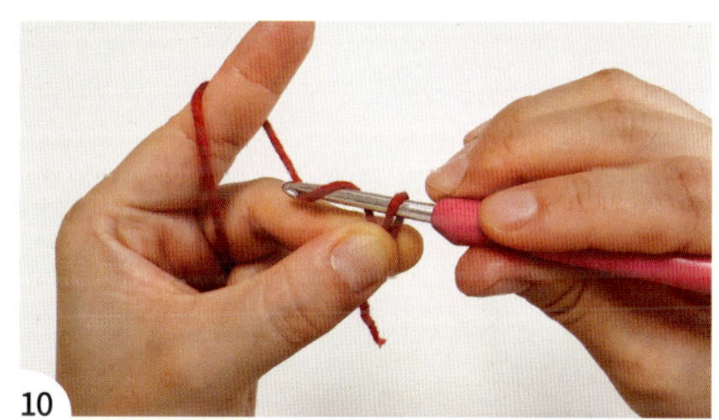

10

실을 감은 갈고리를 아래로 숙인다.

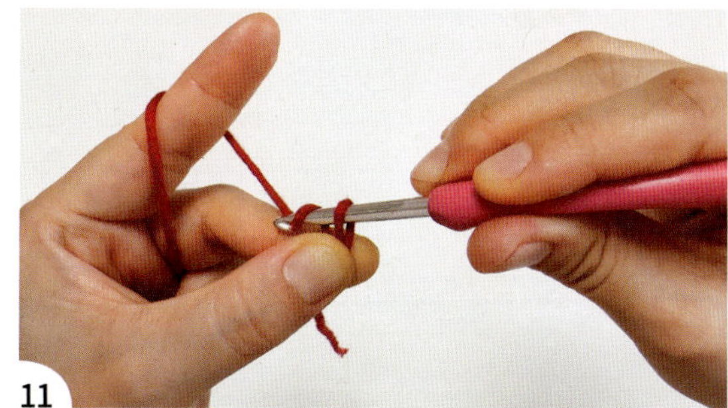

11

갈고리에 걸린 실을 오른쪽 고리로 통과시킨다.

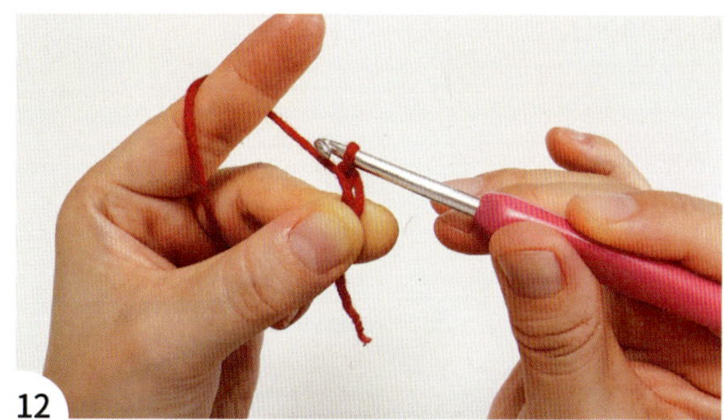

12

꼬리실을 아래로 잡아당겨 매듭으로 만든다.
★ 이렇게 제일 처음 만든 사슬은 시작 매듭이 됩니다.
시작 매듭은 콧수에 포함하지 않는다는 것을 기억하세요.

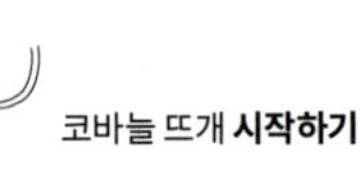

매직링 만들기

영상으로 배우기

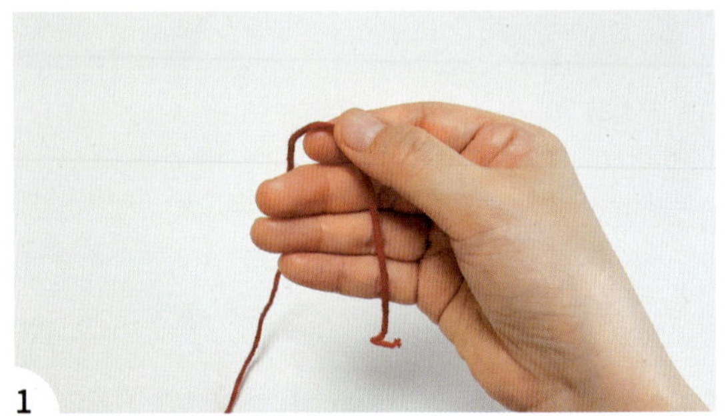

1

오른손으로 실 끝부분을 잡는다.

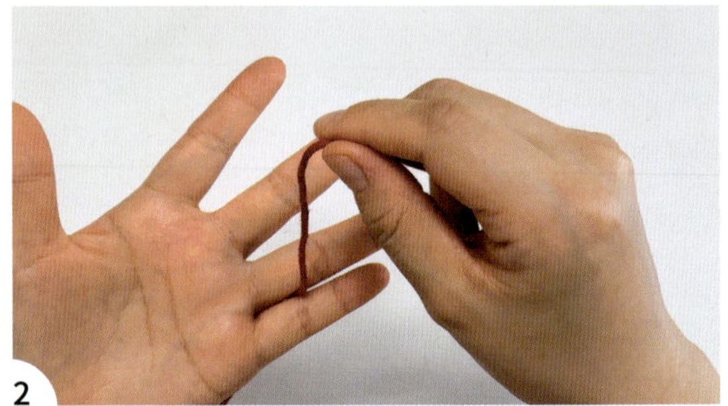

2

왼손 약지와 새끼손가락 사이로 실을 끼운다.

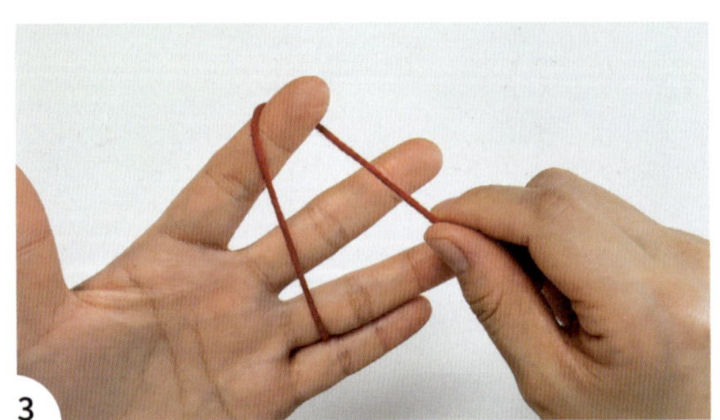

3

왼손 검지 앞에서 뒤로 실을 건다.

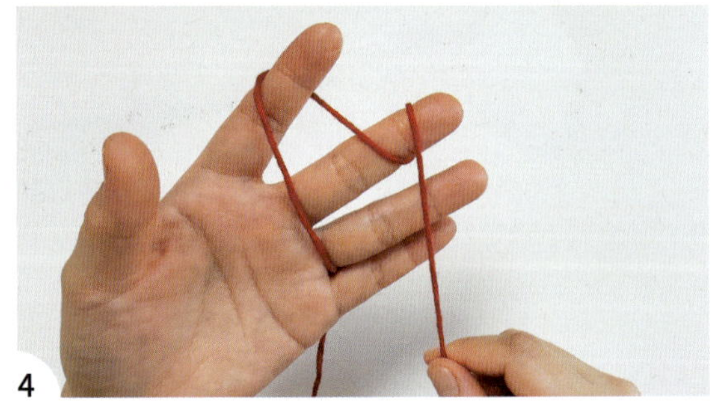

4

왼손 중지 앞에 실을 놓고, 중지 아래에서 위로 한 바퀴 실을 감아 손바닥 쪽으로 실을 가져온다.

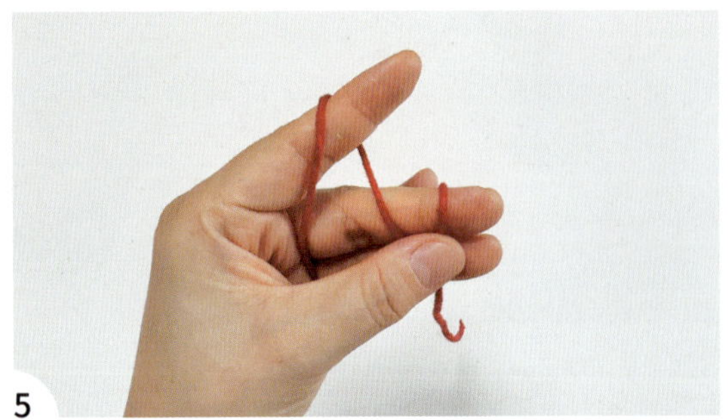

5

감은 실은 왼손 엄지로 잡는다.

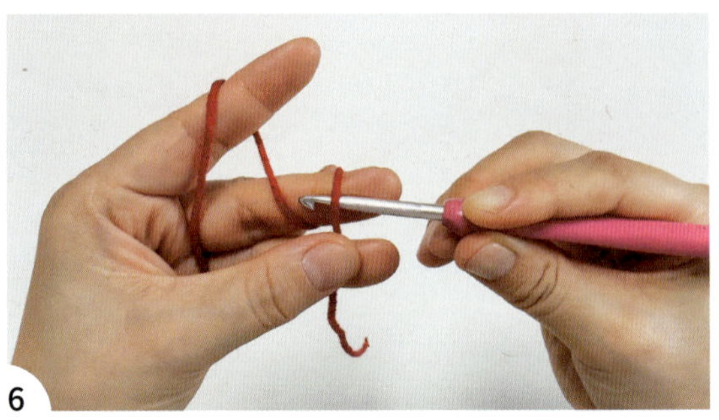

6

감은 실 뒤로 바늘을 찔러 넣는다.

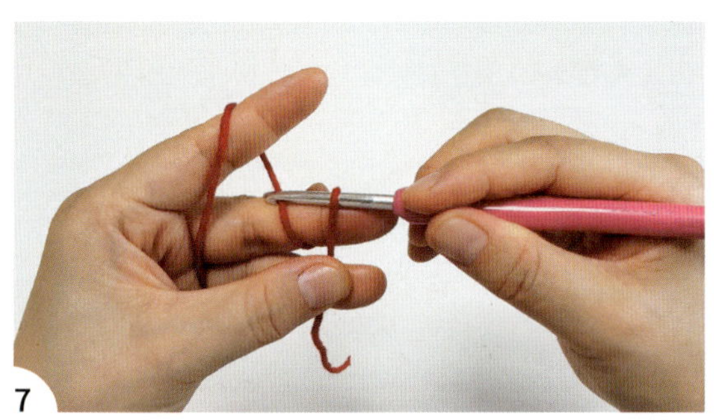

7

왼쪽 실을 갈고리로 건다.

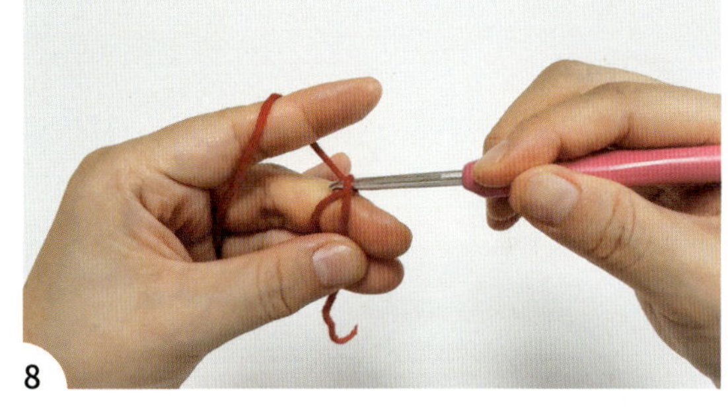

8

오른쪽으로 쭉 끌고 온다.

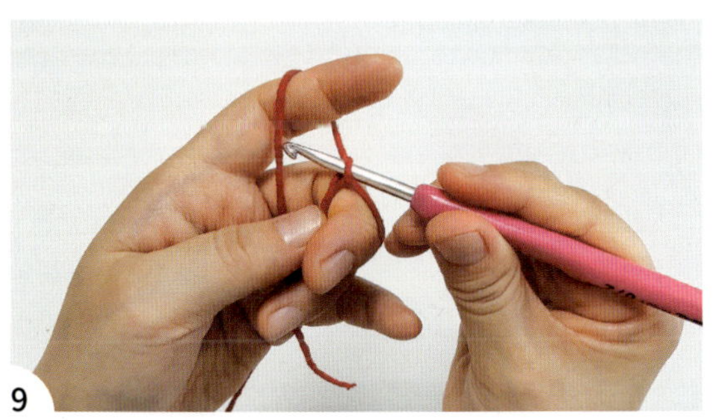

9

그대로 감은 실 바깥으로 빼면 바늘에 고리가 생긴다.

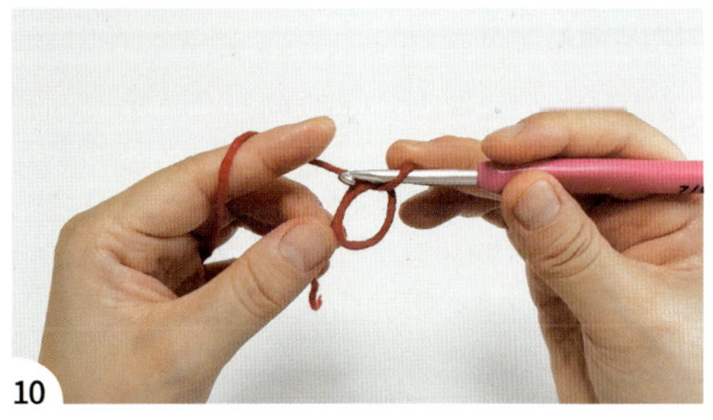

10

손가락에서 빼면 매직링이 완성된다.
★ 매직링이 자꾸 풀린다면, 바로 손가락에서 빼지 말고
첫 단의 기둥코를 만든 후에 손가락에서 빼보세요.

1단을 시작할 때
기초코에서 코 줍기

사슬뜨기로 기초코를 만든 뒤, 그 위에 첫 단을 뜨는 방법을 소개합니다.
'코를 줍는다'는 표현은 '코에 바늘을 넣는다'는 뜻이에요.
'사슬의 코산을 줍는다'는 것은 '사슬의 코산에 바늘을 넣는다'는 의미랍니다.
이때, 사슬의 어디를 줍느냐(어디에 바늘을 넣느냐)에 따라 1단의 모양이 달라집니다.

방법1

기초코에서 코산 줍기

- **장점** 아래쪽에 사슬 모양이 그대로 남아
  테두리가 깔끔하다.
- **단점** 초보는 코산을 찾기가 어려울 수 있다.
- **사용하는 곳** 이 책에서는 테두리를 따로 뜨지 않고
  그대로 사용할 수 있는 티코스터, 담요 등에 사용했다.

영상으로 배우기

1 기초코 사슬 뒷면을 확인한다.

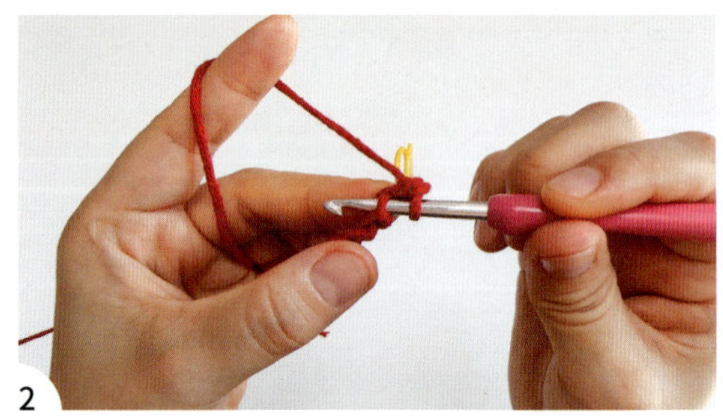

2 코산에 바늘을 넣어서 뜬다. ＊짧은뜨기 예시입니다.
한길긴뜨기로 뜰 때는 바늘에 실을 한번 감은 후에 넣어요.

3 아래쪽에 사슬 모양이 그대로 남았다.

기초코에서 코산과 반코 줍기

- **장점** 코산과 반코, 2가닥을 주워서 코가 도톰하고 뜨개 바탕이 튼튼하다.
- **단점** 앞 반코만 남게 되어 코산을 주웠을 때보다 테두리가 덜 깔끔하다.
- **사용하는 곳** 이 책에서는 가방 바닥에서 주로 사용했다. 특히 한 코를 건너고 뜨는 네트백 바닥에 알맞은 방법이다.

영상으로 배우기

1

기초코 사슬 앞면을 확인한다.

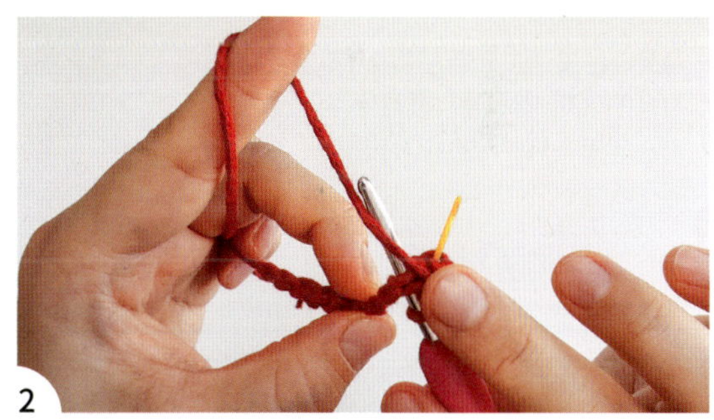

2

코산과 뒤 반코, 2가닥에 바늘을 넣어서 뜬다. ＊짧은뜨기 예시입니다. 한길긴뜨기로 뜰 때는 바늘에 실을 한번 감은 후에 넣어요.

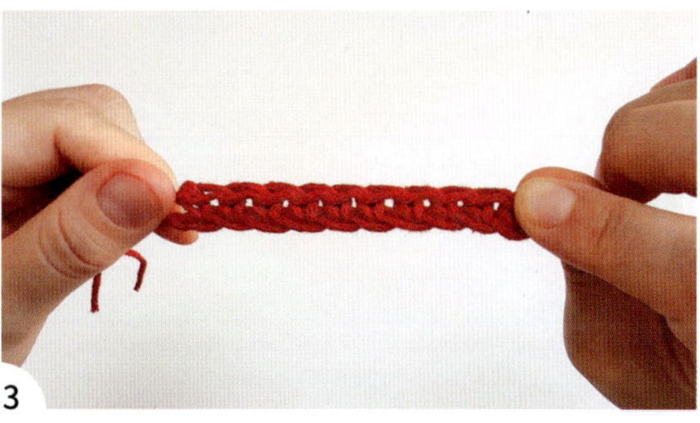

3

사슬의 앞 반코만 남았고, 편물이 튼튼하다.

방법 **3**

기초코에서 반코 줍기

- **장점** 줍는 위치를 알기 쉬워서 뜨기 편한 방법이다.
- **단점** 1가닥만 줍기 때문에 뜨개 바탕이 느슨하고, 틈이 벌어진다.
- **사용하는 곳** 기초코의 양쪽에서 코를 주울 때 사용한다. 이 책에서는 가방끈을 사슬뜨기로 달고, 사슬 양쪽에 빼뜨기할 때 사용했다.

영상으로 배우기

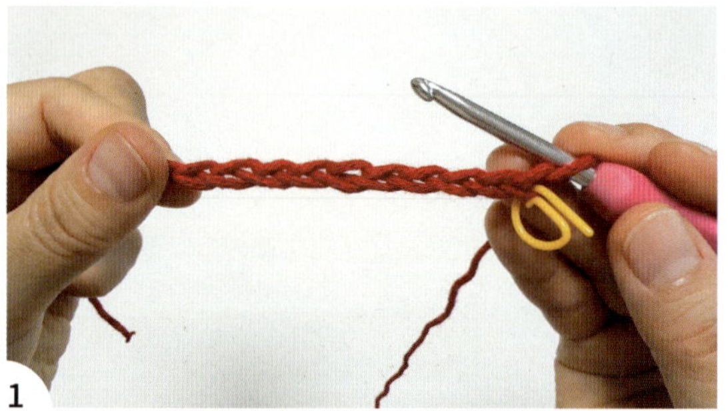

1

기초코 사슬 앞면을 확인한다.

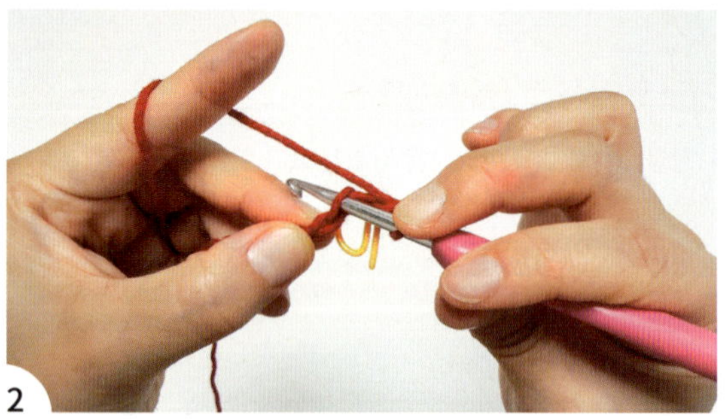

2

뒤 반코 1가닥에 바늘을 넣어서 뜬다. ＊짧은뜨기 예시입니다. 한길긴뜨기로 뜰 때는 바늘에 실을 한번 감은 후에 넣어요.

3

사슬의 앞 반코만 남았고, 편물이 느슨하다.

실 연결하기

뜨개를 하다가 실 한 볼이 끝났을 때 다음 실로 연결하는 방법을
소개합니다. 당황하지 말고 그대로 따라 해보세요.

짧은뜨기 연결하기

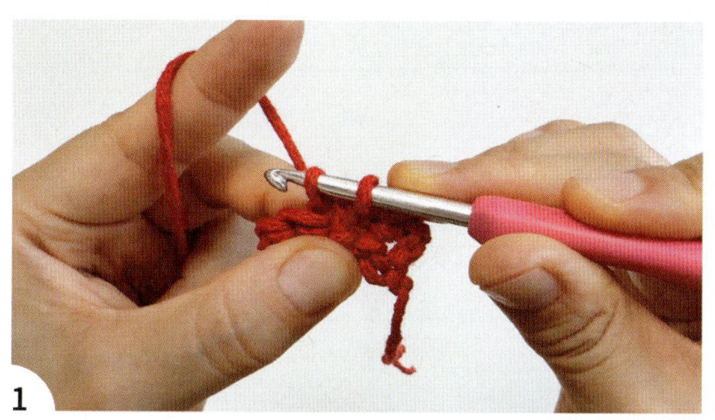

1

고리가 2개 남아 있는 짧은뜨기 미완성 상태로 멈춘다.

2

고리 2개 윗부분은 오른손 중지로 눌러주고
뜨던 실은 오른손으로 잡는다.

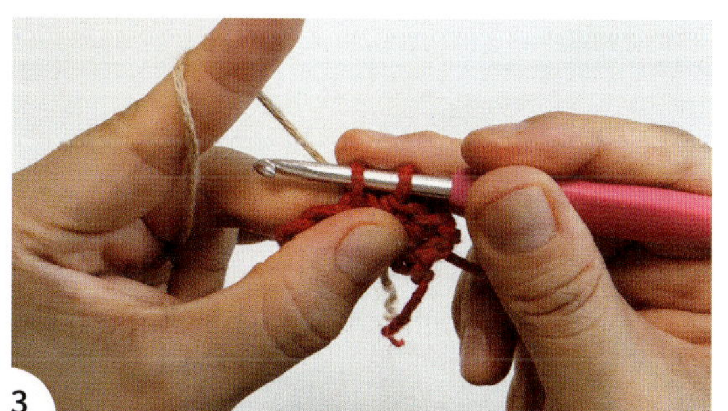

3

새로운 실은 왼손에 걸어서 바늘 뒤에 두고
왼손 엄지와 중지로 편물을 잡는다.

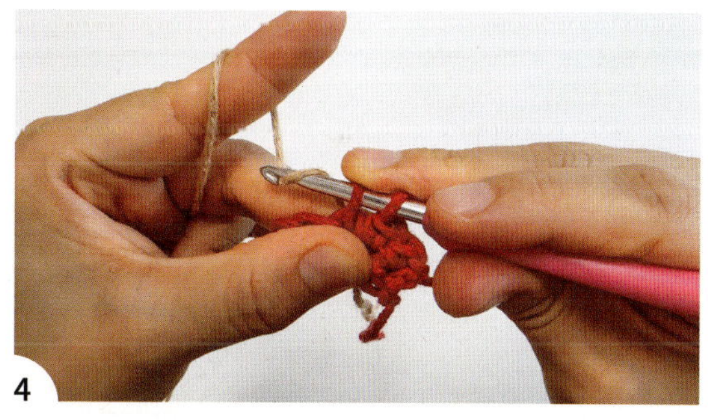

4

바늘로 새로운 실을 감아서 고리 2개로 통과시킨다.

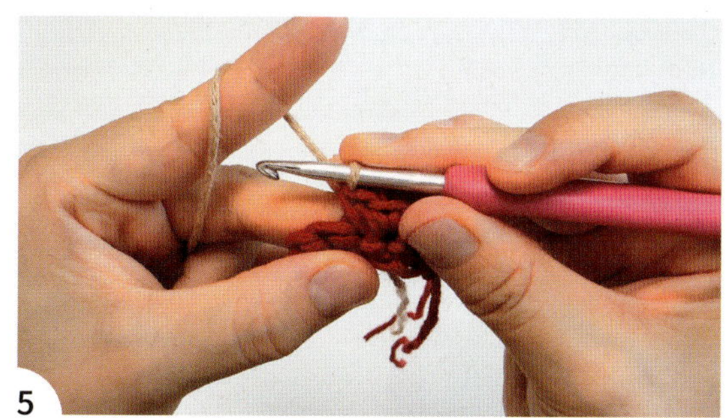

5

바늘에 걸린 실이 바뀌었다.

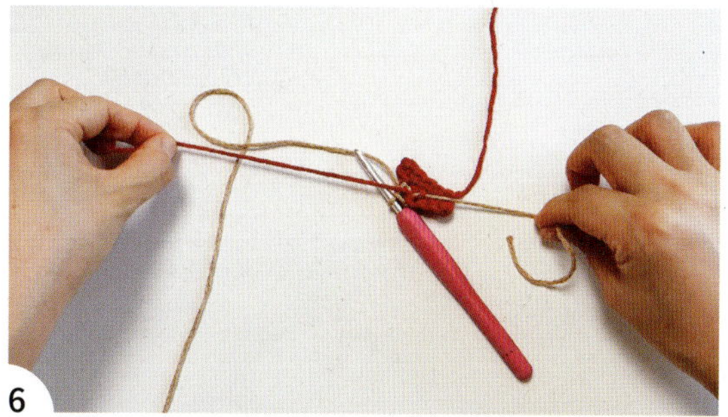

6

꼬리실 2개는 2번 정도 묶어 준 후 나중에 돗바늘로 숨긴다.
＊ 뜨던 실을 자르고, 뜨던 실의 꼬리실과 새로 바꾸는 실의
꼬리실을 묶어주세요.

긴뜨기 연결하기

1

고리가 3개 남아 있는 긴뜨기 미완성 상태로 멈춘다.

2

고리 3개 윗부분은 오른손 중지로 눌러주고
뜨던 실은 오른손으로 잡는다.

3

새로운 실은 왼손에 걸어서 바늘 뒤에 두고
왼손 엄지와 중지로 편물을 잡는다.

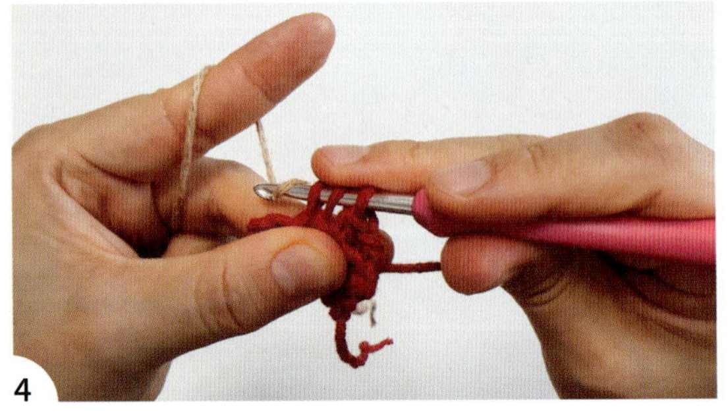

4

바늘로 새로운 실을 감아서 고리 3개로 통과시킨다.

5

바늘에 걸린 실이 바뀌었다.

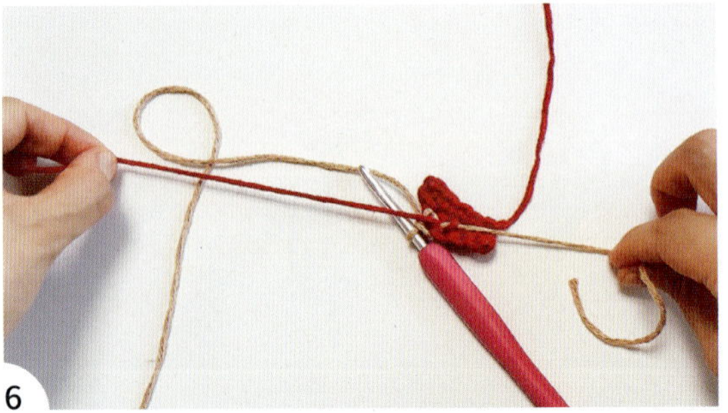

6

꼬리실 2개는 2번 정도 묶어 준 후 나중에 돗바늘로 숨긴다.
★ 뜨던 실을 자르고, 뜨던 실의 꼬리실과 새로 바꾸는 실의
꼬리실을 묶어주세요.

한길긴뜨기 연결하기

1 고리가 2개 남아 있는 한길긴뜨기 미완성 상태로 멈춘다.

2 고리 2개 윗부분은 오른손 중지로 눌러주고
뜨던 실은 오른손으로 잡는다.

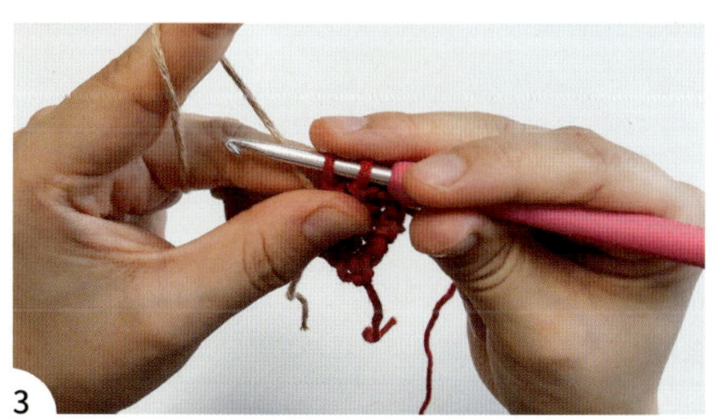

3 새로운 실은 왼손에 걸어서 바늘 뒤에 두고
왼손 엄지와 중지로 편물을 잡는다.

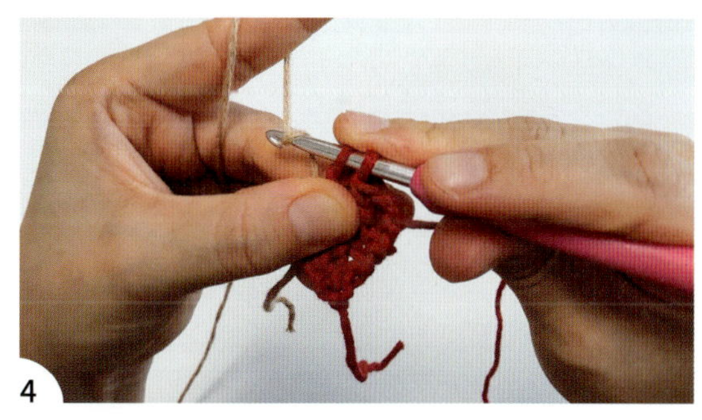

4 바늘로 새로운 실을 감아서 고리 2개로 통과시킨다.

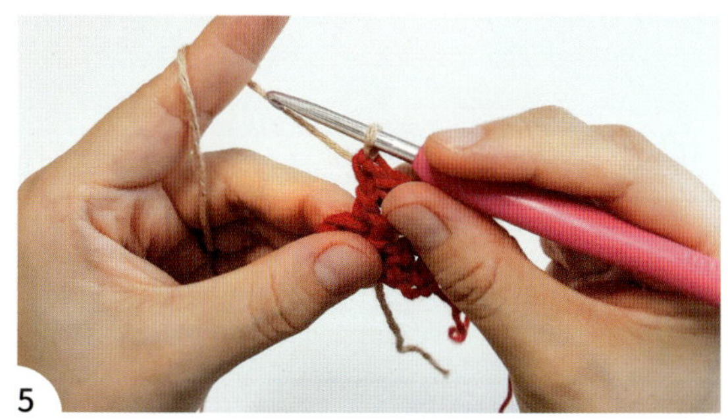

5 바늘에 걸린 실이 바뀌었다.

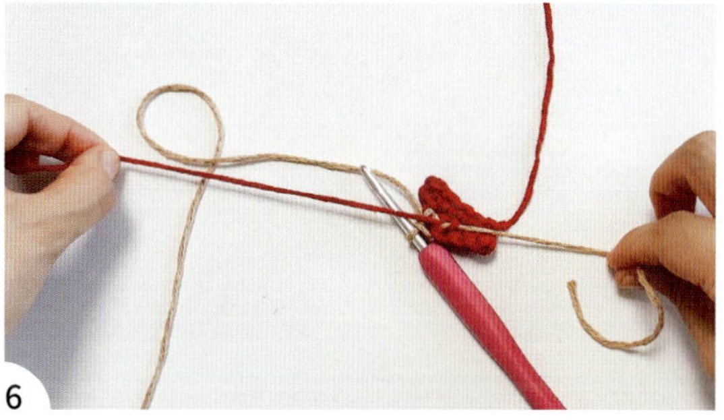

6 꼬리실 2개는 2번 정도 묶어 준 후 나중에 돗바늘로 숨긴다.
* 뜨던 실을 자르고, 뜨던 실의 꼬리실과 새로 바꾸는 실의
꼬리실을 묶어주세요.

작품 마무리하기

작품을 다 뜬 후, 사슬 모양으로 예쁘게 마무리하는 방법을 소개합니다.
간단한 평면뜨기 정리하는 법은 85쪽 꼬리실 정리하기를 참고하세요.

영상으로 배우기

1

작품을 다 뜬 후 실을 적당히 남기고 자른다.
자른 실을 그대로 쭉 빼서 돗바늘에 끼워준다.

2

마지막 코 가운데에서 꼬리실이 나오고 있다.
★ 이 코를 기억하세요.

3

마지막 코를 기준으로 왼쪽 두 번째 코에 돗바늘을 넣는다.
★ 아래에서 위를 향해 넣습니다. 작품의 특성에 따라
왼쪽 첫 번째 코에 넣기도 합니다.

4

돗바늘을 위쪽으로 쭉 빼면 사슬 모양의 앞 반코가 만들어진다.

5

과정 ②의 마지막 코 가운데로 돗바늘을 넣고
편물 안쪽으로 쭉 뺀다.

6

뒤 반코가 만들어지고 사슬 모양이 완성된다. 이때, 사슬 모양이
예쁘지 않다면 돗바늘로 정리하고 편물 안쪽으로 꼬리실을 숨긴다.

꼬리실 정리하기

작품을 다 뜬 후, 꼬리실 숨기는 방법을 소개합니다.
두 가지 방법 중 편한 방법을 선택하세요.

영상으로 배우기

방법 1 : 중간에 매듭 만들기

1

끝 매듭(사슬1)을 만들고, 실을 잘라 돗바늘에 끼운다.
편물 뒷면으로 돗바늘을 통과시켜 꼬리실을 숨긴다.
★ 코들 사이로 3cm 이상 숨기는 게 좋아요. 편물 앞면에서
꼬리실이 보이지 않도록 합니다.

2

돗바늘이 지나간 마지막 실 1가닥에 한 번 더 바늘을 넣어서
통과시킨다.

3

매듭처럼 되었다.

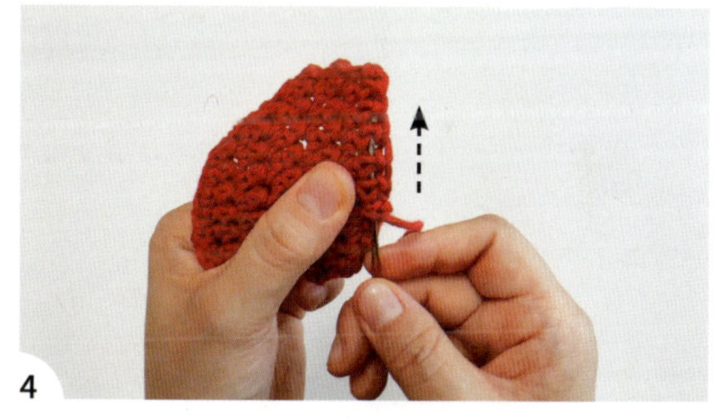

4

이어서 같은 방향으로 조금 더 숨겨준다.

방법 2 : 반대로 돌아오기

1

끝 매듭(사슬1)을 만들고, 실을 잘라 돗바늘에 끼운다.
편물 뒷면으로 돗바늘을 통과시켜 꼬리실을 숨긴다.
★ 코들 사이로 3cm 이상 숨기는 게 좋아요. 편물 앞면에서
꼬리실이 보이지 않도록 합니다.

2

바늘 방향을 반대로 바꾸고, 실 1가닥을 건넌 뒤 되돌아오며
꼬리실을 숨겨준다.

초보가 당황하는 순간

20

뜨다가 막힐 때 찾아보는
초보 사용 설명서

Q **1 고리에서 바늘이 빠졌어요!**

A

1

바늘이 빠졌을 때는 당황하지 말고
이렇게 해보세요.

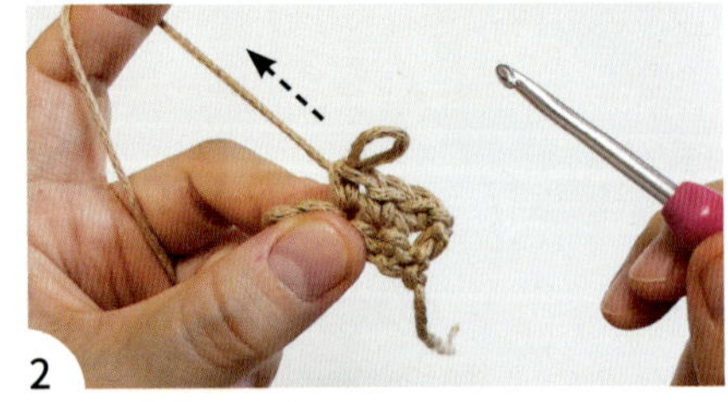

2

왼손 검지를 위로 움직여 실을 당기면 고리에
움직이는 줄이 있을 거예요.

3

그 줄이 고리 왼쪽에 있는 상태에서

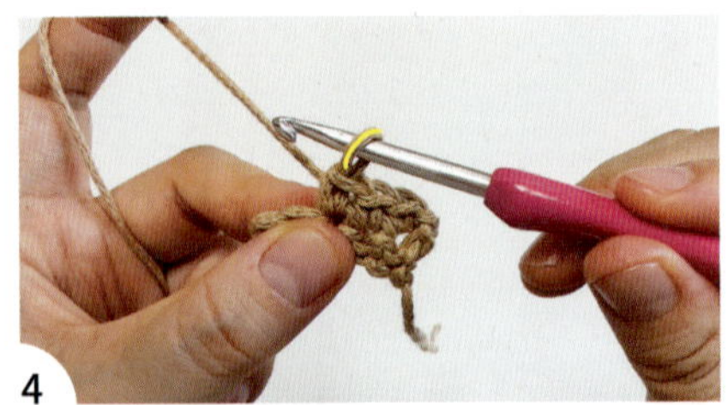

4

고리에 바늘을 넣으세요. 그러면 그 줄은
바늘 앞쪽에 위치합니다.

2 사슬 개수가 늘어났어요.

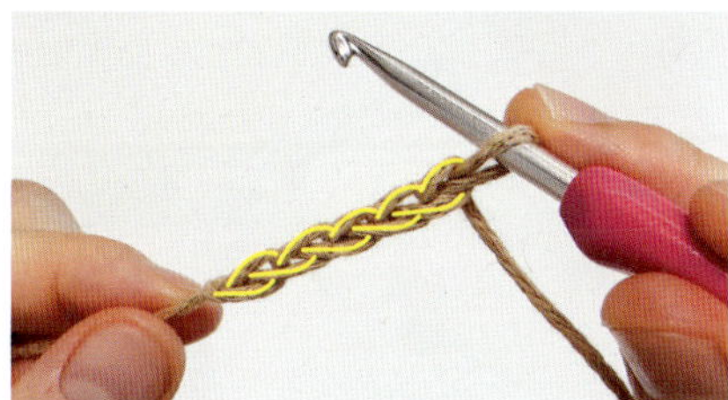

처음엔 사슬 개수 세는 것도 어려울 수 있어요.
맨 처음에 만든 사슬은 시작 매듭이 됩니다.
따라서 콧수로 세지 않습니다.
그리고 바늘에 걸려있는 고리도 사슬이 아니에요.
사진 속 사슬은 5개입니다.

3 기초코를 너무 많이 했어요. 다 풀어야 하나요?

1

기초코가 남았을 때, 혹은 길이를 줄이고
싶을 때는 다 풀지 말고 이렇게 해보세요.

2

제일 처음에 만든 시작 매듭을 풀어줍니다.

3

원하는 만큼 풉니다. * 만약, 2코를 줄이고 싶다면
시작 매듭 포함 2코를 푸세요.

4

다시 꽉 묶으면 매듭이 만들어집니다.

4 매직링 만든 후 꼬리실이 사라졌어요.

1

꼬리실이 안으로 말려 들어가면 찾을 수가 없어요.
매직링을 만들 때는 꼬리실을 길게 해주세요.

2

매직링과 꼬리실은 왼손 엄지와 중지로 같이 잡고
뜹니다.

3

많은 코를 넣어서 매직링이 좁아지면, 코들을
오른쪽으로 밀어 옮겨주세요.

4

이렇게 매직링의 공간을 확보하면서 뜹니다.
* 꼬리실을 잡아당겨 오므릴 때는 조금씩 나눠서
잡아당기세요. 너무 세게 당기면 얇은 실은
끊어질 수 있습니다.

5 마지막 코를 모르겠어요.

짧은뜨기의 경우

빼뜨기 오른쪽 코가 마지막 코입니다.

한길긴뜨기의 경우(긴뜨기, 두길긴뜨기 동일)

빼뜨기 오른쪽 코가 마지막 코입니다.
빼뜨기코가 찾기 어려우면 기둥코 오른쪽 다리를
찾으세요. 그게 마지막 코입니다.

6 단이 끝날 때 빼뜨기는 어디에 하는 건가요?

짧은뜨기의 경우

한길긴뜨기의 경우(긴뜨기, 두길긴뜨기 동일)

단의 마지막 코를 뜬 후, 첫 코 머리에 합니다.
빼뜨기코와 기둥코에는 뜨지 않아요.

단의 마지막 코를 뜬 후, 기둥코 마지막 사슬에
합니다. 기둥코가 사슬 3개면 세 번째 사슬,
기둥코가 사슬 2개면 두 번째 사슬에 해요. 기둥코
마지막 사슬은 두 번째 코 머리 오른쪽에 있습니다.
★ 기둥코 마지막 사슬의 오른쪽 반코와 코산,
2가닥에 바늘을 넣어서 빼뜨기해야 틈이 덜
생깁니다.

7 빼뜨기코는 원래 모양이 미운가요?

이렇게 단이 시작되고 끝나는 부분은 모양이
좀 다릅니다. 빼뜨기코에는 뜨지 않아서 살짝 틈이
벌어져 보여요. 꼼꼼한 분들은 '잘못 떴나? 왜 여기만
모양이 이상하지?' 싶을 거예요. 하지만 잘못된 것이
아니고 원래 그렇답니다. 이 점을 보완하기 위해
이 책에서는 빼뜨기코에 뜨는 작품도 수록했습니다.
★ 단이 끝날 때 하는 빼뜨기코는 최대한 작게 떠주세요.

8 짧은뜨기를 할 때 다음 단 첫 코는 어디에 하나요?

A

1

이 부분 참 어렵죠. 2단 마지막 코까지
뜨고 나면 빼뜨기코와 기둥코를
만납니다(이 코들은 지나갑니다).

2

2단 첫 번째 짧은뜨기코에 빼뜨기합니다.
이때, 여기 잘 기억하세요.
여기가 3단의 첫 코를 뜰 자리입니다.

3

방금 빼뜨기 한 곳의 구멍이 작아져 있어요.

4

3단 기둥코를 세우고, 아까 빼뜨기 한 곳에 다시
바늘을 넣어서 3단의 첫 번째 짧은뜨기를 합니다.

9 콧수를 다시 세고 싶어요.

A

짧은뜨기의 경우

한길긴뜨기의 경우(긴뜨기, 두길긴뜨기 동일)

사슬 모양 머리를 잘 세어주세요. 이때, 기둥코와
빼뜨기코는 콧수로 세지 않습니다. 헷갈릴 때는
사진과 같이 빼뜨기를 하기 전에 셉니다.

이렇게 다리가 긴 기법들은 다리를 세는 게 편합니다.
이때, 기둥코는 콧수로 세고, 빼뜨기코는 세지 않습니다.
헷갈릴 때는 사진과 같이 빼뜨기를 하기 전에 셉니다.

10 실이 자꾸 엉켜서 힘들어요.

A

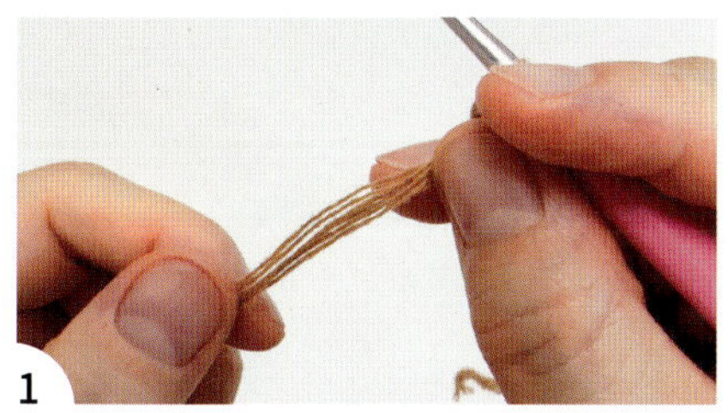

1

램스울, 삼베실 등 이렇게 가닥 가닥 떨어져 있는
실은 쉽게 엉킵니다. * 이외의 실들은 '실을
편리하게 사용하는 법 (18쪽)'을 참고하세요.

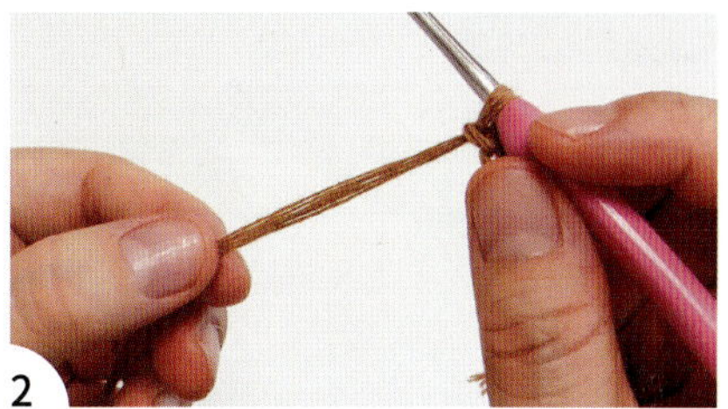

2

왼손 엄지와 검지로 실을 잡고,
아래로 살살 쓸어주면서 뜨세요.

11 편물을 뒤집어가면서 뜨고 있는데 머리를 찾기 힘들어요.

A

짧은뜨기의 경우

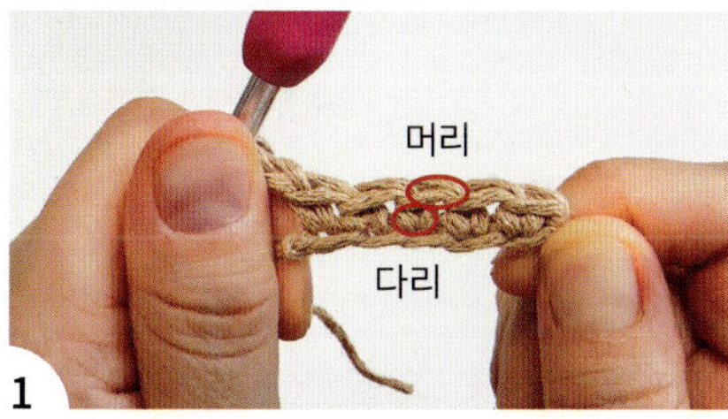

1

짧은뜨기 앞모습입니다. 다리 위에 머리가 살짝
오른쪽에 있습니다.

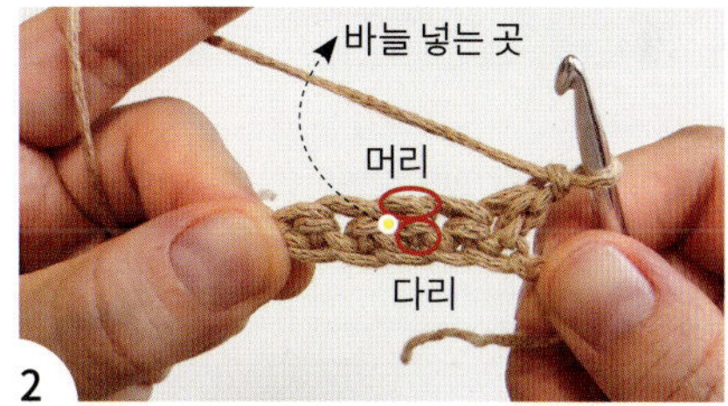

2

편물을 뒤집으면 짧은뜨기 뒷모습이 보입니다.
다리 위에 머리가 살짝 왼쪽에 있습니다.

한길 긴뜨기의 경우

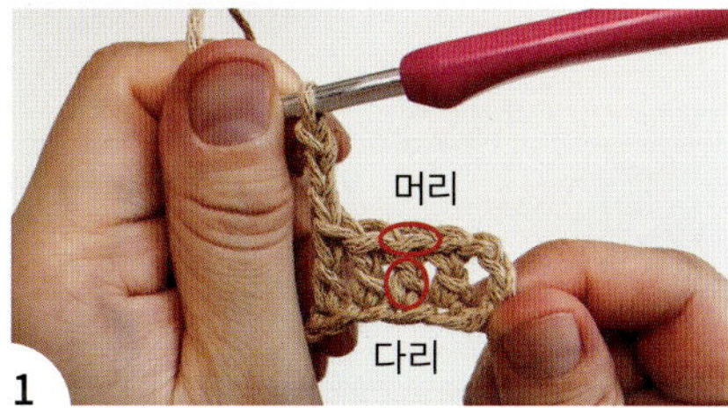

1

한길긴뜨기 앞모습입니다.
다리 위에 머리가 살짝 오른쪽에 있습니다.

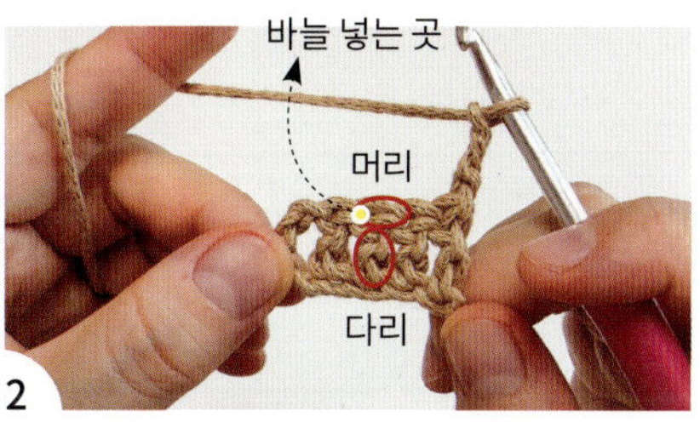

2

편물을 뒤집으면 한길긴뜨기 뒷모습이
보입니다. 다리 위에 머리가 살짝 왼쪽에 있습니다.

평면뜨기의 경우

1

홀수단을 뜰 때는 꼬리실이 왼쪽에 있습니다.
이 때, 홀수단은 앞면, 짝수단은 뒷면이 보입니다.

2

짝수단을 뜰 때는 꼬리실이 오른쪽에 있습니다.
이때, 짝수단은 앞면, 홀수단은 뒷면이 보입니다.

원형뜨기, 원통뜨기의 경우

1

뜨다가 잠깐 내려놓고 다시 뜰 때
바늘이 돌아가서 앞면, 뒷면이 바뀌는 경우가
있습니다. 이렇게 꼬리실이 나와있는 쪽은
뒷면이에요.

2

꼬리실이 없는 쪽이 앞면입니다.
여길 보면서 떠야 합니다.

A

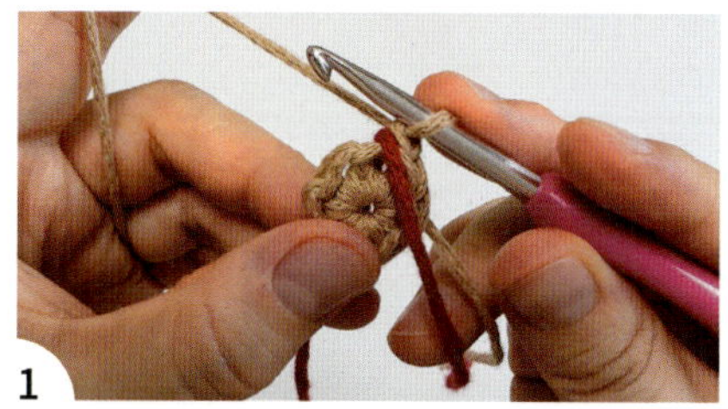

1

단수링이 없을 때 다른 색 실로 표시할 수 있어요.
2단의 기둥코를 세우고, 첫 코를 뜨기 전에
기둥코 왼쪽에 실을 겁니다. * 얇은 실이 좋아요.

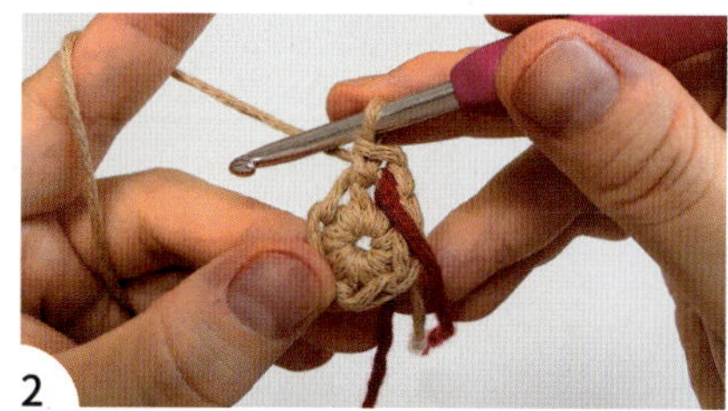

2

걸어둔 실을 최대한 오른쪽으로 밀고
2단의 첫 코를 뜹니다.
* 짧은뜨기로 예를 들어 설명할게요.

3

쭉 2단을 뜨고 실이 걸린 곳에 돌아옵니다.
실이 걸린 곳에 빼뜨기합니다.

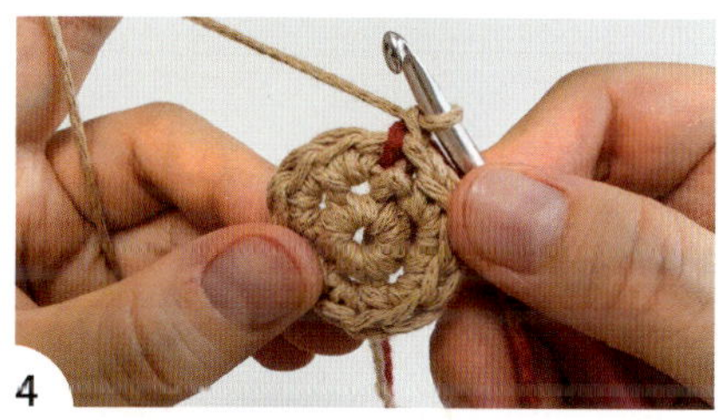

4

3단의 기둥코를 세우고, 첫 코를 뜨기 전에
앞에 있는 실을 편물의 뒤로 넘겨 줍니다.

5

걸어둔 실을 최대한 오른쪽으로 밀고
첫 코를 뜹니다.

6

쭉 3단을 뜨고 실이 걸린 곳에 돌아옵니다.
실이 걸린 곳에 빼뜨기합니다.

7

4단의 기둥코를 세우고, 첫 코를 뜨기 전에
뒤에 있는 실을 편물의 앞으로 넘겨줍니다.

8

같은 방법으로 단마다 첫 코를 뜨기 전에 걸어둔 실을
옮겨줍니다. 걸어둔 실은 다 뜨고 쭉 잡아당기면 빠집니다.

14 모아뜨기 코가 이상해요.

1

모아뜨기는 여러 개의 코를 1코로 모으는
기법이라 코가 커지는 걸 조심해야 합니다.

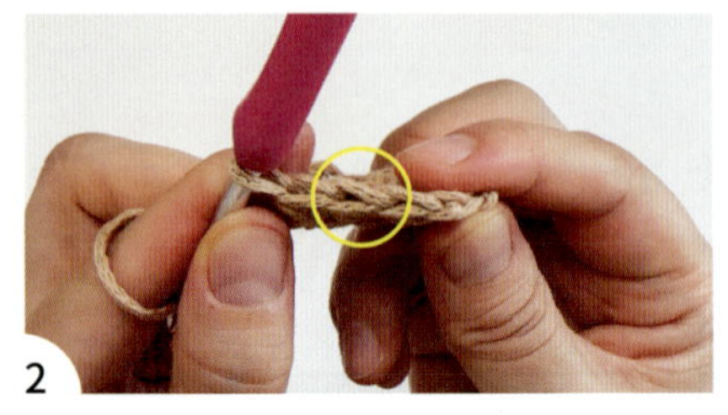

2

코 머리가 커지지 않게 주의하세요.
다른 코들과 머리 크기를 비교하면서 뜹니다.

15 앞걸어뜨기를 했는데 코가 한쪽으로 돌아가요.

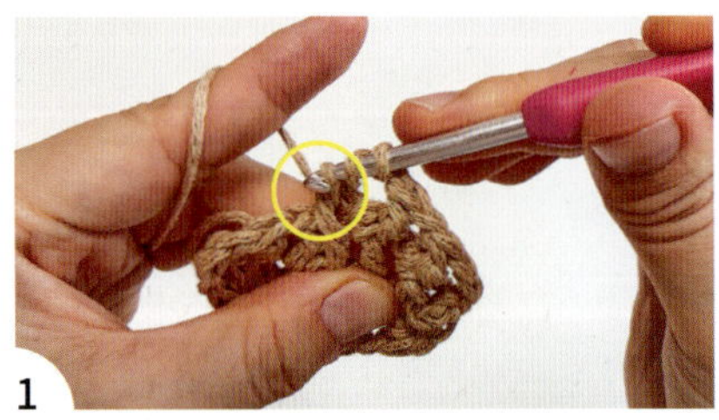

1

바늘로 다리를 앞에서 걸고 한 번 감아서
다리 오른쪽으로 뺄 때, 바늘에 걸린
첫 번째 고리가 이렇게 작으면 안 됩니다.

2

첫 번째 고리를 길게 빼주세요.

16 꼬리실이 너무 조금 남았어요.

A

1

꼬리실이 짧아서 숨기기 어려울 때가 있어요.

2

숨길 곳으로 돗바늘을 먼저 꽂아 줍니다.

3

돗바늘에 꼬리실을 끼웁니다.

4

그대로 돗바늘을 뺍니다.

5

꼬리실이 짧아도 잘 숨길 수 있답니다.

Q 17 왜 편물이 베베 꼬일까요?

A

손에 힘이 너무 많이 들어가고 있어요.
처음엔 대부분 그렇답니다.
손 동작이 익숙해지면 점점 좋아질 거예요.
당장 개선하고 싶다면 권장 바늘보다
한 호수 큰 바늘로 떠보세요.

하지만 무엇보다 이렇게
평평하게 나올 때까지
느슨하게 뜨는 연습이 필요합니다.

Q 18 제가 뜬 편물은 아래가 너무 좁아요.

A

기초코가 너무 작으면 부채가 돼요.
기초코를 뜰 때 느슨하게 뜨거나
1~2호 큰 바늘로 떠주세요.

이렇게 평평하게 나올 때까지
기초코를 느슨하게 뜨는 연습을 해보세요.
콧수가 늘거나 줄지 않도록
확인하며 뜨는 것도 중요합니다.

19 제가 뜬 작품은 너무 작게 또는 크게 나왔어요.

같은 실, 같은 바늘을 사용해도 뜨는 사람의 손힘에 따라 이렇게 작품의 크기는 다르게 나옵니다.

- **작게 나왔을 경우** 권장 바늘보다 한 호수 큰 바늘로 뜨거나 느슨하게 뜨는 연습이 필요해요.
- **크게 나왔을 경우** 권장 바늘보다 한 호수 작은 바늘로 뜨거나 쫀쫀하게 뜨는 연습이 필요합니다.

20 제가 뜬 코는 크기가 다 달라요.

처음부터 끝까지 같은 텐션을 유지하면서 뜬다는 건 초보에겐 어려운 일입니다.
뜨개는 수많은 연습이 필요합니다.
만약 한길긴뜨기를 뜨고 있다면 코 머리의 크기가 비슷하게, 다리 길이도 비슷하게 나오도록 신경써서 떠주세요.

CHAPTER 2

그대로 따라 하면 완성되는 뜨개 레시피 21

빠르게 완성할 수 있는 작은 소품, 액세서리부터

천천히 정성 들여 만들기 좋은 가방, 담요까지

소요 시간별 뜨개 레시피를 소개합니다.

들어가기 전에, 기초기법 5가지를 필수로 연습하고 떠주세요.

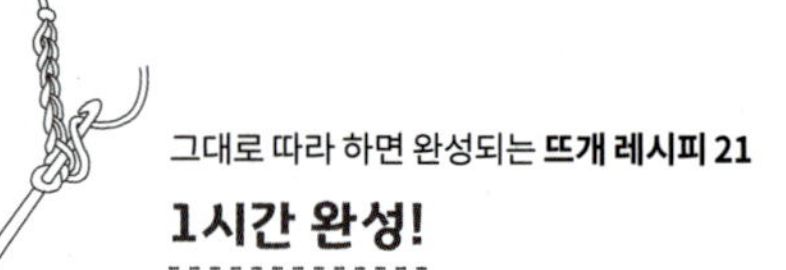

기본 충전선 꾸미기

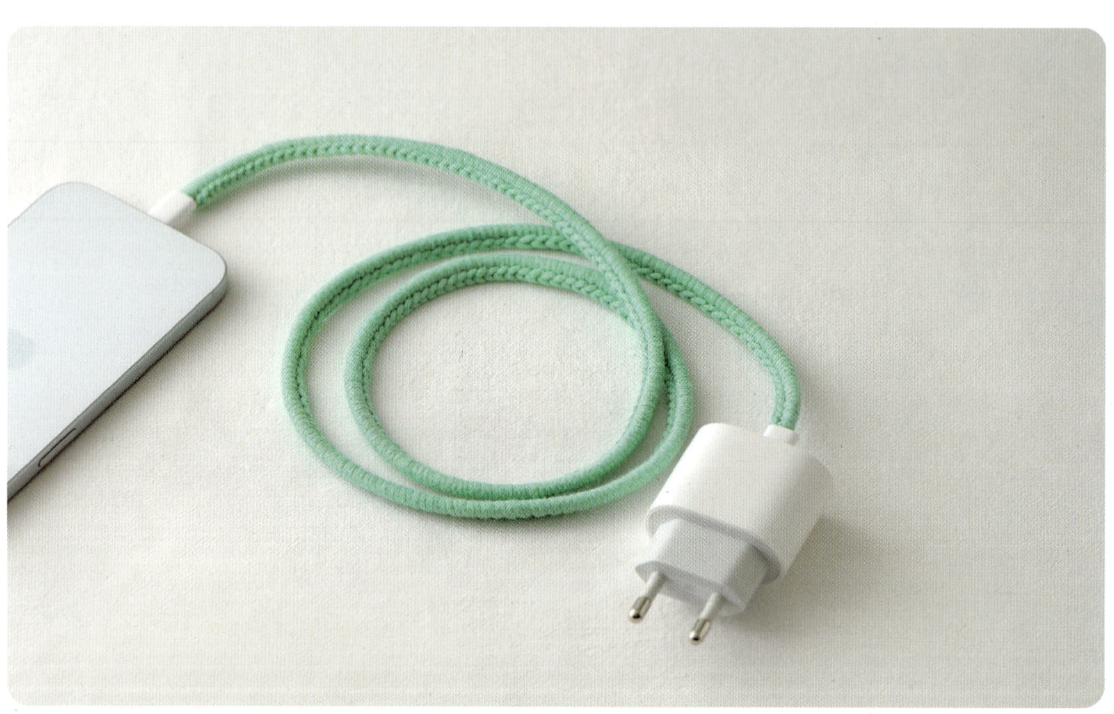

영상으로 배우기

" MZ 세대에서 왜 뜨개가 유행일까요?
천천히 집중해서 만들어 내는 작은 소품에
나의 취향을 담을 수 있기 때문 아닐까요.

휴대폰과 늘 함께인 요즘은
충전선도 나를 표현하는 액세서리가 됩니다.
평범했던 하얀 선을 내가 좋아하는 색상으로 바꿔
특별함을 더해보세요.

※ 충전선 준비 시, 손상된 부분이나 케이블이 벗겨진
부분이 없는지 확인 후 사용하세요.

	기법	시작 매듭, 사슬뜨기, 짧은뜨기
	실	아몬드 10g(1볼로 4개 가능)
	색상	37 파스텔민트(또는 45 인디핑크)
	바늘	모사용 코바늘 5호
	사이즈	충전선 길이 만큼
	응용 레시피	보카시 실로 뜨기, 합사해서 뜨기

107쪽 보카시 실로 뜨기

107쪽 합사해서 뜨기

실 사용 tip!

- 모사용 코바늘 5호 정도 사용하는 두께의 실로 뜨세요.
  실이 너무 얇거나 두꺼우면 충전선을 감싸면서 뜨는 게 힘듭니다.

초보 탈출 tip!

- 짧은뜨기코의 머리와 다리를 잘 보면서 떠주세요.
  특히 머리 모양을 잘 봐두면 나중에 바늘 넣는 곳을 찾기가 쉬워집니다.

푸르시오 방지 tip!

- 1번 꼬리실이 짧은뜨기코 안에서 뭉치지 않도록 중간중간 잡아당겨주세요.

뜨기 전 한눈에 보기

1 시작 매듭

2 짧은뜨기 3~4개 하기

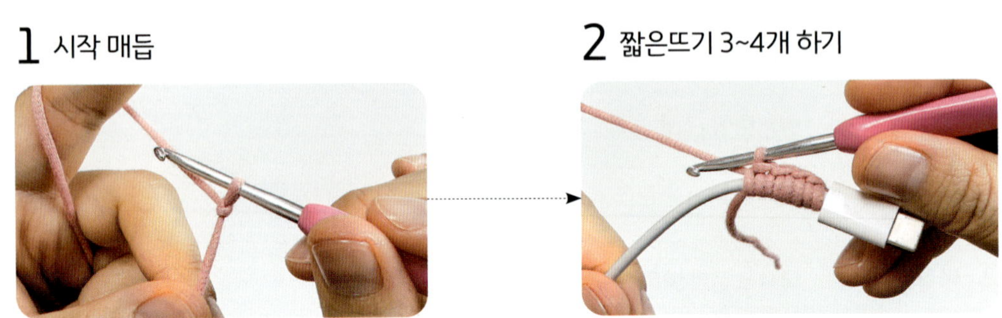

3 턱 있는 곳 돗바늘로 정리하기

4 짧은뜨기 계속하기

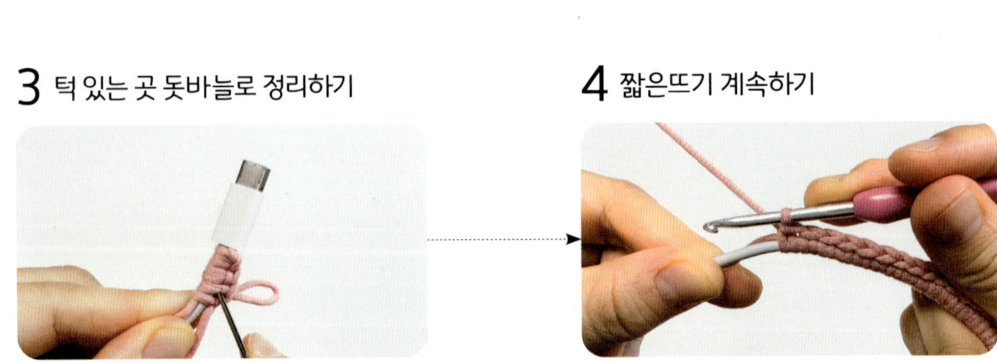

5 1번 꼬리실 잡아당겨서 자르기

6 끝 매듭 만들고 2번 꼬리실 숨기기

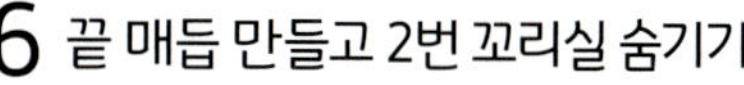
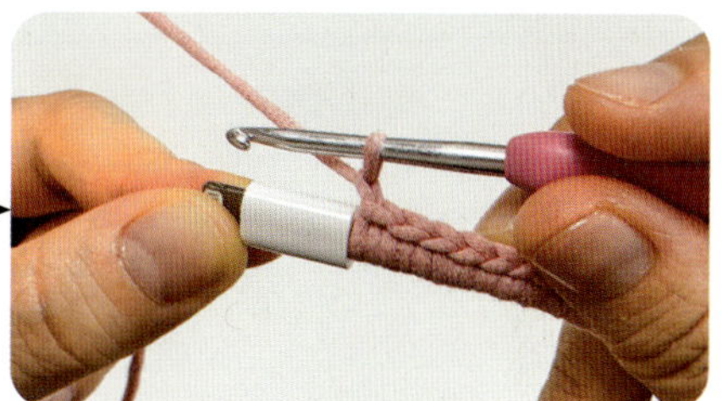

×××××××　·　·　·　·　·　·　×××××××

충전선 길이만큼 짧은뜨기

뜨개 레시피

시작 매듭

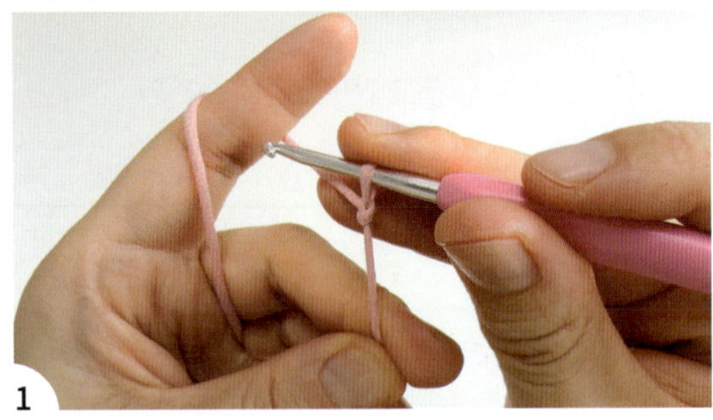

1

시작 매듭을 만든다.

연결부

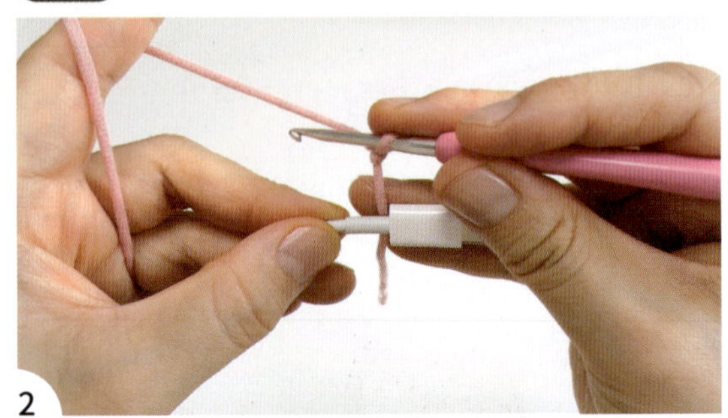

2

왼손으로 충전선을 잡고, 충전선 뒤에 꼬리실을 둔다.
★ 이 꼬리실이 '1번 꼬리실'이에요.

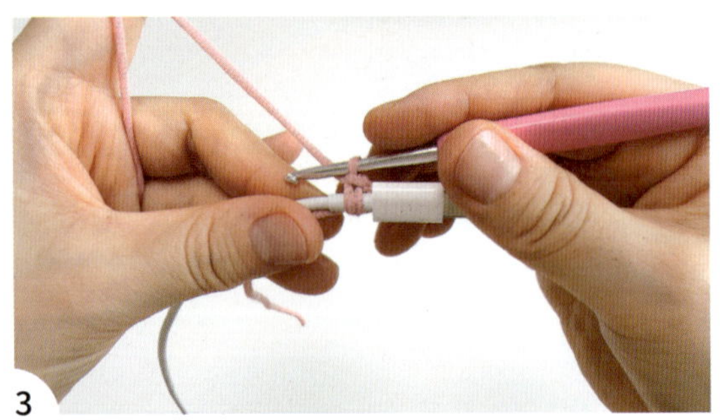

3

짧은뜨기1 한다. 이때, 1번 꼬리실과 충전선을 함께 잡고
꼬리실을 숨겨가며 뜬다.

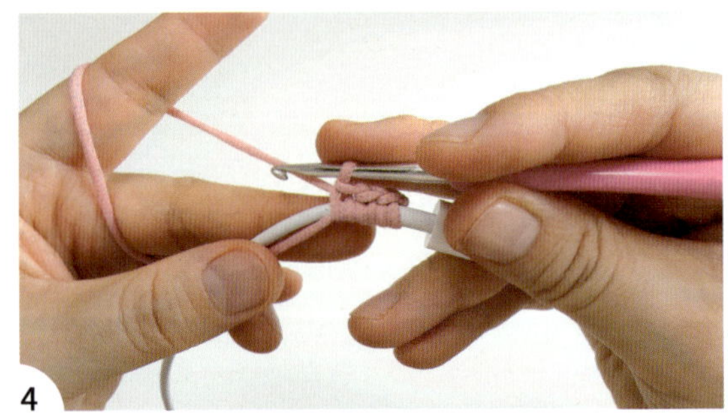

4

튀어나온 연결부 길이만큼 짧은뜨기3~4 더 한다.

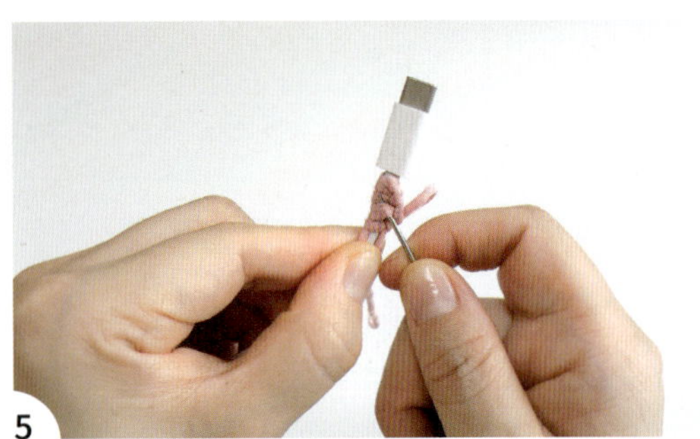

5

연결부의 턱 부분을 돗바늘로 정리한다.

충전선

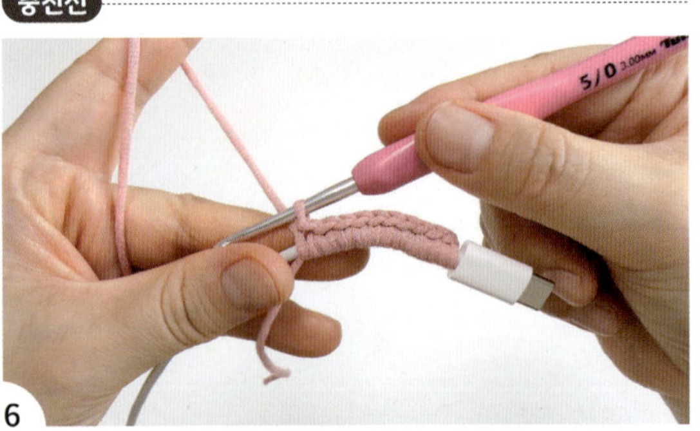

6

충전선과 꼬리실을 함께 감싸며 계속 짧은뜨기한다.

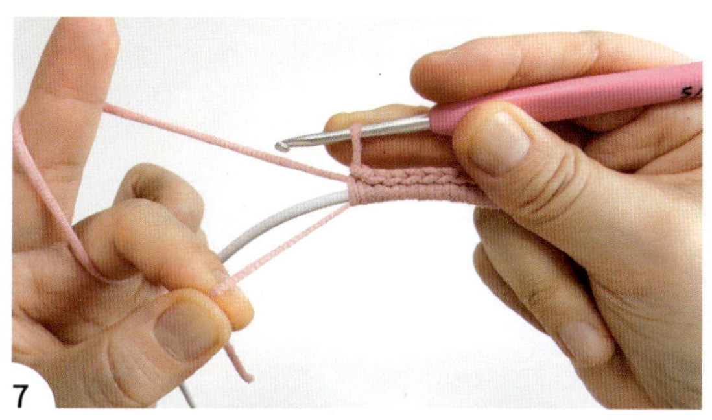

7

1번 꼬리실을 잡아당겨서 뭉치지 않게 한다. 꼬리실이 4~5cm 남았을 때부터는 함께 뜨지 않고 충전선만 감싸며 뜬다.

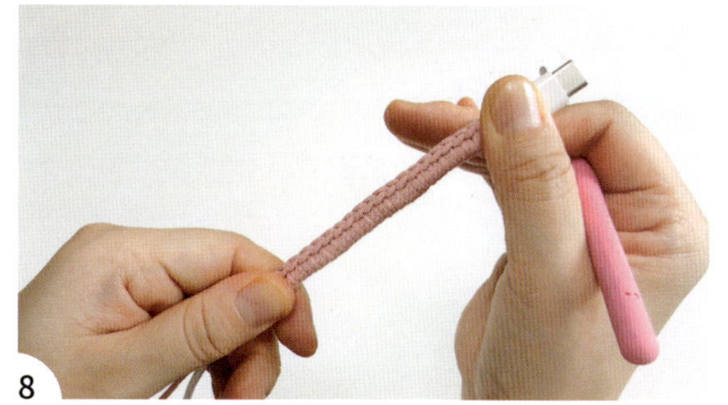

8

코들이 너무 몰려 촘촘해지지 않도록, 중간중간 왼손으로 쓸어주며 일정한 간격으로 정돈한다.

9

남아 있는 1번 꼬리실은 잡아당겨 자른다.

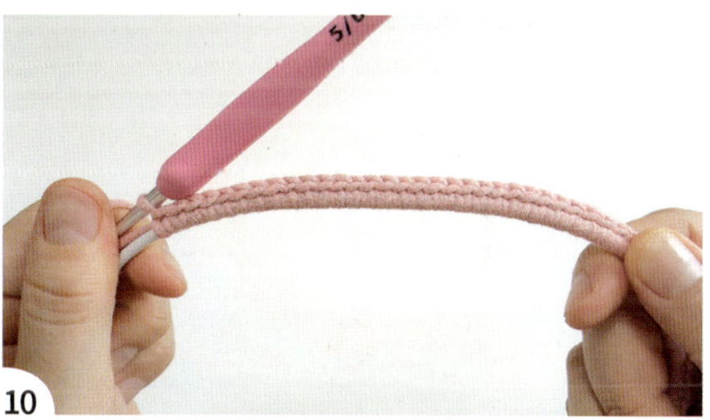

10

충전선이 끝나는 지점까지 계속 짧은뜨기한다.

마무리

11

끝 매듭(사슬1)을 만든다.

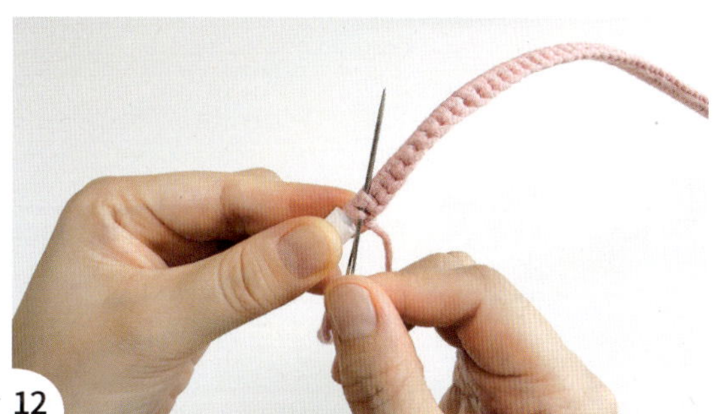

12

실을 자르고 돗바늘에 끼운 후 2번 꼬리실을 숨긴다.

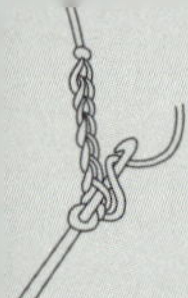

푸르시오 Time!

Q "코 크기가 고르지 않아요"

A
- 충전선을 감싸면서 뜨는 게 어색할 수 있어요.
  짧은뜨기를 충분히 연습하고 해보세요.
- 짧은뜨기코가 최대한 일정하게 나오도록 집중해서 떠주세요.

Q "코가 울퉁 불퉁 해요"

A
- 코 안에 있는 꼬리실이 뭉치지 않도록 꼬리실을 잡아당기면서 뜨세요.
- 꼬리실을 이미 잘라버렸다면, 짧은뜨기코를 몇 개 풀어서
  꼬리실을 찾으세요. 그리고 잡아당겨서 정리하면 됩니다.

Q "코들이 한쪽에 몰려있어요"

A
- 코들의 간격이 일정해지도록 손으로 조금씩 만져주고 쓸어주세요.
  이때, 하얀 충전선이 보이지 않도록 주의합니다.

check-list

☑ 충전선을 감싸면서 짧은뜨기합니다.

☑ 짧은뜨기를 일정하게 떠야 예쁩니다.

☑ 꼬리실이 안에서 뭉치지 않도록 중간중간 잡아당깁니다.

응용1 보카시 실로 뜨기

" 보카시는 색이 섞여 있어서 예뻐요.
하지만 갈라지는 특징이 있으니
실 사이로 바늘이 빠져나가지 않도록
주의하세요.

	실	라라뜨개 보카시 10g (1볼로 6개 가능)
	색상	파스텔캔디 등 밝은 색상
	바늘	모사용 코바늘 5호
	응용 레시피	기본 레시피와 같은 방법으로 뜬다.

응용2 합사해서 뜨기

" 2개의 실을 합사해서 뜨면
독특하고 예쁘답니다.
실을 합사할 때는 두 실을
같이 잡고 뜨세요.

	실	아이돌 + 방울실 10g (1볼 + 1볼로 4개 가능)
	색상	53 파스텔연베이지 + 형광오렌지 * 방울실과 합사할 때는 아이보리 계열을 추천해요.
	바늘	모사용 코바늘 5~6호
	응용 레시피	기본 레시피와 같은 방법으로 뜬다.

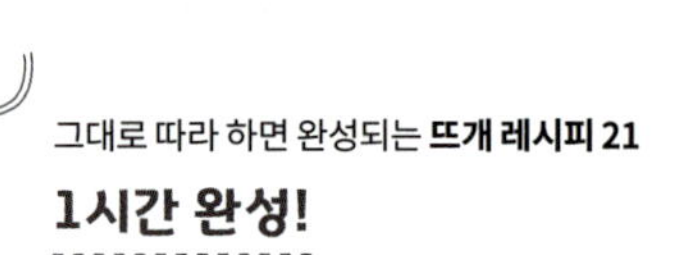

기본 체인 팔찌

영상으로 배우기

" 저는 이 사슬 모양이 참 좋아요.
체인 팔찌는 사슬이 나란히 있는 모습이 예뻐서
만들어 본 팔찌입니다.

어깨를 잔뜩 구부리고
집중해서 완성하는 나만의 팔찌.
이 작고 소중한 팔찌가 주는 뿌듯함은
만들어 본 사람만 알 수 있죠.

소중한 친구들과 우정템으로,
사랑하는 연인과 커플템으로 만들어보세요.

	기법	시작 매듭, 사슬뜨기, 빼뜨기
	실	필트위스트 마크라메 10g(1볼로 20개 가능)
	색상	29 빨강
	바늘	모사용 코바늘 7호
	사이즈	손목에 맞게 조절
	응용 레시피	얇은 실로 뜨기

115쪽 얇은 실로 뜨기

실 사용 tip!

- 얇은 실이 더 예쁘긴 하지만 처음부터 얇은 실로 뜨면 어려워요.
  5~7호 정도 사용하는 두께의 실로 먼저 연습한 후에 얇은 실로 도전하세요.
- 아이돌 또는 아몬드 실로 떠도 좋습니다(5호 코바늘을 사용하세요).

초보 탈출 tip!

- 사슬뜨기의 모양을 잘 보면서 떠주세요.
  사슬 위쪽은 '뒤 반코', 사슬 아래쪽은 '앞 반코'라고 부릅니다.

푸르시오 방지 tip!

- 처음에 기초코 사슬뜨기를 한 후 손목에 대고 사이즈를 가늠해보세요.
  기초코 개수를 조절해 사이즈를 줄이거나 늘릴 수 있습니다.

뜨기 전 한눈에 보기

1 시작 매듭

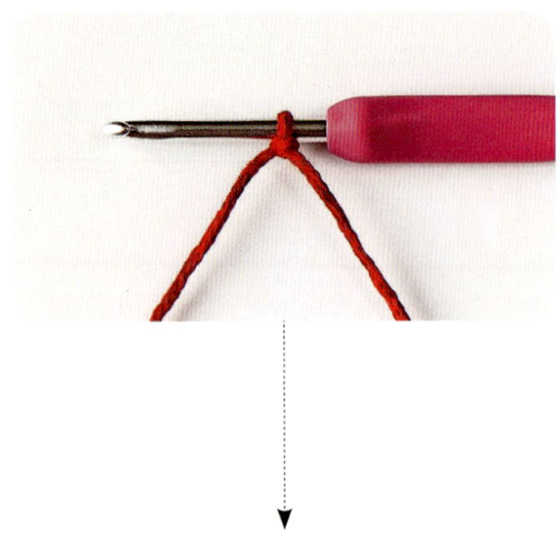

2 기초코 뜨기

3 가운데 위 반코에 빼뜨기

4 가운데 아래 반코에 빼뜨기

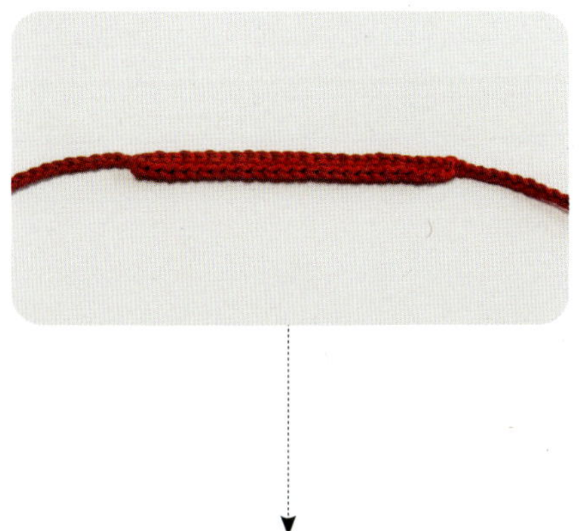

5 길이 조절 매듭 만들기

6 팔찌 끝 묶고 자르기

뜨개 레시피

시작 매듭

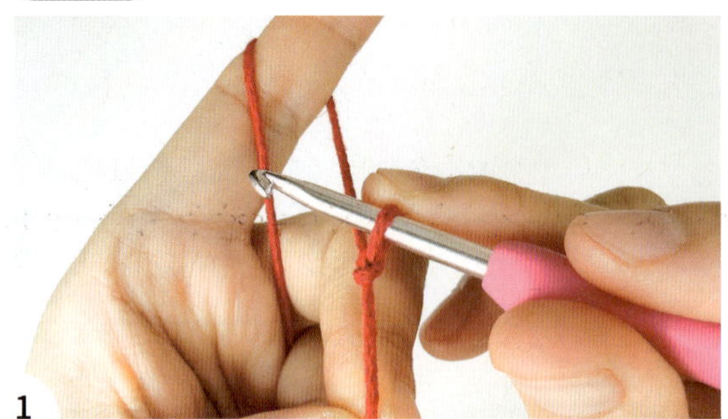

1

시작 매듭을 만든다.

기초코

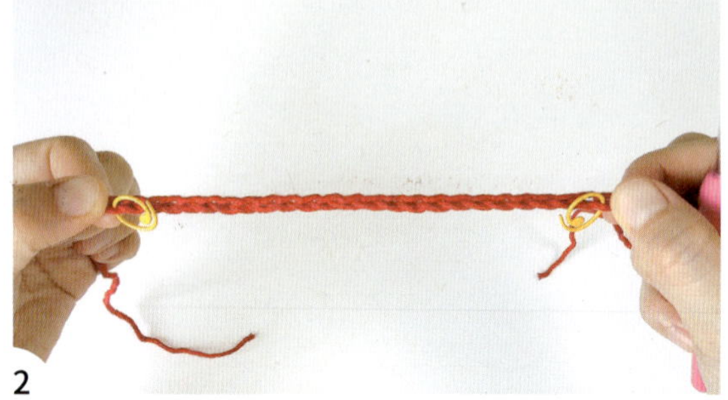

2

사슬뜨기 15, 25, 15 하고 가운데 부분(25코)만 단수링으로 표시한다. * 손목 둘레에 맞게 가운데 부분(25코) 콧수를 조절해도 좋아요.

실 가져오기

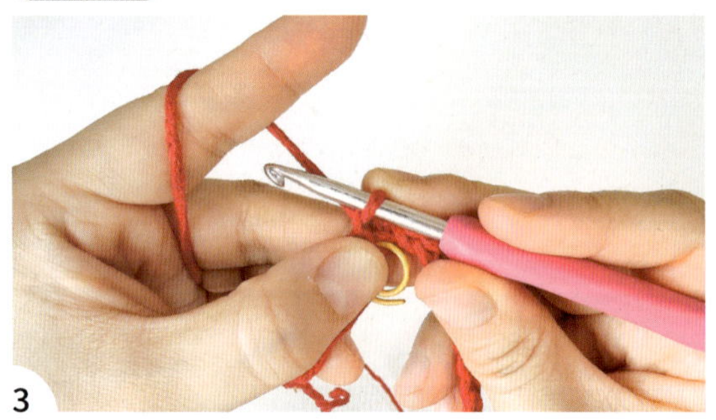

3

새로운 실을 가져와 왼손에 걸고 표시한 사슬 뒤 반코에 바늘을 넣는다. 바늘로 실을 감아 뒤 반코 앞으로 뺀다.

기초코 가운데 위

4

다음 코부터 사슬 뒤 반코에 빼뜨기한다.

기초코 가운데 아래

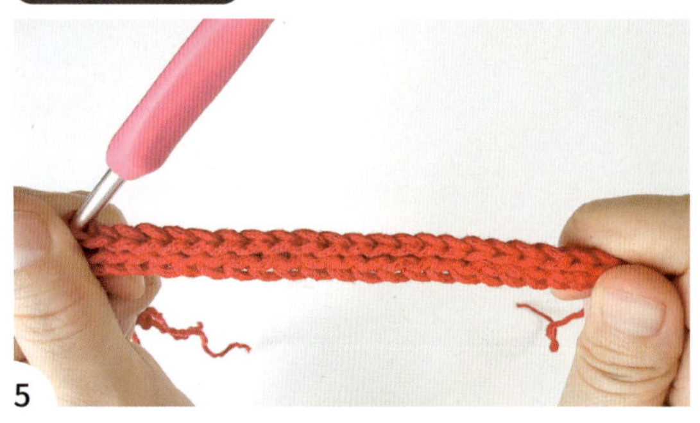

5

이어서 사슬 앞 반코에 빼뜨기한다.

1번 꼬리실

6

실을 자르고 돗바늘에 끼운 후 사슬 모양으로 마무리한다. 1번 꼬리실을 숨긴다. * 84쪽 작품 마무리하기

길이 조절 매듭

7

길게 잘라서 준비한 매듭용 실을 반으로 접어 팔찌 위에 두면
두 줄과 오른쪽 고리가 만들어진다. 위에 있는 줄을 팔찌 아래로
보내서 고리 오른쪽으로 뺀다.

8

남아있는 아래 줄로 왼쪽 고리를 만들고, 줄을 팔찌 아래로
보내서 고리 왼쪽으로 뺀다.

9

과정 ⑦~⑧과 같은 방법으로 매듭 6개를 만든다.

2번 꼬리실

10

실을 자르고 돗바늘에 끼운 후 2번 꼬리실을 숨겨준다.

마무리

11

팔찌 끝부분은 묶고 자른다.

푸르시오 Time!

Q **"코 크기가 고르지 않아요"**

A
- 빼뜨기를 충분히 연습하고 떠보세요.
- 빼뜨기코가 최대한 일정하게 나오도록 집중해 주세요.

Q **"길이 조절이 안돼요"**

A
- 매듭 만들고 2번 꼬리실을 숨길 때 돗바늘을 너무 아래쪽으로 통과시키면 팔찌에 걸릴 수 있어요.

Q **"손목에 안 맞아요"**

A
- 가운데 사슬뜨기 개수를 손목 둘레에 맞춰서 조절해 주세요.

check-list

☑ 기초코 가운데 사슬은 손목에 맞게 콧수를 조절합니다.

☑ 빼뜨기를 일정하게 떠야 예쁩니다.

☑ 팔찌 끝은 길게 남기고 묶어야 착용할 때 편리합니다.

응용 얇은 실로 뜨기

> 초보자는 얇은 실로
> 빼뜨기하는 게
> 조금 어려울 수 있어요.
> 빼뜨기 연습을
> 충분히 한 후 떠주세요.
> 어울리는 2가지 색상을
> 함께 착용해도 예쁘답니다.

실	컬러 코튼 5g(1볼로 10개 가능)	
색상	31 레몬, 38 라이트그레이	
바늘	모사용 코바늘 3호	
사이즈	손목에 맞게 조절	
응용 레시피	① 시작할 때 가운데 사슬 개수를 조절한다 (사슬뜨기15, 35, 15 한다). ② 매듭은 8개 한다.	

기본 꽃

영상으로 배우기

" 제가 코바늘을 시작하고
딸에게 제일 처음 만들어줬던 소품이 꽃 머리핀이었어요.

꽃은 초보가 도전하기 좋은 아이템입니다.
코바늘 뜨개를 할 때 꼭 필요한
4가지 기법을 연습할 수 있고 금방 뜰 수 있거든요.

마무리만 다르게 하면
머리핀, 브로치, 키링, 책갈피 등으로
다양하게 응용할 수 있습니다.

🧶	**기법**	매직링, 사슬뜨기, 빼뜨기, 짧은뜨기, 한길긴뜨기
🧶	**실**	아몬드 3g(1볼 + 1볼로 20개 가능)
🎨	**색상**	1단 : 15 바나나우유 2단 : 49 바닐라(또는 44 파스텔살구, 11 연보라)
✏️	**바늘**	모사용 코바늘 5호
🔘	**부자재**	집게핀(5.5cm), 타원브로치(2.5cm)
📏	**사이즈**	3cm
🧺	**응용 레시피**	꽃 키링, 꽃 책갈피

123쪽 꽃 키링

123쪽 꽃 책갈피

실 사용 tip!

- 솜이 들어 있는 실입니다. 돗바늘로 꼬리실을 숨길 때 실 가운데로 들어가기 쉬우니 주의하세요.
- 두께가 비슷한 아이돌실로 떠도 좋습니다.

초보 탈출 tip!

- 짧은뜨기의 기둥코는 사슬1 입니다. 이 기둥코는 콧수로 세지 않습니다.

푸르시오 방지 tip!

- 꽃잎 하나하나에 어떤 코들이 들어가는지 입으로 말하면서 떠보세요.

뜨기 전 한눈에 보기

1 매직링으로 시작하기

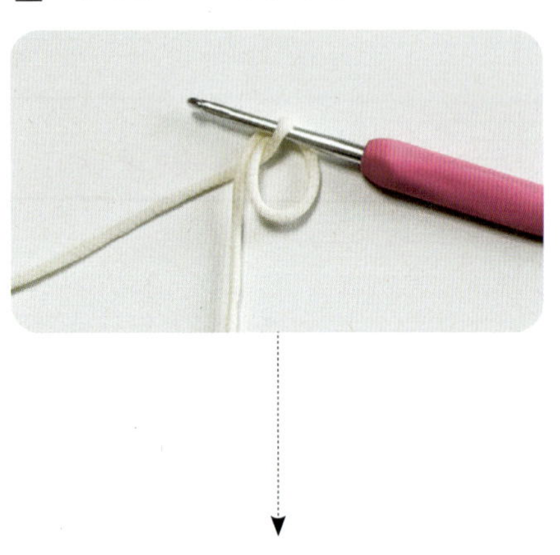

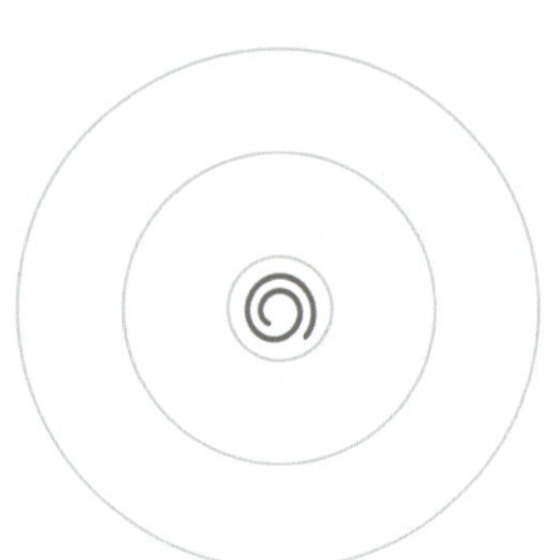

2 1단 뜨기(다섯 번째 짧은뜨기코에서 색 바꾸기)

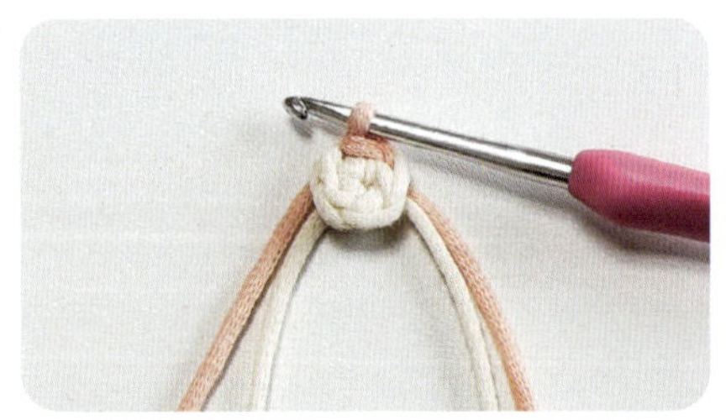

3 2단 1번 꽃잎 뜨기

4 2단 2~5번 꽃잎 뜨기

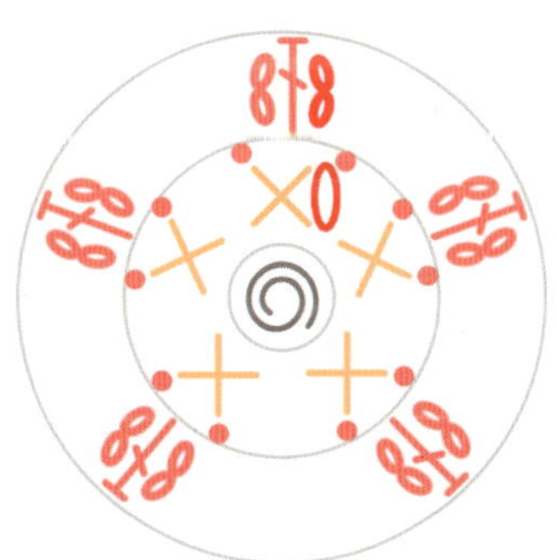

뜨개 레시피

매직링

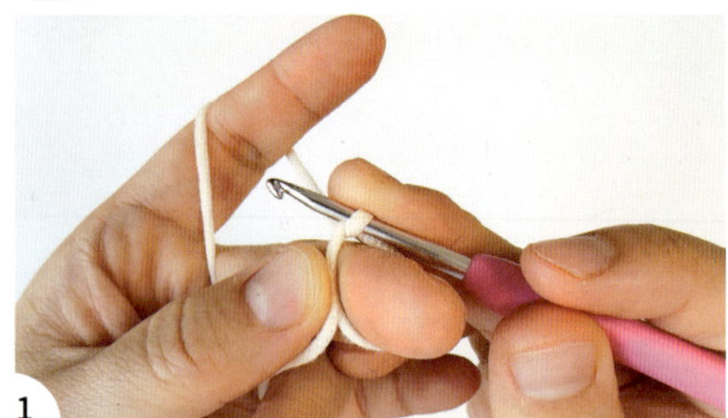

1

매직링을 만든다.

1단 시작

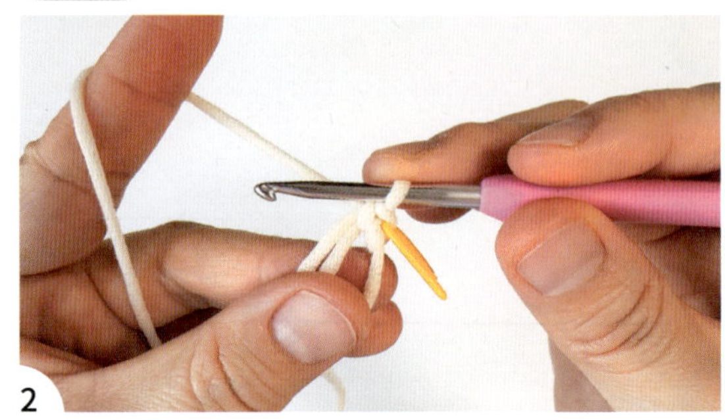

2

기둥코(사슬1) + 짧은뜨기1 한다.

＊ 1단은 매직링 안에 바늘을 넣어서 뜹니다.

1단

3

짧은뜨기3 더 하고, 꼬리실을 살짝 당겨 매직링을 오므린다.

＊ 마지막 코를 떠야 하니 매직링 공간을 조금 남기고
오므려주세요.

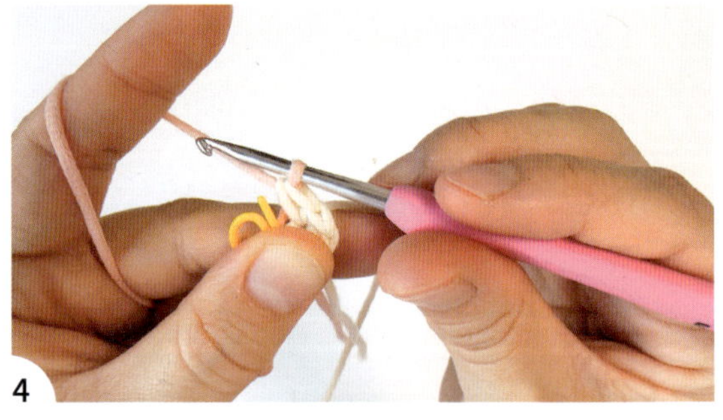

4

다섯 번째 짧은뜨기코에서 실을 바꾼다. ＊ 81쪽 실 연결하기

2단 1번 꽃잎

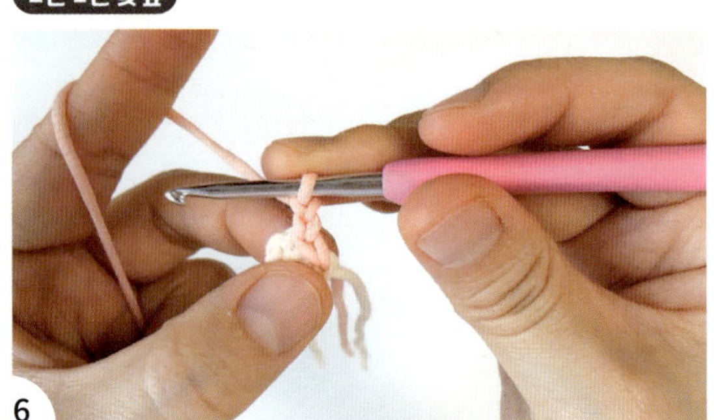

5

1단의 첫 코에 빼뜨기한다.

＊ 이제 꼬리실을 더 당겨 완전히 조여줍니다.

6

첫 코에 **기둥코(사슬2)**를 세운다.

2단 1번 꽃잎

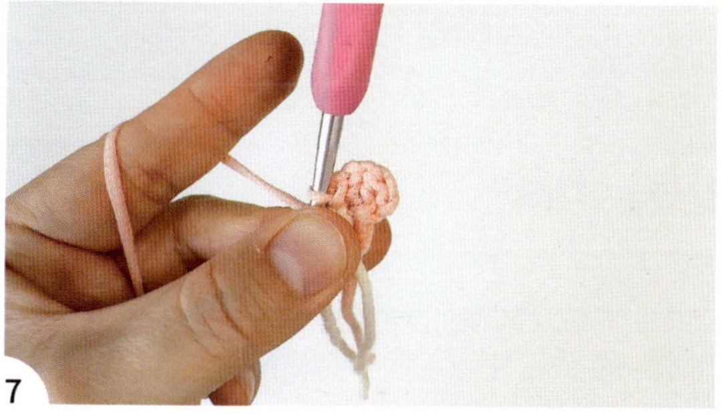

7

첫 코에 한길긴뜨기1 + 사슬뜨기2 + 빼뜨기한다.

2단 2번 꽃잎

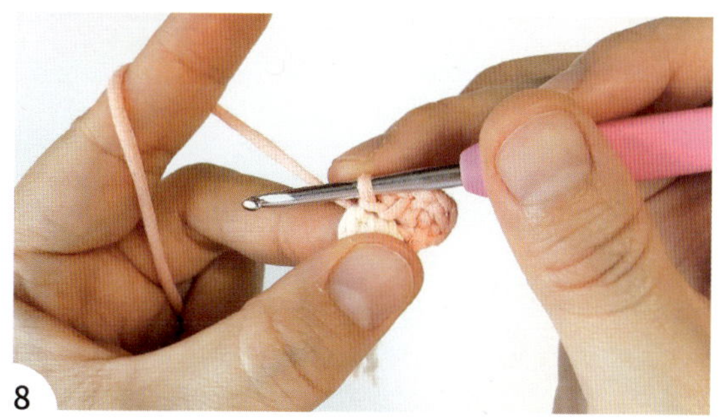

8

다음 코에 빼뜨기한다.

2단 2번 꽃잎

9

같은 코에 사슬뜨기2 + 한길긴뜨기1 + 사슬뜨기2 + 빼뜨기한다.

2단 3~5번 꽃잎

10

2번 꽃잎과 같은 방법으로 [빼뜨기 + 사슬뜨기2 + 한길긴뜨기1 + 사슬뜨기2 + 빼뜨기]를 3번 더 한다.

마무리

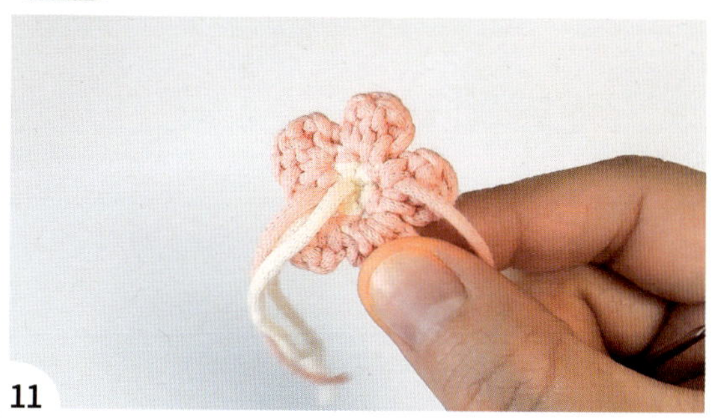

11

실을 자르고 돗바늘에 끼운 후 사슬 모양으로 마무리한다.
같은 색 실 안쪽으로 꼬리실을 숨겨준다. * 84쪽 작품 마무리하기
완성한 꽃은 머리핀이나 브로치에 글루건으로 붙여 사용한다.
* 꼬리실 끝은 순간접착제를 콕 찍은 후 자르면 풀리지 않아요.

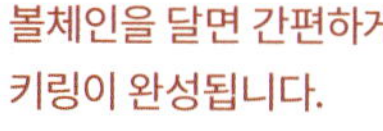

[Tip]
볼체인을 달면 간편하게
키링이 완성됩니다.

푸르시오 Time!

Q 

"2단에서 바늘이 잘 안들어 가요"

A 
- 1단에서 짧은뜨기를 너무 쫀쫀하게 한 건 아닌지 확인하세요.
- 실을 풀어 조금 느슨하게 다시 떠보세요.

Q 

"꽃잎 크기가 다 달라요"

A 
- 꽃잎 하나에 [빼뜨기 + 사슬뜨기2 + 한길긴뜨기1 +
사슬뜨기2 + 빼뜨기]입니다.
빠진 코가 없는지 확인하세요.

Q 

"꼬리실 숨기기가 힘들어요"

A 
- 한꺼번에 너무 많이 숨기지 말고, 한 줄 한 줄 천천히 숨겨주세요.
- 돗바늘이 실 가운데로 들어가지 않게 주의하세요.

check-list

☑ 1단 마지막 짧은뜨기코에서 실 색상을 바꿉니다.

☑ 꽃잎 하나에 들어가는 코들을 기억하며 떠주세요.

☑ 꼬리실은 같은 색 뒤로 숨깁니다.

응용1 꽃 키링

" 마무리만 다르게 하면
키링으로 활용할 수 있어요.
가방, 열쇠고리에
사랑스러운 무드를 더해보세요.

🧶	**실**	아몬드 5g(1볼 + 1볼로 15개 가능)
🎨	**색상**	1단 : 15 바나나우유 2단 : 49 바닐라(또는 44 파스텔살구, 11 연보라)
✏️	**바늘**	모사용 코바늘 5호
📏	**사이즈**	꽃 3cm
🧺	**응용 레시피**	꽃잎 5개 뜨고 사슬뜨기30, 1번 꽃잎에 빼뜨기한다. * 키링을 걸 물건의 두께에 맞게 사슬 개수를 조절해도 좋아요. * 15:34 영상으로 보기

응용2 꽃 책갈피

" 마무리만 다르게 하면
책갈피로 활용할 수 있어요.
책을 좋아하는 가족, 친구에게
선물해보세요.

🧶	**실**	아몬드 5g(1볼 + 1볼로 15개 가능)
🎨	**색상**	1단 : 15 바나나우유 2단 : 49 바닐라
✏️	**바늘**	모사용 코바늘 5호
📏	**사이즈**	꽃 3cm
🧺	**응용 레시피**	꽃잎 5개 뜨고 1번 꽃잎에 빼뜨기, 사슬뜨기50, 짧은뜨기(원형)6 한다. * 책의 높이에 맞게 사슬 개수를 조절해도 좋아요. * 16:58 영상으로 보기

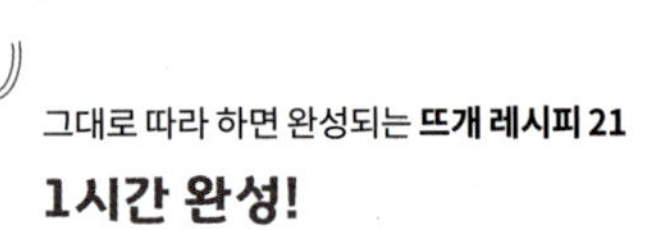

기본 네잎클로버

영상으로 배우기
19:50 네잎클로버

> 네잎클로버는 꽃과 함께
> 초보가 도전하기 좋은 아이템이에요.
> 긴뜨기와 한길긴뜨기를 비교하며
> 뜰 수 있고 금방 완성되거든요.
>
> 행운을 가져다준다는 의미 덕분에
> 선물용으로도 좋은 아이템입니다.
> 꽃과 비슷한 방법으로 활용해보세요.

	기법	매직링, 사슬뜨기, 빼뜨기, 긴뜨기, 한길긴뜨기
	실	아몬드 3g(1볼로 10개 가능)
	색상	29 그린(또는 38 연두, 23 녹차연두)
	바늘	모사용 코바늘 5호
	부자재	집게핀(5.5cm), 타원브로치(2.5cm)
	사이즈	3cm
	응용 레시피	꽃 키링, 꽃 책갈피

131쪽 네잎클로버 키링

131쪽 네잎클로버 책갈피

실 사용 tip!

- 솜이 들어 있는 실입니다. 돗바늘로 꼬리실을 숨길 때 실 가운데로 들어가기 쉬우니 주의하세요.
- 두께가 비슷한 아이돌실로 떠도 좋습니다.

초보 탈출 tip!

- 긴뜨기는 한길긴뜨기보다 살짝 작아요. 한길긴뜨기와 한길긴뜨기 사이에 긴뜨기를 넣어서 하트잎을 만들 수 있습니다.

푸르시오 방지 tip!

- 네잎클로버 잎 하나하나에 어떤 코들이 들어가는지 입으로 말하면서 떠보세요.

뜨기 전 한눈에 보기

1 매직링으로 시작 후 1번 잎 뜨기

2 4번 잎까지 뜨기

3 줄기 뜨기

네잎클로버

뜨개 레시피

매직링

1
매직링을 만든다.

1번잎 시작

2
기둥코(사슬2)를 세운다.

3
한길긴뜨기1 한다.
* 잎을 뜰 때는 매직링 안에 바늘을 넣어서 뜹니다.

4
긴뜨기1 한다.

5
한길긴뜨기1 한다.

1번잎 끝

6
사슬뜨기2 하고 빼뜨기한다.

2~4번 잎

7

1번 잎과 같은 방법으로 [사슬뜨기2 + 한길긴뜨기1 + 긴뜨기1 +
한길긴뜨기1 + 사슬뜨기2 + 빼뜨기]를 3번 더 한다.
* 잎을 다 뜬 후에 꼬리실을 세게 당겨 완전히 조여줍니다.

줄기

8

사슬뜨기5 한다.

9

줄기의 네 번째 사슬부터 빼뜨기5 한다. 이때, 마지막 빼뜨기는
잎 뒤에 한다. 실을 자르고 돗바늘에 끼운 후 잎 뒤로 꼬리실을
숨겨준다. 완성한 네잎클로버는 머리핀이나 브로치에
글루건으로 붙여 사용한다.
* 꼬리실 끝은 순간접착제를 콕 찍은 후 자르면 풀리지 않아요.

[Tip]
볼체인을 달면 간편하게
키링이 완성됩니다.

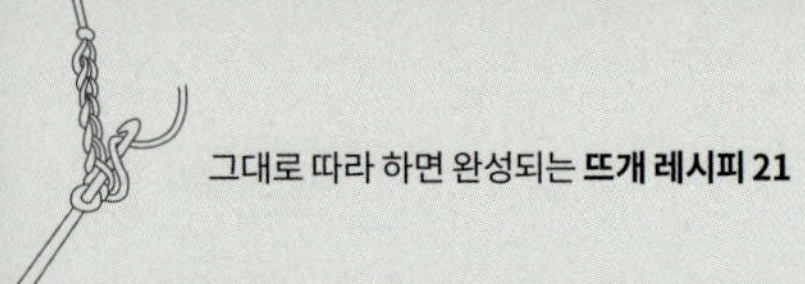

푸르시오 Time!

Q

"매직링이 좁아서 다음 잎을 뜨기 힘들어요"

A
- 매직링 안에 여러 코를 넣기 때문에 점점 좁아집니다.
  잎 한 개를 만든 뒤 오른쪽으로 밀어
  자리를 만들어주고 다음 잎을 떠주세요.

Q

"잎 크기가 다 달라요"

A
- 잎 하나에 사슬뜨기2 + 한길긴뜨기1 + 긴뜨기1 + 한길긴뜨기1 +
  사슬뜨기2 + 빼뜨기입니다. 빠진 코가 없는지 확인하세요.

Q

"꼬리실 숨기기가 힘들어요"

A
- 한꺼번에 너무 많이 숨기지 말고 한 줄 한 줄 천천히 숨겨요.

check-list

☑ 잎 하나에 들어가는 코들을 기억하며 떠주세요.

☑ 긴뜨기는 한길긴뜨기 보다 작게 떠야 잎 모양이 하트가 됩니다.

☑ 다 뜬 후 잎들을 손으로 만져 위치를 예쁘게 잡아주세요.

응용1 네잎클로버 키링

" 마무리만 다르게 하면
키링으로 활용할 수 있어요.
가방, 열쇠고리에 달아
행운을 간직해보세요.

실	나나 5g(1볼로 10개 가능)	
색상	18 브라이트그린	
바늘	모사용 코바늘 7호	
사이즈	네잎클로버 3.5cm	
응용 레시피	잎 4개 뜨고 사슬뜨기30, 뒷면에 빼뜨기한다. * 키링을 걸 물건의 두께에 맞게 사슬 개수를 조절해도 좋아요. * 27:18 영상으로 보기	

응용2 네잎클로버 책갈피

" 마무리만 다르게 하면
책갈피로 활용할 수 있어요.
책을 좋아하는 가족, 친구에게
선물해보세요.

실	아몬드 5g(1볼로 8개 가능)	
색상	29 그린	
바늘	모사용 코바늘 5호	
사이즈	네잎클로버 3cm	
응용 레시피	잎 4개 뜨고 사슬뜨기50, 짧은뜨기(원형)6 한다. * 책의 높이에 맞게 사슬 개수를 조절해도 좋아요. * 29:00 영상으로 보기	

기본 리본(짧은뜨기)

영상으로 배우기
18:56 리본(짧은뜨기)

> 리본을 뜨는 방법은 여러 가지지만
> 가장 쉽게 만들 수 있는 방법으로 소개합니다.
>
> 풍성한 매력이 있는 짧은뜨기 리본을
> 기본 레시피로 다루었고,
> 작고 심플한 매력의 빼뜨기 리본도
> 응용 레시피로 알려드리니 취향에 맞게 따라 해보세요.
>
> 머리핀, 브로치, 머리끈 등으로 응용할 수 있고,
> 키링으로 만들어 가방이나 휴대폰에 달면 귀엽답니다.

기법	시작 매듭, 사슬뜨기, 짧은뜨기, 짧은뜨기이랑뜨기
실	아몬드 3g(1볼로 10개 가능)
색상	45 인디핑크(또는 15 바나나우유, 37 파스텔민트, 06 베이지)
바늘	모사용 코바늘 5호
부자재	집게핀(5.5cm), 타원브로치(2.5cm) 등
사이즈	가로 5cm
응용 레시피	심플 리본, 리본 머리끈, 빅 리본 머리핀, 리본 키링

139쪽 심플 리본

139쪽 리본 머리끈

140쪽 빅 리본 머리핀

140쪽 리본 키링

실 사용 tip!

- 아몬드 실은 코가 잘 보이지만 텐션이 있는 실이에요.
  너무 쫀쫀하게 뜨면 크기가 많이 작게 나옵니다.
- 두께가 비슷한 아이돌실로 떠도 좋아요.

초보 탈출 tip!

- 꼬리실이 왼쪽에 있을 때는 홀수단,
  꼬리실이 오른쪽에 있을 때는 짝수단이라는 것을 기억하세요.

푸르시오 방지 tip!

- 기초코는 느슨하게 뜨거나 바늘을 1~2호수 큰 걸로 뜨세요.
  콧수가 변하지 않도록 단마다 콧수를 세면서 뜨세요.

뜨기 전 한눈에 보기

1 시작 매듭, 기초코 뜨기

2 1단 뜨기

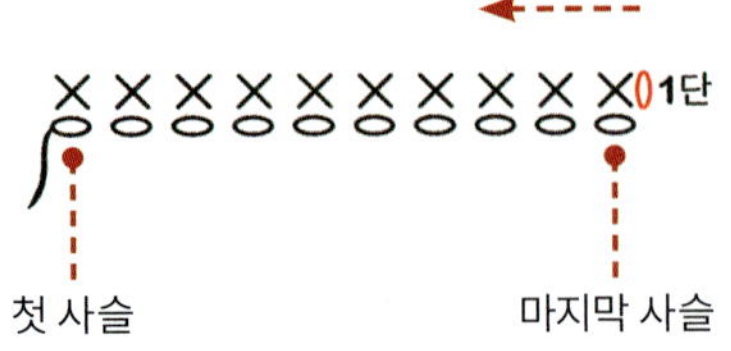

3 2단 뜨기

4 3~8단 뜨기

5 꼬리실 가운데로 옮기기

6 꼬리실로 가운데 감아주기

[Tip]

평면뜨기는 1단 뜨고 편물을 뒤집기 때문에
도안을 볼 때 많이 헷갈립니다.
1단을 뜨고 있을 때는 기둥코가 오른쪽에 있었지만
편물을 뒤집어 2단을 뜨기 시작하면 1단의 기둥코가
왼쪽에 있게 됩니다(1단의 뒷면이 보입니다).
그래도 헷갈린다면, 홀수단을 뜰 때는 꼬리실이
왼쪽에 있고 짝수단을 뜰 때는 꼬리실이 오른쪽에 있다고
기억하면 쉬워요.

뜨개 레시피

시작 매듭

기초코

1

시작 매듭을 만든다.

2

사슬뜨기10 한다.

1단

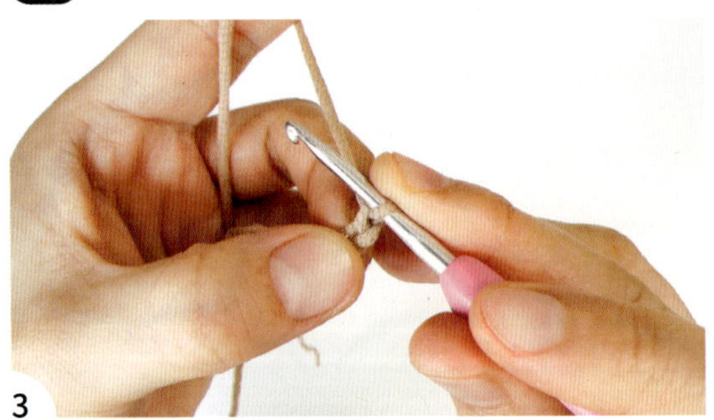

3

기둥코(사슬1)를 세운다.

4

기초코 마지막 사슬 코산과 뒤 반코에 바늘을 넣어서
짧은뜨기1 한다. * 79쪽 기초코에서 코산과 반코 줍기

2단

5

짧은뜨기9 더 한다. **(10코)**

6

기둥코(사슬1)를 세우고 편물을 뒤집는다.
* 편물을 뒤집을 때는 계속 같은 방향으로 돌리며 뒤집어야
모양이 균일하게 나와요.

7

첫 코 머리의 뒤 반코에 바늘을 넣어서 짧은뜨기이랑뜨기1 한다.

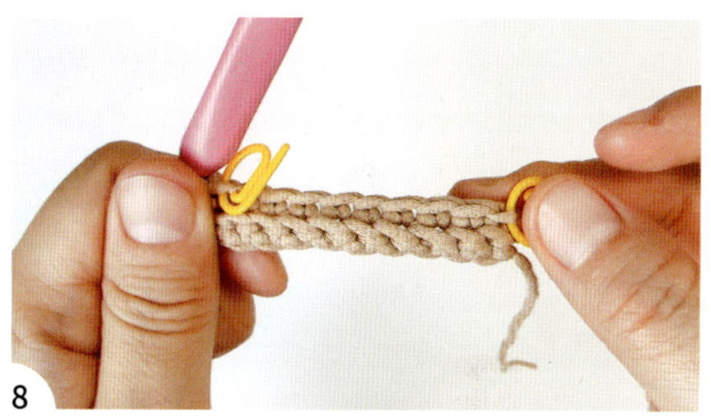

8

짧은뜨기이랑뜨기9 더 한다. (10코)

3~8단

9

2단과 같은 방법으로 8단까지 뜬다. (10코)
끝 매듭(사슬1)하고, 실을 잘라 돗바늘에 끼운다.

마무리

10

꼬리실 2개를 편물의 가운데로 옮겨준다.

11

꼬리실 1개로 편물의 가운데를 6번 감는다. 감고 남은 꼬리실과
다른 꼬리실을 묶은 후, 안쪽으로 숨겨준다. 완성한 리본은
머리핀이나 브로치에 글루건으로 붙여 사용한다.

푸르시오 Time!

Q **"편물이 위로 갈수록 좁아져요"**

A
- 콧수가 줄지는 않았는지 한 단씩 풀면서 확인하세요.
  ★ 한 단의 콧수는 10코입니다.
- 점점 손에 힘이 들어가 쫀쫀하게 뜨고 있지는 않나요? 항상 일정한 힘으로 떠주세요.

Q **"편물이 위로 갈수록 넓어져요"**

A
- 콧수가 늘어나지는 않았는지 한 단씩 풀면서 확인하세요.
  ★ 한 단의 콧수는 10코입니다.
- 점점 손에 힘이 빠져 느슨하게 뜨고 있지는 않나요? 항상 일정한 힘으로 떠주세요.

Q **"몇단을 떴는지 모르겠어요."**

A
- 꼬리실이 왼쪽에 있을 때는 홀수단, 오른쪽에 있을 때는 짝수단을 뜨고 있는 거예요.
  ★ 총 8단까지라는 것을 참고해 가늠해보세요.

Q **"편물의 양끝이 울퉁불퉁 예쁘지 않아요"**

A
- 기둥코 세울 때 사슬을 너무 크게 또는 너무 작게 만들지는 않았나요? 항상 일정한 힘으로 뜨는 게 좋아요.

check-list

☑ 한 단이 끝나면 다음 단의 기둥코를 세우고 편물을 뒤집습니다.

☑ 편물을 뒤집을 때는 항상 같은 방향으로 돌리며 뒤집어요.

☑ 짧은뜨기 기둥코는 콧수로 세지 않습니다.

응용1 심플 리본(빼뜨기)

❝ 짧은뜨기 대신 빼뜨기를 사용하면
좀더 작고 심플한 리본을
만들 수 있어요. 기법만 다를뿐
진행 방식은 동일합니다.

실	아몬드 3g(1볼로 10개 가능)
색상	45 인디핑크(또는 15 바나나우유, 37 파스텔민트)
부자재	집게핀(5.5cm), 타원브로치(2.5cm)
바늘	모사용 코바늘 5호
사이즈	가로 5cm
응용 레시피	① 기초코 사슬뜨기10 한다. ② 1단 빼뜨기10, 2~8단 빼뜨기이랑뜨기10 한다. ③ 꼬리실로 가운데를 6번 감고 마무리한다. * 4:34 영상으로 보기

응용2 리본 머리끈(빼뜨기)

❝ 리본 가운데를 감을 때
머리끈과 함께 감아주면
귀여운 리본 머리끈을
만들 수 있어요.

실	메이크업 10g(1볼로 10개 가능)
색상	414 라일락(또는 406 파스텔연노랑)
부자재	머리끈
바늘	모사용 코바늘 7호
사이즈	가로 7.5cm
응용 레시피	① 기초코 사슬뜨기10 한다. ② 1단 빼뜨기10, 2~8단 빼뜨기이랑뜨기10 한다. ③ 꼬리실로 리본 가운데와 머리끈을 함께 6번 감고 마무리한다. * 18:15 영상으로 보기

응용 3 빅 리본 머리핀(짧은뜨기)

❝ 도톰한 메이크업 실을 사용하면
좀더 풍성한 리본을 만들 수
있어요. 큰 머리핀에 글루건으로
붙여주세요.

응용 4 리본 키링(짧은뜨기)

❝ 리본 가운데 감아 준 부분에
오링을 걸어주세요.
가방이나 차키, 휴대폰 태그홀더에
걸어도 예쁩니다.

실	메이크업 10g(1볼로 10개 가능)	
색상	414 라일락 (또는 406 파스텔연노랑)	
부자재	집게핀(7.5cm)	
바늘	모사용 코바늘 7호	
사이즈	가로 7.5cm	
응용 레시피	기본 레시피와 같은 방법으로 뜬다.	

실	메이크업 10g(1볼로 10개 가능)	
색상	406 파스텔연노랑	
부자재	원터치오링(24mm), 휴대폰 태그홀더	
바늘	모사용 코바늘 7호	
사이즈	가로 7.5cm	
응용 레시피	기본 레시피와 같은 방법으로 뜬다.	

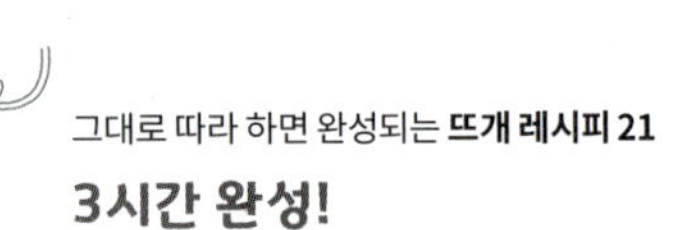

기본 사각 티코스터

영상으로 배우기

" 티코스터는 한 번 뜨기 시작하면
뜨개 공장이 가동되는 소품이에요.

쉽게 뜰 수 있고 금방 완성되기 때문에
초보 때 연습용으로 좋답니다.
여기 저기 나눠주면
다들 좋아해서 뿌듯하기도 하죠.

베이직한 사각형 모양에 하트 고리 포인트를 넣어서
선물 상자 같은 느낌을 주었습니다.

	기법	시작 매듭, 사슬뜨기, 빼뜨기, 짧은뜨기
	실	필트위스트 마크라메 20g(1볼로 10개 가능)
	색상	29 빨강
	바늘	모사용 코바늘 7호
	사이즈	가로 8~9cm, 세로 8~9cm
	응용 레시피	냄비 받침, 도톰 겨울실 티코스터

149쪽 냄비 받침

149쪽 도톰 겨울실 티코스터

실 사용 tip!

- 이 실은 코가 잘 보이고 여러 번 떴다 풀었다 해도 쉽게 갈라지지 않아요.
  단단한 편이라 많이 뜨면 손은 조금 아플 수 있습니다.

초보 탈출 tip!

- 사슬뜨기로 고리를 만들 때는 만들고 싶은 곳에서 사슬뜨기를 하고
  다시 그 자리에 빼뜨기합니다. 같은 방법으로 한 번 더 하면 하트 고리가 돼요.

푸르시오 방지 tip!

- 기초코는 느슨하게 뜨거나 바늘을 1~2호수 큰 걸로 뜨세요.
  콧수가 변하지 않도록 단마다 코를 세면서 뜨는 게 좋습니다.

뜨기 전 한눈에 보기

1 시작 매듭, 기초코 뜨기

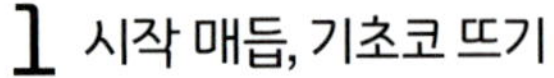

2 1단 뜨기

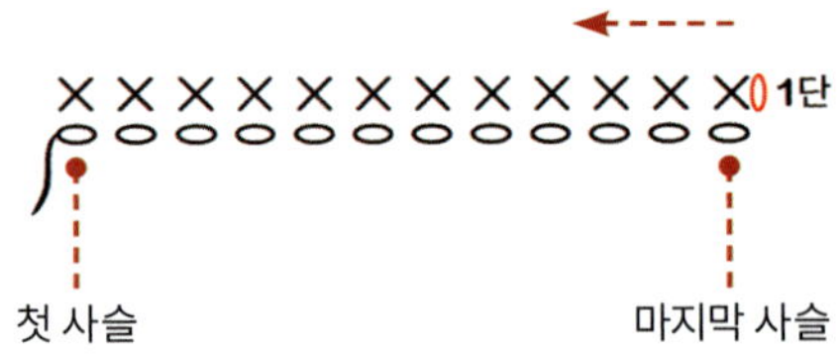

3 2단 뜨기

4 3~14단 뜨기

5 하트 고리 만들기

[**Tip**]
평면뜨기는 1단 뜨고 편물을 뒤집기 때문에 도안을 볼 때 많이 헷갈립니다.
1단을 뜨고 있을 때는 기둥코가 오른쪽에 있었지만 편물을 뒤집어 2단을 뜨기 시작하면
1단의 기둥코가 왼쪽에 있게 됩니다(1단의 뒷면이 보입니다). 그래도 헷갈린다면,
홀수단을 뜰 때는 꼬리실이 왼쪽에 있고 짝수단을 뜰 때는 꼬리실이 오른쪽에 있다고 기억하면 쉬워요.

뜨개 레시피

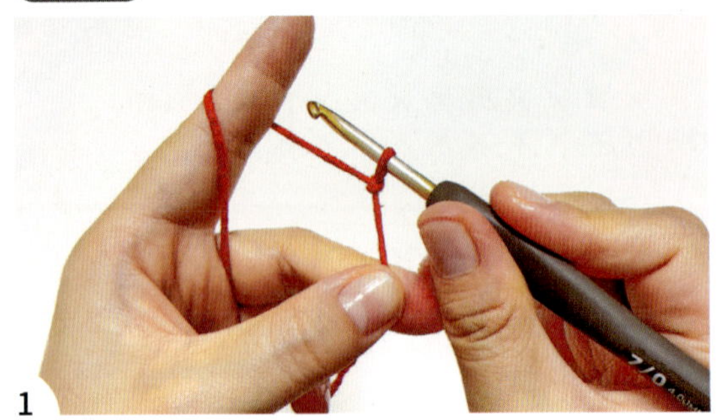

1

시작 매듭을 만든다.

2

사슬뜨기12 한다.

3

기둥코(사슬1)를 세운다.

4

기초코 마지막 사슬 코산에 바늘을 넣어서 짧은뜨기1 한다.

* 78쪽 기초코에서 코산줍기

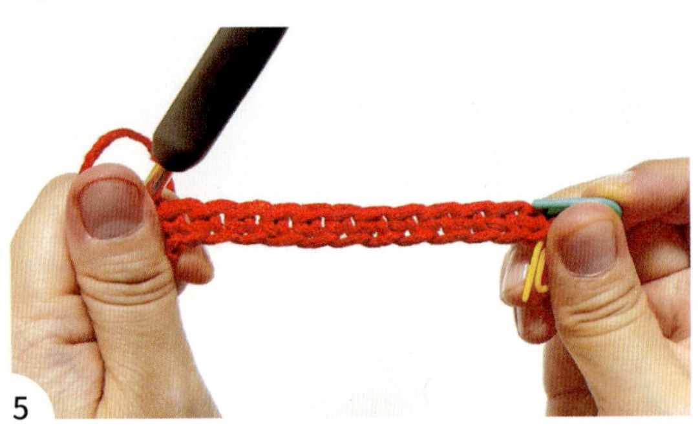

5

짧은뜨기11 더 한다. **(12코)**

6

기둥코(사슬1)를 세우고 편물을 뒤집는다.

* 편물을 뒤집을 때는 계속 같은 방향으로 돌리며 뒤집어야
모양이 균일하게 나와요.

7

첫 코 머리에 바늘을 넣어서 짧은뜨기1 한다.

8

짧은뜨기11 더 한다. (12코)

3~14단

9

2단과 같은 방법으로 14단까지 뜬다. (12코)

하트 고리

10

사슬뜨기6 하고 마지막 짧은뜨기코에 빼뜨기한다. 한 번 더 사슬뜨기6 하고 같은 자리에 빼뜨기한다. 실을 잘라 돗바늘에 끼운다. 하트 고리 아래쪽에 돗바늘을 넣고 꼬리실을 숨긴다.
* 이때, 빼뜨기는 짧은뜨기코 머리(앞 반코)와 다리(왼쪽 줄)를 한 줄씩 걸어서 합니다.

푸르시오 Time!

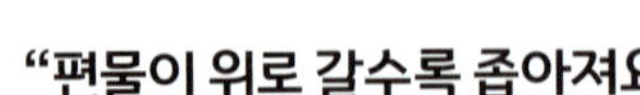

Q "편물이 위로 갈수록 좁아져요"

A
- 콧수가 줄지는 않았는지 한 단씩 풀면서 확인하세요.
  ★ 한 단의 콧수는 12코입니다.
- 점점 손에 힘이 들어가 쫀쫀하게 뜨고 있지는 않나요?
  항상 일정한 힘으로 떠주세요.

Q "편물이 위로 갈수록 넓어져요"

A
- 콧수가 늘어나지는 않았는지 한 단씩 풀면서 확인하세요.
  ★ 한 단의 콧수는 12코입니다.
- 점점 손에 힘이 빠져 느슨하게 뜨고 있지는 않나요?
  항상 일정한 힘으로 떠주세요.

Q "몇 단을 떴는지 모르겠어요."

A
- 꼬리실이 왼쪽에 있을 때는 홀수단,
  오른쪽에 있을 때는 짝수단을 뜨고 있는 거예요.
  ★ 총 14단까지라는 것을 참고해 가늠해보세요.

check-list

☑ 한 단이 끝나면 다음 단의 기둥코를 세우고 편물을 뒤집습니다.

☑ 편물을 뒤집을 때는 항상 같은 방향으로 돌리며 뒤집어요.

☑ 완성 후 스팀 다리미로 정돈해 주세요. ★ 25쪽 완성 후 정돈하기

응용1 냄비 받침

" 사이즈를 키우고 싶다면
기초코 사슬 개수와 단수를
늘려줍니다. 사이즈를 키워
냄비 받침으로 써도 좋아요.

실	필트위스트 마크라메 40g (1볼로 5개 가능)	
색상	29 빨강	
바늘	모사용 코바늘 7호	
사이즈	가로 13cm, 세로 13cm	
응용 레시피	① 기초코 사슬뜨기20 한다. ② 22단까지 뜬다. ③ 하트고리(사슬8 + 빼뜨기 + 사슬8 + 빼뜨기)를 만든다.	

응용2 도톰 겨울실 티코스터

" 추운 겨울 따뜻한 커피, 차와
어울리는 겨울 느낌 티코스터입니다.
도톰한 실은 기초코 사슬 개수와
단수를 줄여주세요.

실	버디버디 30g(1볼로 3개 가능)	
색상	02 크림베이지	
바늘	모사용 코바늘 10호	
사이즈	가로 10.5cm, 세로 9.5cm	
응용 레시피	① 기초코 사슬뜨기10 한다. ② 10단까지 뜬다. ③ 하트고리(사슬4 + 빼뜨기 + 사슬4 + 빼뜨기)를 만든다.	

기본 원형 티코스터

영상으로 배우기

> 저는 '수세미라도 직접 떠서 쓰자!'하는
> 마음으로 뜨개를 시작했어요.
>
> 하지만 처음 한길긴뜨기로 원형을 뜰 때는 너무 어려웠습니다.
> 콧수가 안 맞아서 풀고 다시 뜨고, 풀고 다시 뜨고…
> 나중엔 실이 너덜너덜해졌죠.
>
> 여기서는 코가 잘 보이는 면사로 먼저 티코스터를 만들고,
> 응용 레시피로 수세미를 만들 수 있도록 소개했어요.
> 원형뜨기 때문에 코바늘을 포기하지 않도록,
> 자세히 설명했으니 잘 따라오세요!

	기법	매직링, 사슬뜨기, 빼뜨기, 한길긴뜨기, 한길긴뜨기2코넣어뜨기
	실	필트위스트 마크라메 20g(1볼로 10개 가능)
	색상	29 빨강
	바늘	모사용 코바늘 7호
	사이즈	지름 10~11cm
	응용 레시피	삼베 수세미, 반짝이 수세미

157쪽 삼베 수세미

157쪽 반짝이 수세미

실 사용 tip!

- 초보자가 처음부터 반짝이는 수세미실로 뜨면 어렵답니다.
  코가 잘 보이는 면사로 먼저 연습해보세요.

초보 탈출 tip!

- 한길긴뜨기의 기둥코는 사슬3 입니다. 기둥코는 한길긴뜨기1 와 같습니다.
- 단을 시작할 때는 기둥코를 세우고, 단이 끝날 때는 빼뜨기합니다.
- 빼뜨기는 기둥코 세 번째 사슬에 한다는 걸 기억하세요. 그리고 세 번째 사슬의
  오른쪽 반코와 코산, 2가닥에 바늘을 넣어서 빼뜨기해야 틈이 덜 생깁니다.

푸르시오 방지 tip!

- 한 단이 끝나면 꼭 콧수를 세어 확인하세요.
  이때, 빼뜨기코는 세지 않습니다.

뜨기 전 한눈에 보기

1 매직링, 1단 뜨기

2 2단 뜨기

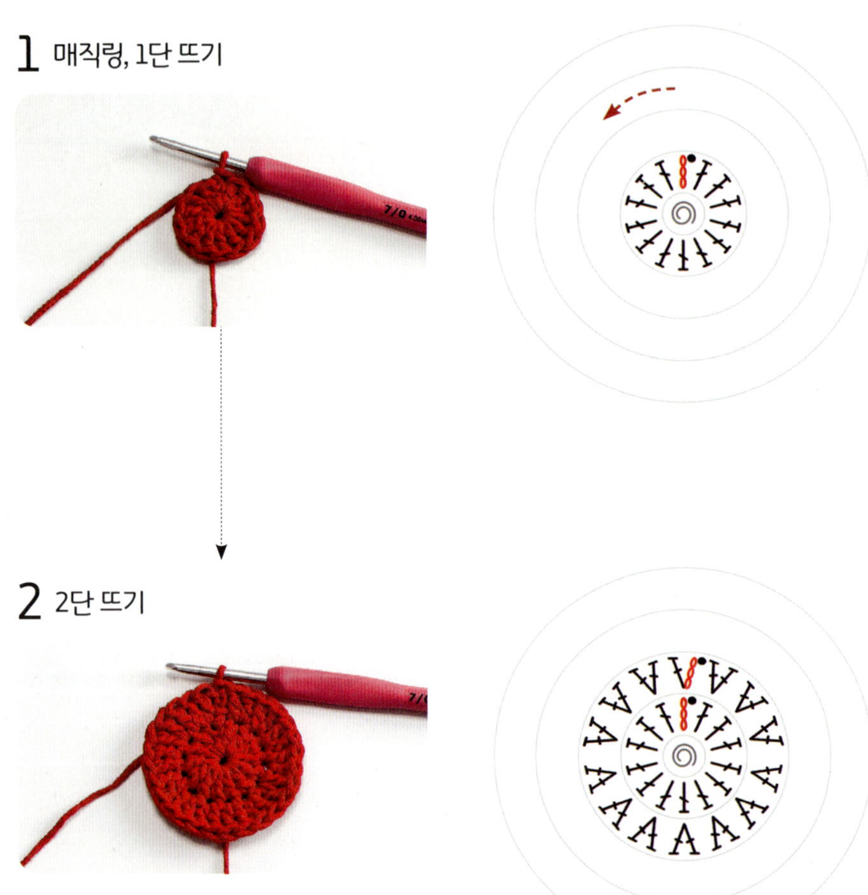

3 3단 뜨기

4 4단 뜨고 하트 고리 만들기

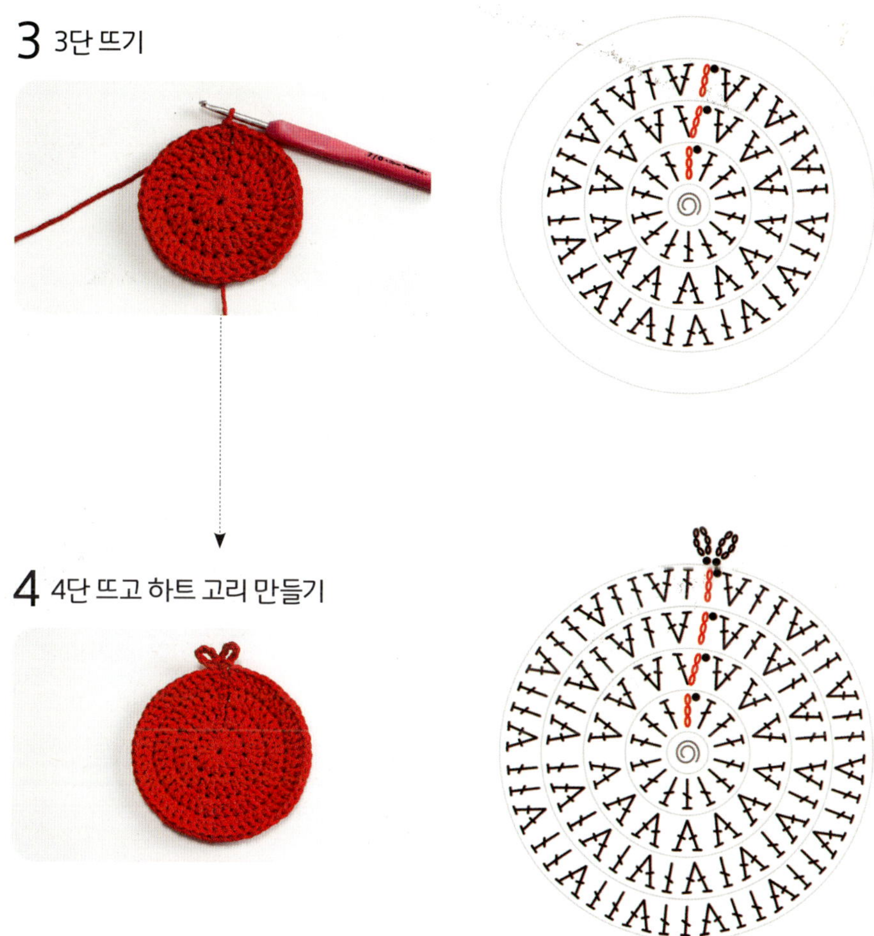

뜨개 레시피

1

매직링을 만들고 **기둥코(사슬3)**를 세운다.

2

매직링 안에 바늘을 넣어서 한길긴뜨기13 한다.

3

꼬리실을 조금씩 잡아 당겨서 매직링을 오므린다.
★ 이때, 꼬리실을 너무 세게 잡아당기면 끊어질 수 있으니
주의하세요.

4

기둥코 세 번째 사슬에 빼뜨기한다. **(14코)**

5

첫 코에 **기둥코(사슬3)** + 한길긴뜨기1 한다.

6

더블13 하고, **기둥코** 세 번째 사슬에 빼뜨기한다. **(28코)**
★ 여기서 '더블'은 '한길긴뜨기2코넣어뜨기'를 말해요.

3단 시작

7

기둥코(사슬3)를 세우고 다음 코에 더블1 한다.

3단 끝

8

[한길긴뜨기1, 더블1]을 13번 하고 **기둥코** 세 번째 사슬에
빼뜨기한다. (42코)

4단 시작

9

기둥코(사슬3), 한길긴뜨기1, 더블1 한다.

4단 끝

10

[한길긴뜨기1, 한길긴뜨기1, 더블1]을 13번 하고 **기둥코** 세 번째
사슬에 빼뜨기한다. (56코)

하트 고리

11

사슬뜨기6 하고 **기둥코** 세 번째 사슬에 빼뜨기한다. 한 번 더
사슬뜨기6 하고 같은 자리에 빼뜨기한다. 실을 잘라 돗바늘에
끼운다. 빼뜨기한 자리에 돗바늘을 넣어 꼬리실을 숨긴다.

[Tip]

2단까지만 뜨고,
하트고리(사슬4 + 빼뜨기 +
사슬4 + 빼뜨기)를 만들면
미니 티코스터를 만들 수
있어요. 찻잔 또는 술잔과
사용하기좋아요.

푸르시오 Time!

"수세미가 봉긋하게 모자처럼 돼요"

- 1단에서 한길긴뜨기 개수를 1~2개 늘려주세요.
- 1호수 큰 바늘로 바꿔서 뜨세요.
- 손에 힘을 조금 풀고 느슨하게 떠보세요.

"수세미가 평평하지 않고 우글우글 울어요"

- 1단에서 한길긴뜨기 개수를 1~2개 줄여주세요.
- 1호수 작은 바늘로 바꿔서 뜨세요.
- 손에 힘을 더 주고 쫀쫀하게 떠보세요.

"콧수가 맞지 않아요"

(더블로 끝나야 하는데 한길긴뜨기1로 끝났어요)

- 한 단씩 풀면서 틀린 곳을 찾아보세요. 특히, 더블 부분을 꼭 확인해보세요.
- 빼뜨기코에는 뜨지 않습니다.
- 빼뜨기코는 콧수로 세지 않습니다.

check-list

☑ 첫 코는 무조건 기둥코를 세웁니다. 그래서 2단 첫 코에 기둥코를 세우고 같은 자리에 한길긴뜨기1를 넣어서 더블을 만듭니다.

☑ 빼뜨기코는 콧수로 세지 않습니다.

☑ 콧수는 단마다 14개씩 증가합니다. 만약, 1단에서 13코로 시작했다면 단마다 13개씩 증가합니다.

응용1 삼베 수세미

❝ 삼베실은 가닥가닥 갈라지는 특성이
있어요. 실 사이로 바늘이 빠지지 않게
주의하고, 잘 엉킬 수 있으니
왼손으로 살살 쓸어주면서 뜨세요.

🧶	**실**	예고은 삼베실 10g (1볼로 5개 가능)
🎨	**색상**	01 수세미실
✏️	**바늘**	모사용 코바늘 7호 * 느슨하게 떠야 물이 잘 말라서 권장 바늘보다 큰 호수로 떴어요.
📏	**사이즈**	지름 10cm
🧺	**응용 레시피**	기본 레시피와 같은 방법으로 뜬다.

응용2 반짝이 수세미

❝ 반짝이 수세미실은
코가 잘 안보입니다.
면사로 먼저 연습한 후에
형광등 빛에 비춰보면서 뜨세요.

🧶	**실**	야나 고급 수세미실 10g (1볼로 10개 가능)
🎨	**색상**	171 베이지
✏️	**바늘**	모사용 코바늘 5호 * 코가 촘촘해서 잘 안보일 땐 6호로 떠보세요.
📏	**사이즈**	지름 10cm
🧺	**응용 레시피**	① 기본 레시피와 같은 방법으로 4단까지 뜬다. ② 5단은 기둥코(사슬3), 한길긴뜨기1, 한길긴뜨기1, 더블1 로 시작한다. ③ [한길1, 한길1, 한길1, 더블1]을 13번 하고 기둥코에 빼뜨기한다. ④ 하트고리(사슬8 + 빼뜨기 + 사슬8 + 빼뜨기)를 만든다.

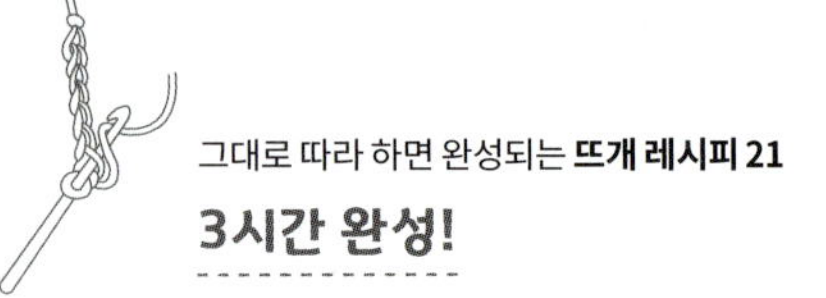

기본 미니 사각 바구니

영상으로 배우기

“ 바구니는 원통뜨기를 이해하기 좋은 소품이에요.
바닥을 사각으로 시작하면 사각 바구니,
원형으로 시작하면 원형 바구니가 되고
거기에 손잡이를 달면 가방이 된답니다.

이 미니 바구니는 뜨개할 때
코바늘, 가위, 돗바늘 등을 담아서
곁에 두고 사용하려고 만들었어요.
고리를 걸어서 사용해도 좋습니다.

	기법	매직링, 사슬뜨기, 빼뜨기, 짧은뜨기, 짧은뜨기이랑뜨기
	실	버디버디 50g(1볼 + 1볼로 4개 가능)
	색상	03 베이지 + 07 오션블루 (또는 02 크림베이지 + 05 크림라벤더)
	바늘	모사용 코바늘 10호
	사이즈	바닥 6cm, 높이 5~6cm
	응용 레시피	사각 실 바구니, 면사로 뜨기

167쪽 사각 실 바구니

167쪽 면사로 뜨기

실 사용 tip!

- 도톰한 실이라서 모사용 코바늘 중에 가장 큰 10호로 뜹니다.
  코가 잘 보이고 빠르게 완성할 수 있어서 좋아요.
- 바구니는 너무 얇거나 부드러운 실로 뜨면 모양이 잡히지 않아요.
  코바늘 8호 이상 사용하는 면사나 굵은 실로 떠주세요.

초보 탈출 tip!

- 작은 사각형으로 시작해서 꼭짓점 네 곳에서 콧수를 늘려주면 큰 사각형이 됩니다.

푸르시오 방지 tip!

- 꼭짓점 네 곳에서 콧수를 늘린 후 단수링으로 표시해 주세요.
- 바닥에서 빼뜨기코에 짧은뜨기1 를 꼭 넣어주세요.
  원래 빼뜨기코에는 뜨지 않지만, 변형한 도안입니다.

뜨기 전 한눈에 보기

1 매직링, 바닥 1단 뜨기

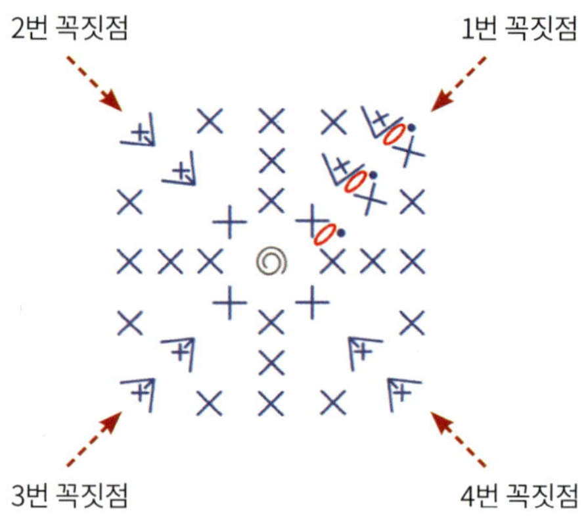

2 바닥 2~3단 뜨기

3 몸통 1단 뜨기

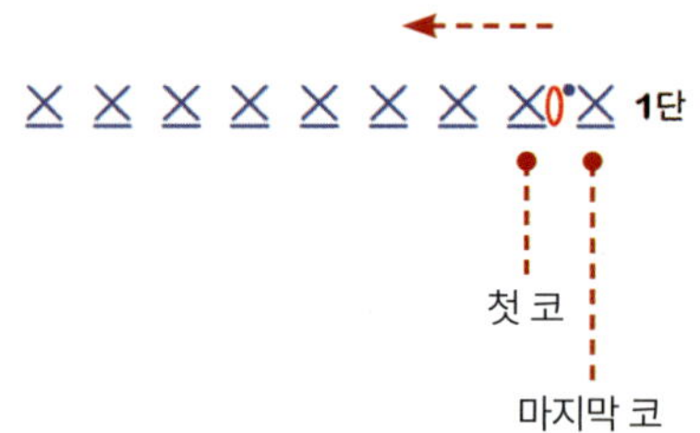

4 몸통 2~3단 뜨기(3단 마지막 짧은뜨기코에서 실 바꾸기)

5 몸통 4~6단 뜨기

6 몸통 7단에서 고리 만들기

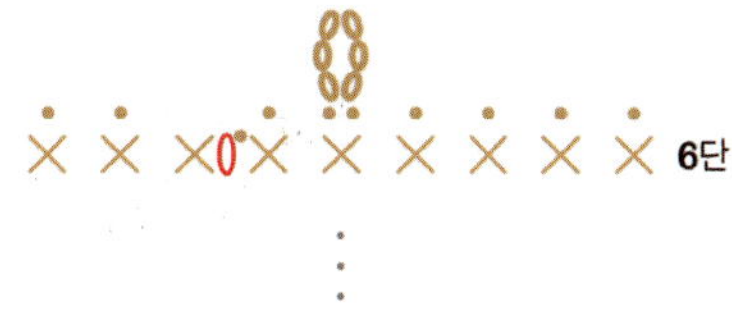

뜨개 레시피

매직링, 바닥 1단

1

매직링을 만들고 **기둥코(사슬1)**를 세운다. 짧은뜨기8 한다.
* 1단에서는 매직링 안에 바늘을 넣어서 뜹니다.

2

꼬리실 조금씩 잡아 당겨 매직링을 오므리고,
첫 코에 빼뜨기한다. (8코)

바닥 2단 시작(1번 꼭짓점)

3

첫 코에 **기둥코(사슬1)** + 더블1 한다.
* 여기서 '더블'은 '짧은뜨기2코넣어뜨기'를 말해요.

바닥 2단

4

모든 변에는 짧은뜨기1, 2~4번 꼭짓점에는
짧은뜨기3코넣어뜨기1 한다.

5

1번 꼭짓점에 돌아오면 빼뜨기코에 짧은뜨기1 한다.

바닥 2단 끝

6

첫 코에 빼뜨기한다. (16코)

바닥 3단 시작(1번 꼭짓점)

7

첫 코에 **기둥코(사슬1)** + 더블1 한다.

바닥 3단 끝

8

모든 변에는 짧은뜨기3, 2~4번 꼭짓점에는 짧은뜨기 3코 넣어뜨기1 한다. 1번 꼭짓점에 돌아오면 빼뜨기코에 짧은뜨기1, 첫 코에 빼뜨기한다. **(24코)**

몸통 1단 시작

9

첫 코에 **기둥코(사슬1)** + 짧은뜨기이랑뜨기1 한다.

몸통 1단

10

마지막 코까지 한 코에 하나씩 짧은뜨기이랑뜨기하면 빼뜨기코를 만난다. * 몸통에서는 빼뜨기코에 뜨지 않아요.

몸통 1단 끝

11

첫 코에 빼뜨기한다. **(24코)**

몸통 2단 시작

12

첫 코에 **기둥코(사슬1)** + 짧은뜨기1 한다.

몸통 2단 끝

13

마지막 코까지 한 코에 하나씩 짧은뜨기하고, 첫 코에
빼뜨기한다. (24코)

몸통 3단

14

2단과 같은 방법으로 뜨고, 3단의 마지막
짧은뜨기코에서 실을 바꾼다. ★ 81쪽 실 연결하기
★ 이때, 꼬리실을 살짝 잡아당겨야 앞에서 티가 덜 납니다.

몸통 6단까지

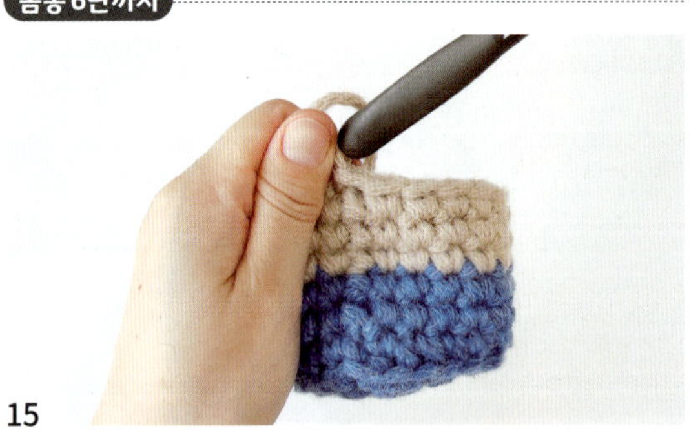

15

2단과 같은 방법으로 6단까지 뜬다.

몸통 7단

16

한 코에 하나씩 빼뜨기한다.

고리

17

마지막 변 가운데에서 사슬뜨기6 하고 같은 자리에 빼뜨기해서
고리를 만든다. 이어서 마지막 코까지 빼뜨기한다. 실을 자르고
돗바늘에 끼운 후 사슬 모양으로 마무리한다.
★ 84쪽 작품 마무리하기

푸르시오 Time!

Q "바닥이 정사각형이 아니에요"

A
- 작은 사각형이라 각이 덜 생길 수 있습니다.
  손으로 각이 생기게 만져주세요.
- 꼭짓점에서 3코를 다 넣었는지 확인하세요.
- 단마다 모든 변은 콧수가 같아야 합니다.

Q "바닥의 첫번째 꼭짓점이 이상해요"

A
- 원래는 빼뜨기코에 뜨지 않습니다. 기본에서 변형한 도안이에요.
- 바닥에서 빼뜨기코에 짧은뜨기1 를 넣었는지 확인해보세요.

Q "바구니가 힘이 없어요"

A
- 손 힘에 따라 느슨하게 나올 수 있어요.
  바늘을 한 호수 작은 걸로 뜨거나 힘을 주어 쫀쫀하게 떠보세요.

check-list

☑ 짧은뜨기 기둥코와 빼뜨기코는 콧수로 세지 않습니다.

☑ 꼭짓점에서 3코를 넣으면 한 변에 2코가 늘어납니다.
그래서 2단은 한 변에 짧은뜨기1, 3단은 한 변에 짧은뜨기3 입니다.

☑ 사각형은 네 변이므로, 총 콧수는 8코가 증가합니다(2단 16코, 3단 24코).

응용 1 사각 실 바구니

" 크기를 키우면 바구니가
덜 탄탄해집니다.
너무 크게 키우진 마세요.

응용 2 면사로 뜨기

" 면사 36합은 버디버디보다
실이 거칩니다. 대신 내추럴한
색상이 어디에나 잘 어울려요.
손가락이 쓸리지 않도록 조심하세요.

실	버디버디 200g (1볼 + 1볼로 1개 가능)	빈센트 코튼 36합 40g (1볼로 2개 가능)
색상	02 크림베이지 + 05 크림라벤더	451번 오트밀
바늘	모사용 코바늘 10호	모사용 코바늘 8호
사이즈	바닥 14cm, 높이 10cm	바닥 6cm, 높이 5cm
응용 레시피	① 시작은 기본 레시피와 같은 방법으로 뜬다. ② 바닥 8단, 몸통 16단 뜬다. 몸통 6단 마지막 짧은뜨기코에서 실을 바꾼다.	기본 레시피와 같은 방법으로 뜬다. * 크기는 살짝 작게 나오고 각이 덜 집니다.

기본 미니 원형 바구니

영상으로 배우기

" 원형뜨기는 분산배치 공식에 맞춰서 콧수를 늘려주면
최대한 동그랗게 만들 수 있습니다.
처음엔 좀 어렵지만, 한번 배워 놓으면
모자, 가방, 공 등 여러 가지 소품을 뜰 때 응용하기 좋아요.

이 바구니는 크기가 작아서
원형이라도 크게 어렵지 않답니다.
자투리 실로 리본을 묶어주면 사랑스럽게 완성됩니다.

	기법	매직링, 사슬뜨기, 빼뜨기, 짧은뜨기, 짧은뜨기이랑뜨기
	실	버디버디 50g(1볼로 2개 가능)
	색상	03 베이지 + 07 오션블루 (또는 02 크림베이지 + 05 크림라벤더)
	바늘	모사용 코바늘 10호
	사이즈	바닥 7cm, 높이 6cm
	응용 레시피	원형 실 바구니, 면사로 뜨기

177쪽 원형 실 바구니

177쪽 면사로 뜨기

실 사용 tip!

- 도톰한 실이라서 모사용 코바늘 중에 가장 큰 10호로 뜹니다.
  코가 잘 보이고 빠르게 완성할 수 있어서 좋아요.
- 바구니는 너무 얇거나 부드러운 실로 뜨면 모양이 잡히지 않아요.
  코바늘 8호 이상 사용하는 면사나 굵은 실로 떠주세요.

초보 탈출 tip!

- 기둥코와 빼뜨기코에는 뜨지 않습니다.
  그리고 기둥코와 빼뜨기코는 콧수로 세지 않습니다.

푸르시오 방지 tip!

- 더블의 위치를 꼭 지켜서 뜨고, 단마다 콧수를 세어 확인해 주세요.

뜨기 전 한눈에 보기

1 매직링, 바닥 1단 뜨기

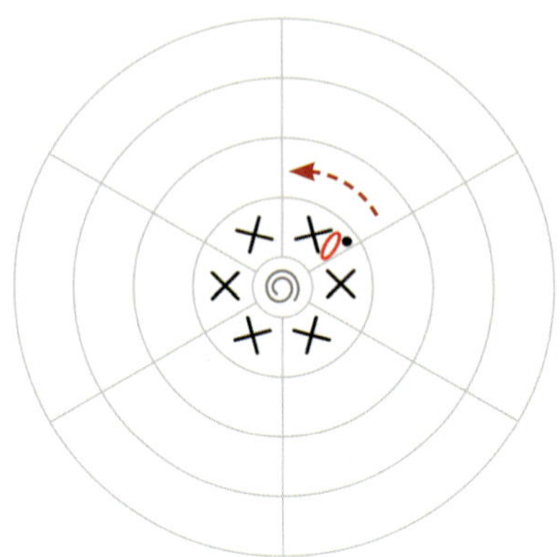

2 바닥 2~4단 뜨기

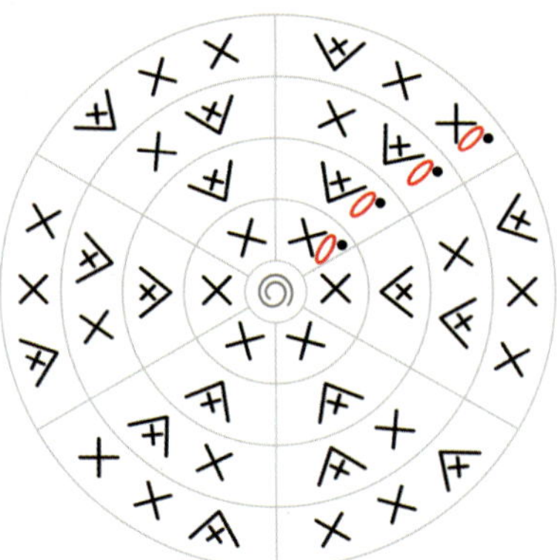

3 몸통 1단 뜨기

4 몸통 2~6단 뜨기

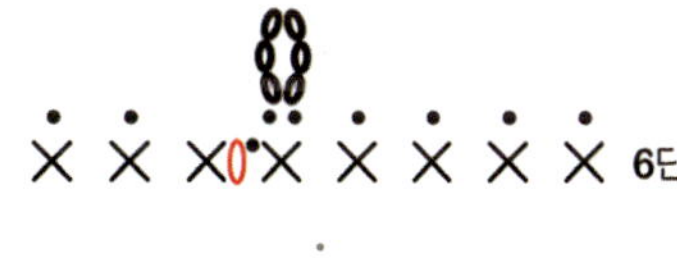

5 몸통 7단에서 고리 만들기

6 리본 달기

[Tip]

짧은뜨기 도안에서 빼뜨기 위치 찾기

도안은 뜨는 순서대로 표기했습니다. 단의 시작은 기둥코,
끝은 빼뜨기코라서 기둥코 오른쪽에 빼뜨기 표시가 있어요.
기둥코에 빼뜨기하라는 것처럼 보이지만, 빼뜨기는
첫 번째 짧은뜨기코에 합니다. 짧은뜨기의 기둥코는
너무 작아서 콧수로 세지 않기 때문에 첫 번째 짧은뜨기와
기둥코는 한 코로 생각해 주세요.

뜨개 레시피

1

매직링을 만들고 **기둥코(사슬1)**를 세운다. 짧은뜨기6 한다.
* 1단에서는 매직링 안에 바늘을 넣어서 뜹니다.

2

꼬리실을 조금씩 잡아 당겨 매직링을 오므리고
첫 코에 빼뜨기한다. **(6코)**

3

첫 코에 **기둥코(사슬1)** + 더블1 한다.
* 여기서 '더블'은 '짧은뜨기2코넣어뜨기'를 말해요.

4

더블5 더 하고, **기둥코**에 빼뜨기한다. **(12코)**

5

첫 코에 **기둥코(사슬1)** + 더블1, 다음 코에 짧은뜨기1 한다.

6

[더블1, 짧은뜨기1]를 5번 하고 첫 코에 빼뜨기한다. **(18코)**

바닥 4단

7

기둥코(사슬1) + 짧은뜨기1, 짧은뜨기1, 더블1 한다.

8

[짧은뜨기1, 짧은뜨기1, 더블1]를 5번 하고 첫 코에 빼뜨기한다.
(24코)

몸통 1단

9

첫 코에 기둥코(사슬1) + 짧은뜨기이랑뜨기1 한다.

10

마지막 코까지 한 코에 하나씩 짧은뜨기이랑뜨기하고
첫 코에 빼뜨기한다. (24코)

몸통 2단

11

첫 코에 기둥코(사슬1) + 짧은뜨기1 한다.

12

마지막 코까지 한 코에 하나씩 짧은뜨기하고 첫 코에 빼뜨기한다.
(24코)

몸통 3~6단

13

2단과 같은 방법으로 6단까지 뜬다. **(24코)**

몸통 7단

14

한 코에 하나씩 빼뜨기한다.

고리

15

마지막 코에서 사슬뜨기6 하고 같은 자리에 빼뜨기해서 고리를 만든다. 실을 잘라 돗바늘에 끼운 후 사슬 모양으로 마무리한다.
* 84쪽 작품 마무리하기

마무리

16

고리 반대편에 자투리실로 리본을 묶어준다.

미니 원형 바구니

푸르시오 Time!

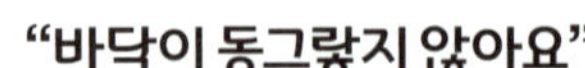

Q

"바닥이 동그랗지 않아요"

A
- 더블의 위치를 분산배치해서 최대한 동그랗게 만들지만
  더블 부분에 각이 생길 수 있습니다.
  더블에 들어가는 코가 너무 크지 않게 떠주세요.
- 공식과 다르게 뜨진 않았는지 확인하세요.

Q

"콧수가 맞지 않아요."

A
- 원형뜨기는 단마다 더블의 위치가 바뀌기 때문에 많이 헷갈립니다.
  한 단씩 풀면서 틀린 곳을 찾아보세요.
- 빼뜨기코, 기둥코에는 뜨지 않습니다.
- 빼뜨기코, 기둥코는 콧수로 세지 않습니다.

check-list

☑ 짧은뜨기 기둥코와 빼뜨기코는 콧수로 세지 않습니다.

☑ 바닥은 단마다 6코씩 늘어납니다.
  1단을 8코로 시작했다면 단마다 8코씩 늘어납니다.

응용 1 원형 실 바구니

“ 바닥은 늘리고, 몸통은
낮게 떠서 만들어도 예뻐요.
작은 실이나 소품을
보관해보세요.

실	버디버디 150g(2볼로 1개 가능)	
색상	02 크림베이지 + 05 크림라벤더	
바늘	모사용 코바늘 10호	
사이즈	바닥 17cm 높이 5cm	
응용 레시피	바닥 10단, 몸통 6단까지 뜬다. * 22:45 영상으로 보기 * 원형뜨기는 분산배치 공식에 맞춰서 늘려야 각지지 않고 예쁘게 나옵니다. 꼭 영상을 보고 따라 해주세요.	

응용 2 면사로 뜨기

“ 면사 36합은 버디버디보다
실이 거칩니다. 대신 내추럴한
색상이 어디에나 잘 어울려요.
손가락이 쓸리지 않도록 조심하세요.

실	빈센트 코튼 36합 40g (1볼로 2개 가능)	
색상	451 오트밀	
바늘	모사용 코바늘 8호	
사이즈	바닥 6cm, 높이 5cm	
응용 레시피	기본 레시피와 같은 방법으로 뜬다. * 크기는 살짝 작게 나옵니다.	

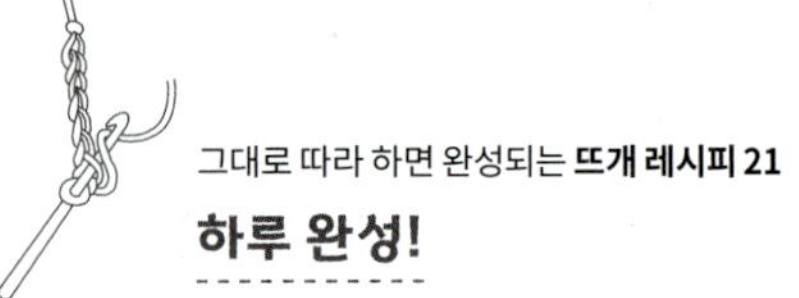

기본 투톤 명함지갑

영상으로 배우기

> **"** 뜨개인이라면, 코바늘로 만든
> 명함지갑&카드지갑 하나 정도는 있어야겠죠?
>
> 심플한 디자인에 윗 부분만 배색을 해서
> 포인트를 줬습니다. 작아서 금방 뜰 수 있고,
> 선물하기도 좋은 아이템이랍니다.
>
> 저는 프랑스 자수도 했었는데
> 코바늘 작품에 바느질은 귀찮더라고요.
> 그래서 부자재는 솔트레지를 사용했습니다.

	기법	시작 매듭, 사슬뜨기, 빼뜨기, 짧은뜨기
	실	라이크 린넨 30g(1볼 + 1볼로 2개 가능)
	색상	02 파우더누드 + 14 빈티지레드
	바늘	모사용 코바늘 5호
	부자재	솔트레지(6mm)
	사이즈	가로 10cm, 세로 7cm
	응용 레시피	여름용 카드지갑

응용

185쪽 여름용 카드지갑

실 사용 tip!

- 린넨 느낌이 나는 면사입니다. 완성했을 때 탄탄한 느낌이에요.
  코가 잘 보여서 뜨기 편합니다.
- 이 지갑은 투톤 배색이 포인트인데요, 윗부분 배색은 빨간색을 가장 추천합니다.

초보 탈출 tip!

- 실을 바꿀 때는 단의 마지막 코에서 바꿉니다.
  짧은뜨기 미완성 코에서 바꾸는데요,
  실을 다 쓰고 다음 실로 연결할 때도 이 방법으로 합니다.

푸르시오 방지 tip!

- 기초코를 만든 후 명함이나 카드에 대보고 가로 길이에 맞게 조절해 주세요.

뜨기 전 한눈에 보기

1 시작 매듭, 기초코 뜨기

2 바닥 1단 뜨기

3 몸통 1단 뜨기

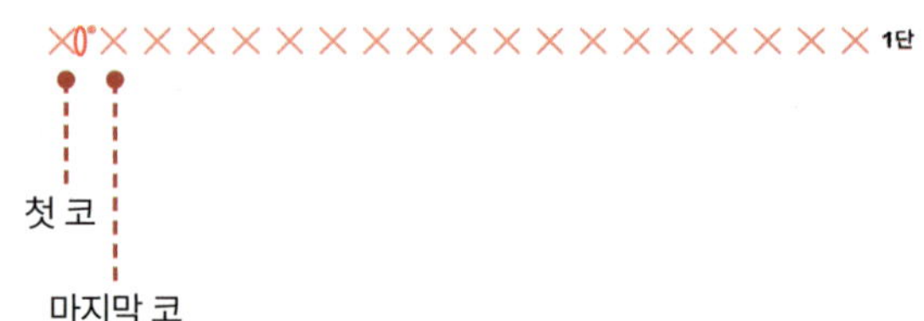

4 몸통 2~11단 뜨기(11단 마지막 짧은뜨기코에서 실 바꾸기)

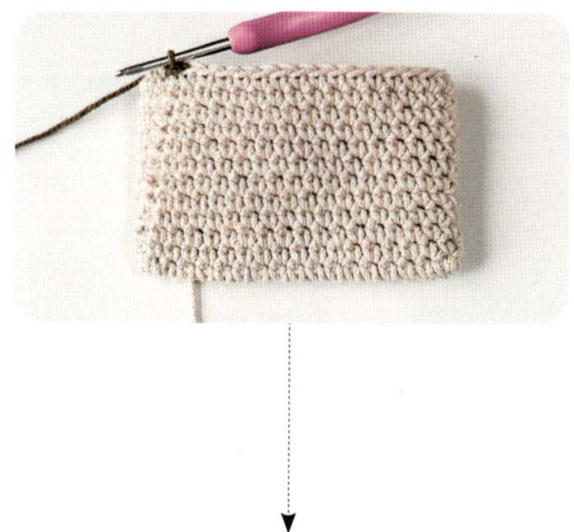

5 몸통 12~13단 뜨기

6 가운데에 솔트레지 끼우기

뜨개 레시피

시작 매듭, 기초코

1

시작 매듭을 만들고 사슬뜨기17 한다.

＊콧수 조절이 필요하다면 홀수 단위로 조절합니다.

바닥 시작

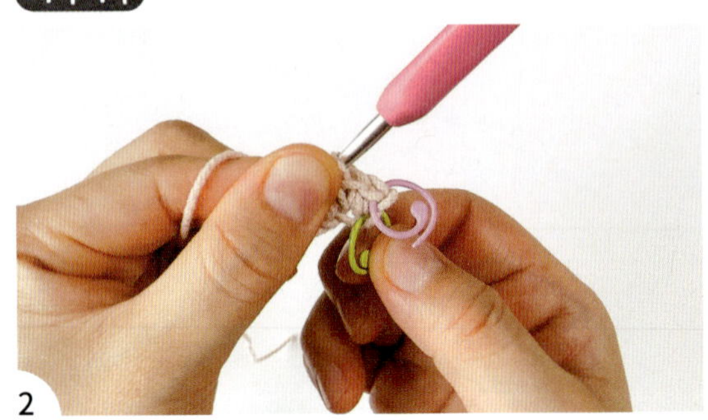

2

기초코 마지막 사슬에 **기둥코(사슬1)** + 짧은뜨기2 한다.

이때, 사슬의 코산과 뒤 반코에 바늘을 넣어서 뜬다.

＊79쪽 기초코에서 코산과 반코 줍기

바닥(기초코 위)

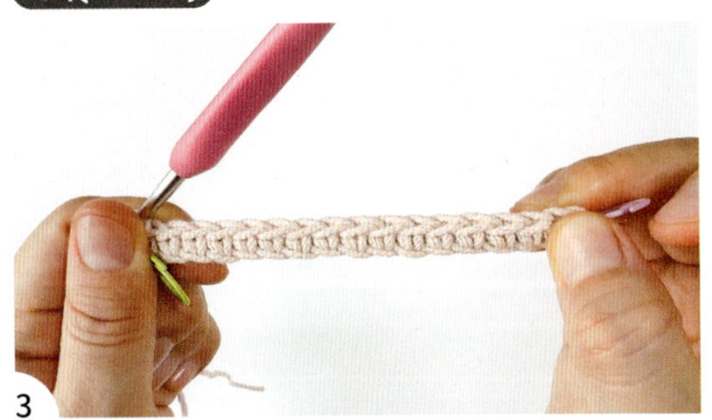

3

다음 코부터 짧은뜨기15 한다.

바닥

4

기초코 첫 번째 사슬에 짧은뜨기3 한다.

바닥(기초코 아래)

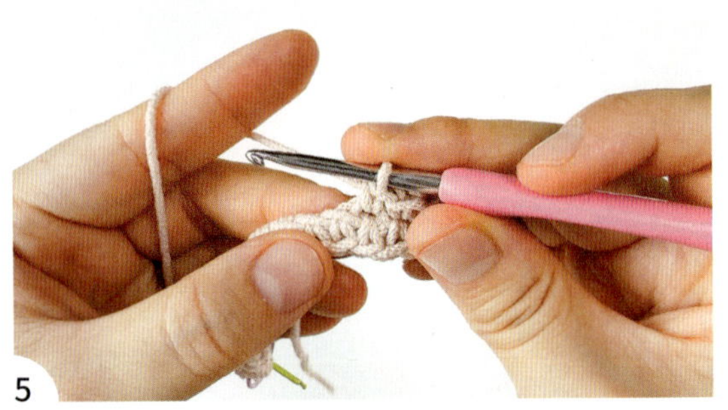

5

다음 코부터 남아있는 반코에 바늘 넣어서 짧은뜨기15 한다.

바닥 끝

6

기초코 마지막 사슬에 돌아오면 짧은뜨기1, 첫 코에 빼뜨기한다.
(36코)

몸통 1단

7

기둥코(사슬1) + 짧은뜨기1 한다.

8

마지막 코까지 한 코에 하나씩 짧은뜨기하고
기둥코에 빼뜨기한다. (36코)

몸통 2~11단

9

몸통 1단과 같은 방법으로 11단까지 뜬다. (36코)
11단 마지막 짧은뜨기코에서 실을 바꾼다. ＊81쪽 실 연결하기

몸통 12단

10

몸통 1단과 같은 방법으로 뜬다. (36코)

몸통 13단

11

마지막 코까지 한 코에 하나씩 빼뜨기한다. 실을 잘라 돗바늘에
끼운 후 사슬 모양으로 마무리한다. ＊84쪽 작품 마무리하기

솔트레지

12

뒷면 11단 가운데에 솔트레지 뒷나사를 끼운 후, 앞나사를
돌려서 체결한다. 앞면 11단 가운데로 앞나사의 머리를 빼준다.

푸르시오 Time!

Q "위로 갈수록 넓어져요"

A
- 혹시 빼뜨기코에 뜨지는 않았나요?
  콧수가 늘어나지는 않았는지 한 단씩 풀면서 확인하세요.
  ★ 총 콧수는 36코입니다.
- 항상 일정한 크기로 짧은뜨기합니다.

Q "위로 갈수록 좁아져요"

A
- 혹시 첫 코를 잘못 시작하지 않았나요?
  콧수가 줄지는 않았는지 한 단씩 풀면서 확인하세요.
  ★ 총 콧수는 36코입니다.
- 항상 일정한 크기로 짧은뜨기합니다.

Q "첫 코 자리가 기울었어요"

A
- 이렇게 겉면을 보면서 한 방향으로 뜰 때는
  단의 첫 코가 사선으로 이동하는데,
  코바늘 뜨개에서는 자연스러운 현상이랍니다.
  이 곳을 뒷면으로 사용하세요.

check-list

☑ 짧은뜨기 기둥코와 빼뜨기코는 콧수로 세지 않습니다.

☑ 빼뜨기코에는 뜨지 않습니다.

응용 여름용 카드지갑

	실	알로하 20g(1볼로 2개 가능)
	색상	44 라탄(또는 49 메이플)
	바늘	모사용 코바늘 6호
	부자재	솔트레지(6mm)
	사이즈	가로 10cm, 세로 7cm
	응용 레시피	기초코 사슬뜨기15 하고, 기본 레시피와 같은 방법으로 뜬다. ＊ 편물이 너무 촘촘하다면 7호 바늘을 사용하세요.

기본 곱창 밴드

영상으로 배우기

" 제가 처음으로 뜬 곱창 밴드는
대바늘 느낌이 나는 카멜스티치(Camel Stitch)로 뜬 작품이었어요.
무늬는 예쁘지만 너무 오래 걸려서 힘들었던 기억이 있습니다.

그래서 이번엔 한길긴뜨기만 무한 반복하면
쉽게 완성되는 디자인으로 준비했어요.
곱창 밴드는 주름이 많이 잡힐수록 예쁘니까
좋아하는 드라마를 틀어놓고 천천히 여유 있게 완성해 주세요.

	기법	시작 매듭, 사슬뜨기, 빼뜨기, 한길긴뜨기
	실	라라튜브 30g(1콘으로 3개 가능)
	색상	베이비핑크(또는 초코브라운)
	부자재	머리끈
	바늘	모사용 코바늘 5호
	사이즈	폭 4cm
	응용 레시피	합사해서 뜨기

193쪽 합사해서 뜨기

실 사용 tip!

- 술술 잘 떠지는 실이에요.
- 곱창 밴드는 주름이 많이 잡혀야 예뻐서 얇고 가벼운 실을 사용했습니다.
- 두껍고 무거운 실은 투박한 느낌이 날 수 있으니 피해주세요.

초보 탈출 tip!

- 원하는 길이로 사슬뜨기를 한 후 첫 코에 빼뜨기하면 원통 모양으로 뜰 수 있습니다.

푸르시오 방지 tip!

- 한 단이 끝나면 꼭 콧수를 확인해 주세요. 이때, 빼뜨기코는 콧수로 세지 않습니다.

뜨기 전 한눈에 보기

1 시작 매듭, 기초코 뜨기

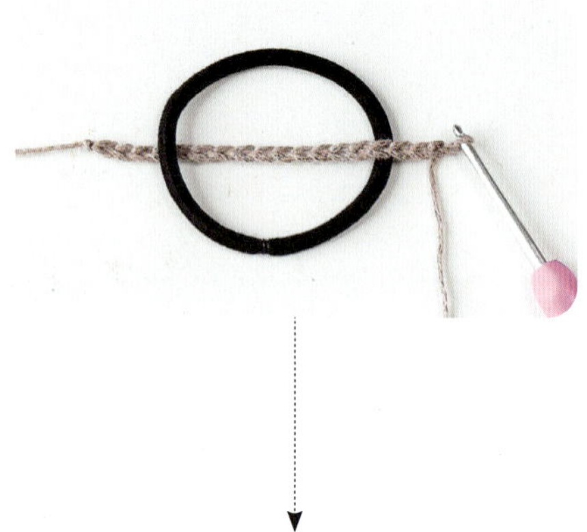

2 고무줄 안에 걸고 첫 사슬에 빼뜨기

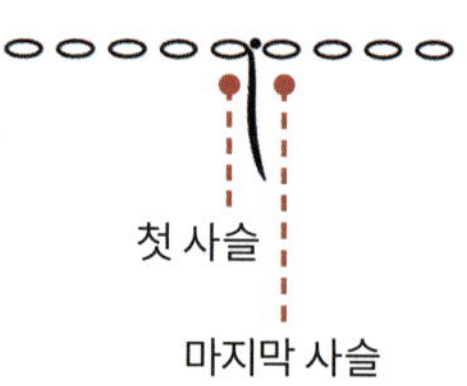

3 1단 뜨기

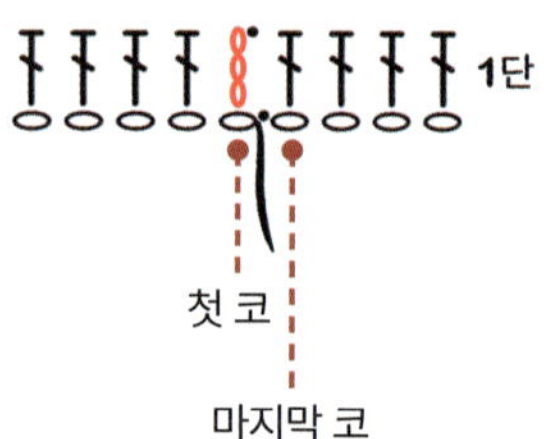

4 2단 뜨기

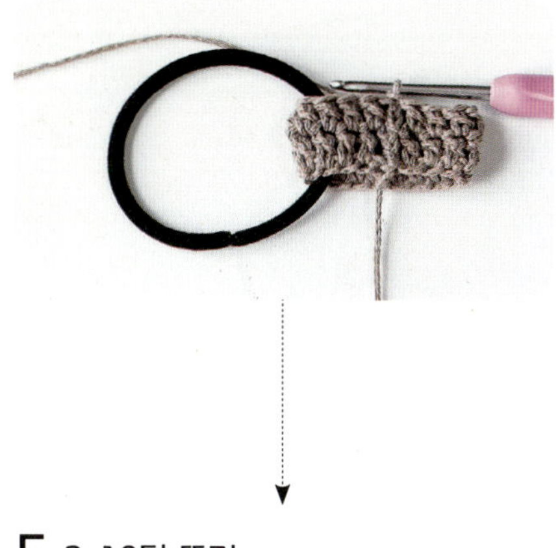
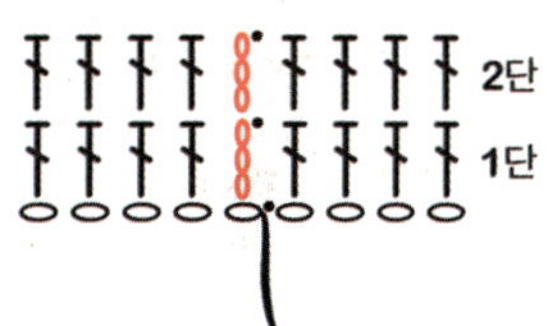

5 3~10단 뜨기

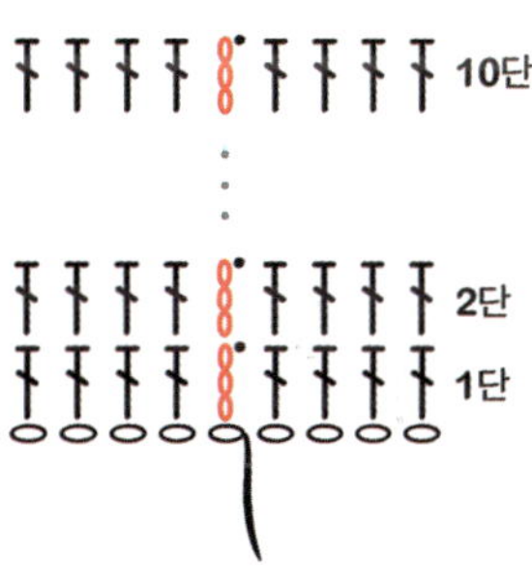

6 60단까지 뜨고, 1단과 60단 돗바늘로 연결하기

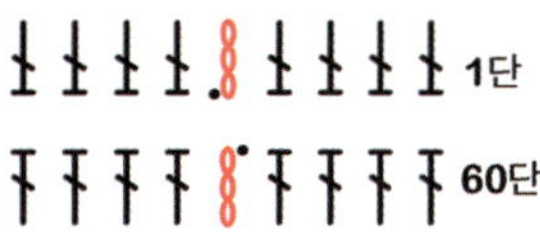

뜨개 레시피

시작 매듭, 기초코

1

시작 매듭을 만들고 사슬뜨기18 한다.

원형 만들기

2

뜬 사슬을 머리끈 안에 걸어 넣는다.

3

사슬로 머리끈을 감싸며 첫 사슬에 빼뜨기한다.

4

머리끈을 감싼 원형 사슬이 만들어진다.

1단

5

기둥코(사슬3)를 세운다.

6

다음 사슬부터 코산과 뒤 반코에 바늘을 넣어 한길긴뜨기17 한 뒤,
기둥코 세 번째 사슬에 빼뜨기한다. **(18코)**
* 79쪽 기초코에서 코산과 반코 줍기

2단

7

기둥코(사슬3)를 세운다.

8

다음 코부터 한길긴뜨기17 한 뒤, **기둥코** 세 번째 사슬에
빼뜨기한다. (18코)

3~60단

9

2단과 같은 방법으로 60단까지 뜬다.

마무리

10

실을 길게 남기고 잘라 돗바늘에 끼운 후 사슬 모양으로
마무리한다. * 84쪽 작품 마무리하기

11

첫 단과 마지막 단을 돗바늘로 반코씩 걸어서 연결한다.

푸르시오 Time!

Q "편물이 자꾸 꼬여요"

A
- 고무줄을 감싸면서 빙글빙글 올라가기 때문에 꼬이는 게 정상입니다.
- 한 단 뜨고 편물을 돌려주고, 뜨는 방향(왼쪽)은 평평하게 펴주세요.

Q "돗바늘로 연결하는데 콧수가 안 맞아요"

A
- 돗바늘로 연결할 때 빠뜨린 코가 없는지 확인하세요.
- 한 단씩 풀면서 콧수가 줄거나 늘었는지 확인하세요.
  * 총 콧수는 18코입니다.

Q "생각보다 작아요"

A
- 기초코 사슬 개수를 늘려서 다시 떠보세요.
- 주름이 덜 잡혔다면 단수를 늘려주세요.

check-list

☑ 기둥코는 한길긴뜨기1 와 같습니다.

☑ 단마다 기둥코 포함 총 18코입니다.
  이때, 빼뜨기코는 세지 않습니다.

응용 합사해서 뜨기

> 방울실은 푸르시오할 때
> 코 사이로 잘 안 빠져
> 나옵니다. 실을 풀게 된다면
> 코 바깥으로 조심해서 하나씩
> 꺼내주세요.
> 같은 이유로, 방울실은
> 마지막에 숨기지 않고 그냥
> 잘라서 마무리해도 됩니다.

실	라라튜브 + 방울실 40g(1콘 + 1볼로 3개 가능)	
색상	소프트아이보리 + 형광오렌지 * 방울실과 합사할 때는 아이보리 계열을 추천해요.	
바늘	모사용 코바늘 6호	
사이즈	폭 4cm	
응용 레시피	기초코 사슬뜨기16 하고, 50단까지 뜬다.	

하루 완성!

기본 줄무늬 네트 파우치

영상으로 배우기

❝ 손바닥만 한 미니 파우치를 완성하고 나면
자신감이 붙어서 크기도 키워보고
다른 패턴의 파우치도 도전하게 됩니다.

저는 네트와 줄무늬를 좋아하는데요,
두 가지가 모두 들어가서
최애 파우치가 될 것 같은 작품이에요.
뜨개 가방 안에 이너 파우치로 사용하기에도 좋답니다.

🧶	**기법**	시작 매듭, 사슬뜨기, 한길긴뜨기, 빼뜨기
🧶	**실**	아이돌 30g(1볼 + 1볼로 2개 가능)
🎨	**색상**	53 파스텔연베이지 + 02 꺼멍 (또는 53 파스텔연베이지 + 67 데님블루)
✏️	**바늘**	모사용 코바늘 5호
📏	**사이즈**	가로 12cm 세로 13cm
🧺	**응용 레시피**	단색 빅 파우치, 단색 미니 파우치

203쪽 단색 빅 파우치

203쪽 단색 미니 파우치

실 사용 tip!

- 줄무늬는 아이보리와 블랙 조합이 제일 깔끔해요. 아이보리를 기본으로
  다른 색과 배색해보세요. 단색으로 뜰 때는 순면 콘사 18합(고급형)을 추천합니다.

초보 탈출 tip!

- 한길긴뜨기1사슬뜨기1 하고 다음 코를 뜨지 않고 건너가면 빈칸이 생겨요.
  이 과정을 반복하면 네트 무늬가 된답니다.
- 네트 무늬를 뜰 때 한길긴뜨기 다리에 바늘을 넣어서 뜨면 튼튼합니다.

푸르시오 방지 tip!

- 한 단이 끝나면 빈칸 개수를 세어 주거나 틀린 곳이 없는지 확인하세요.
  칸 수가 틀리면 마지막에 조임끈을 끼울 때 곤란해집니다.

뜨기 전 한눈에 보기

1 시작 매듭, 기초코 뜨기

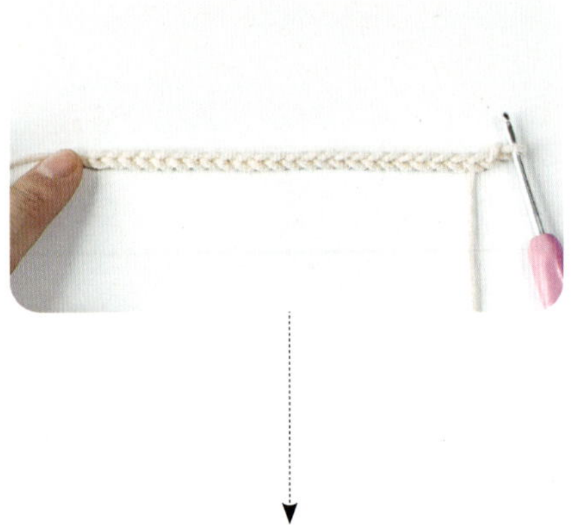

2 바닥 1단 뜨기

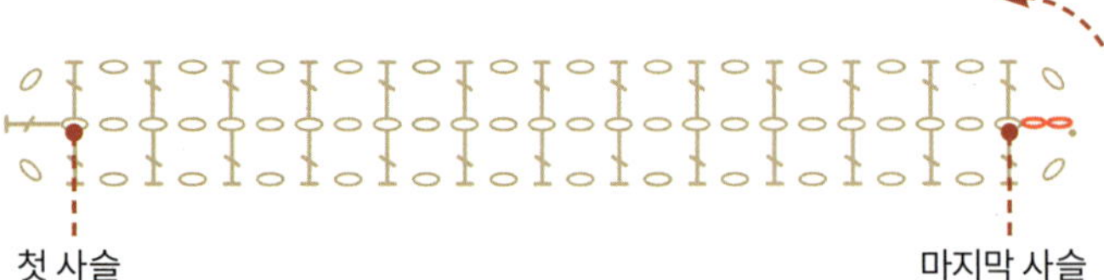

3 몸통 1단 뜨기 (1단 빼뜨기코에서 실 바꾸기)

4 몸통 2단 뜨기(2단 빼뜨기코에서 실 바꾸기)

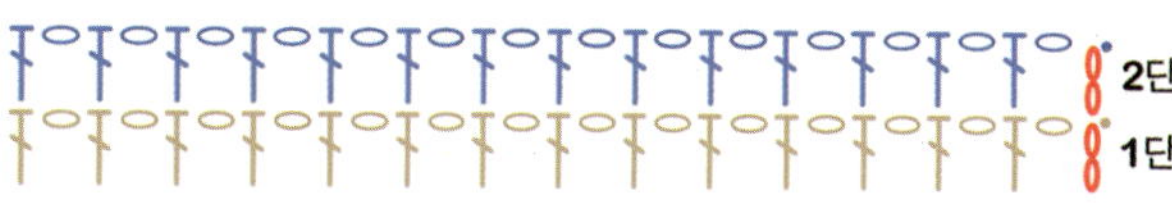

5 몸통 3~13단 뜨기

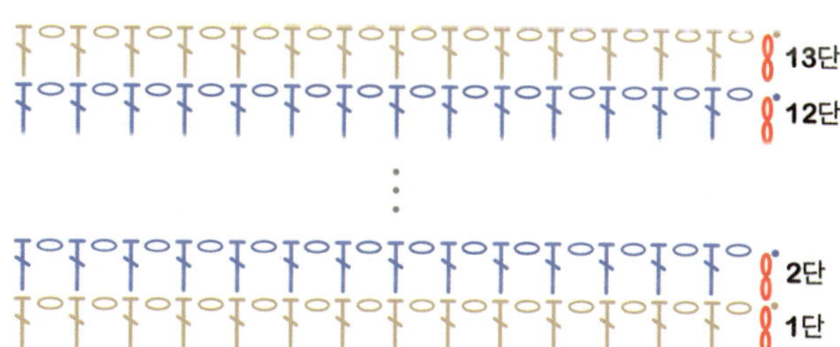

6 조임끈 끼우기

뜨개 레시피

시작 매듭, 기초코

1

시작 매듭을 만들고 사슬뜨기25 한다.

* 콧수 조절이 필요하다면 ±4의 배수 단위로 조절합니다.

바닥 시작

2

기초코 마지막 사슬에 **기둥코(사슬2)**사슬뜨기1 +
한길긴뜨기1사슬뜨기1 한다. 이때, 사슬의 코산과 뒤 반코에
바늘을 넣어서 뜬다. * 79쪽 기초코에서 코산과 반코 줍기

바닥(기초코 위)

3

한 코 건너고 다음 사슬부터 [한길긴뜨기1사슬뜨기1]를 11번
한다. 이때, 사슬뜨기1 하고 다음 코는 건너간다.

바닥

4

기초코 첫 번째 사슬에 한길긴뜨기1사슬뜨기1 를 3번 넣는다.

바닥(기초코 아래)

5

다리 아래쪽에 바늘을 넣어서 [한길긴뜨기1사슬뜨기1]를
11번 한다.

바닥 끝

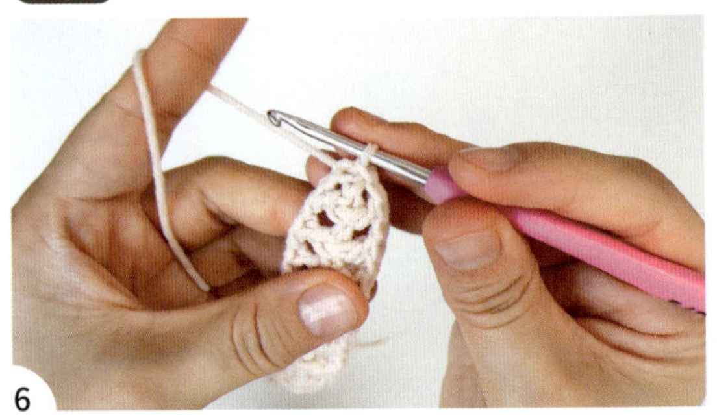

6

기초코 마지막 사슬에 돌아오면 한길긴뜨기1사슬뜨기1 하고,
기둥코에 두 번째 사슬에 빼뜨기한다. (28칸)

* 빈칸을 셀 때는 기둥코 왼쪽 칸부터 기둥코 오른쪽 칸까지 셉니다.

몸통 1단

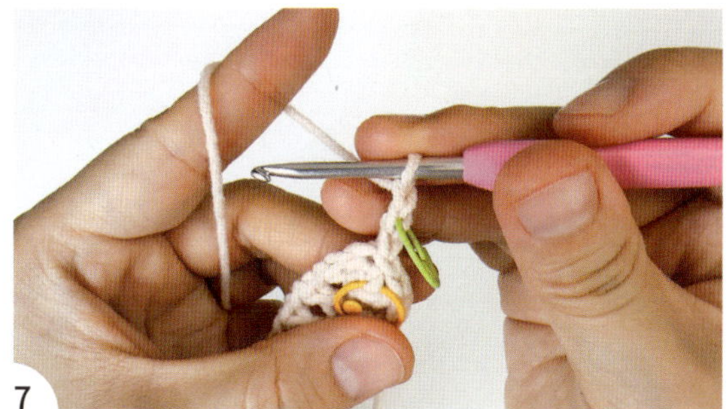

7

기둥코(사슬2)를 세우고 사슬뜨기1 한다.

8

다음 다리부터 [한길긴뜨기1사슬뜨기1]를 27번 한다. 이때,
다리에 바늘을 넣어서 한길긴뜨기 한다. * 11:47 영상으로 보기

9

기둥코두 번째 사슬에 빼뜨기할 때 실을 바꾼다. (28칸)
* 14:55 영상으로 보기

몸통 2단

10

바꾼 실로 기둥코(사슬2)를 세우고 사슬뜨기1 한다.
다음 다리부터 [한길긴뜨기1사슬뜨기1]를 27번 한다.

11

기둥코 두 번째 사슬에 빼뜨기할 때 실을 바꾼다. (28칸)

몸통 2~13단

12

몸통 1~2단과 같은 방법으로 13단까지 배색하며 뜬다. (28칸)
실을 잘라 돗바늘에 끼운 후 사슬 모양으로 마무리한다.
* 84쪽 작품 마무리하기

조임끈 2개

13
시작 매듭 만들고 사슬뜨기80 한다.
같은 방법으로 1개 더 만든다.

1번 조임끈 시작

14
표시한 곳 왼쪽 칸부터 1번 조임끈을 끼운다.

1번 조임끈 끝

15
표시한 곳 오른쪽 칸으로 뺀다.

16
1번 조임끈을 다 끼운 모습이다.

2번 조임끈

17
1번 조임끈의 반대편에서 시작해서 2번 조임끈을 끼운다.

마무리

18
조임끈 끝은 매듭을 묶고 자른다.

푸르시오 Time!

"조임끈을 끼우는 데 칸 수가 안 맞아요"

- 조임끈을 끼울 때 지나친 칸이 없는지 확인하세요.
- 한 단씩 풀면서 칸 수를 세어보세요.
  ★ 총 28칸입니다.
- 바닥 양 끝, 늘리는 부분을 확인하세요(기초코 첫 사슬, 마지막 사슬).

"배색할 때 실이 엉켜서 짜증나요"

- 배색 할 때는 뜨던 실을 먼저 오른쪽으로 옮기고
  바꿀 실을 왼쪽에 두세요.

"코들이 한쪽으로 기울었어요"

- 이렇게 겉면을 보면서 한 방향으로 뜰 때는
  단의 첫 코가 약간 오른쪽으로 이동합니다. 그 점을 완화하기 위해서
  다리에 바늘을 넣어서 떴어요. 그래도 너무 많이 기운다면
  지금보다 느슨하게 뜨는 연습이 필요합니다.
- 다리에 바늘을 넣을 때 왼쪽으로 치우쳐서 넣었는지 확인하세요.

check-list

☑ 기둥코는 한길긴뜨기1 와 같습니다.

☑ 한길긴뜨기의 기둥코는 보통 사슬 3개이지만,
이 작품에서는 사슬 2개로 줄여서 떴습니다.

☑ 몸통 1단부터는 다리에 바늘을 넣어서 한길긴뜨기합니다.

응용1 단색 빅 파우치

" 심플한 것을 좋아한다면
한 가지 색으로 떠서
이너 파우치로 사용해보세요.

응용2 단색 미니 파우치

" 얇은 실로 떠서
비누 파우치로 응용해도 좋아요.
조임끈은 한 개만 끼워
욕실에 걸어두고 사용하세요.

	실	순면 콘사 18합(고급형) 60g(1콘으로 10개 가능)
	색상	무색
	바늘	모사용 코바늘 5호
	사이즈	가로 15cm, 세로 15cm
	응용 레시피	① 기초코 사슬뜨기33 한다. ② 바닥 1단, 몸통 17단까지 뜬다. 　(36칸) ③ 조임끈(사슬100) 2개 만든다.

	실	라라튜브 10g (1콘으로 10개 가능)
	색상	소프트아이보리
	바늘	모사용 코바늘 5호
	사이즈	가로 7cm, 세로 7cm
	응용 레시피	① 기초코 사슬뜨기17 한다. ② 바닥 1단, 몸통 10단까지 뜬다. 　(20칸) ③ 조임끈(사슬50) 1개 만든다.

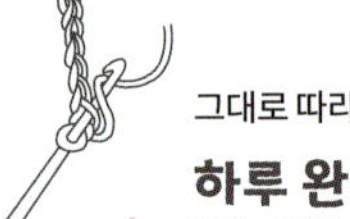

기본 네트 크로스백

영상으로 배우기

> 휴대폰 하나만 들고 잠깐 외출할 때
> 가볍게 메기 좋은 크로스백입니다.

네트백은 빠르게 완성할 수 있고
무늬 자체가 예뻐서 누구든 좋아하기 때문에
초보가 처음으로 도전하기 좋은 가방이에요.

작은 크로스백 뜨고 용기가 생겼다면
큰 가방에도 도전해보세요.

	기법	시작 매듭, 사슬뜨기, 빼뜨기, 한길긴뜨기, 빼뜨기이랑뜨기
	실	빈센트 코튼 36합 70g(1볼로 1개 가능)
	색상	406 브릭(또는 401 샌드베이지)
	바늘	모사용 코바늘 8호
	사이즈	가로 16cm, 세로 10cm
	응용 레시피	세로형 네트 크로스백, 가죽 네트백, 배색하기

211쪽 세로형 네트 크로스백

212쪽 가죽 네트백

212쪽 배색하기

실 사용 tip!

- 도톰해서 빨리 완성한다는 장점이 있지만 실이 빳빳해 손가락이 쓸릴 수 있어요.
  왼손 검지에 밴드를 붙이거나 니팅링을 끼고 뜨세요.

초보 탈출 tip!

- 마지막 단을 빼뜨기이랑뜨기로 한바퀴 떴어요. 네트 무늬를 마무리 할 때는
  이 방법이 깔끔합니다.

푸르시오 방지 tip!

- 한 단이 끝나면 빈칸의 개수를 세어 확인하세요.

뜨기 전 한눈에 보기

1 시작 매듭, 기초코 뜨기

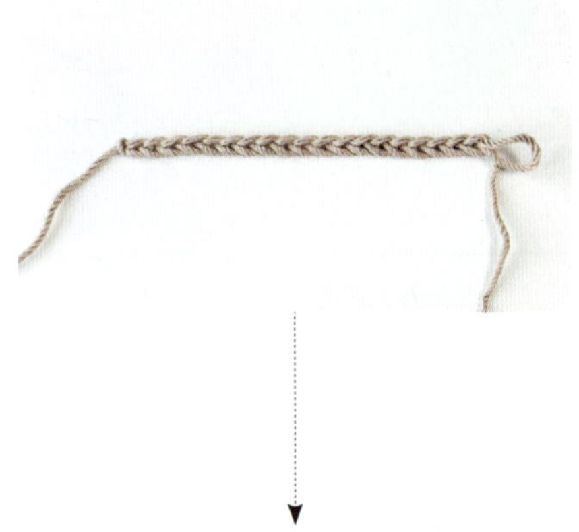

2 바닥 1단 뜨기

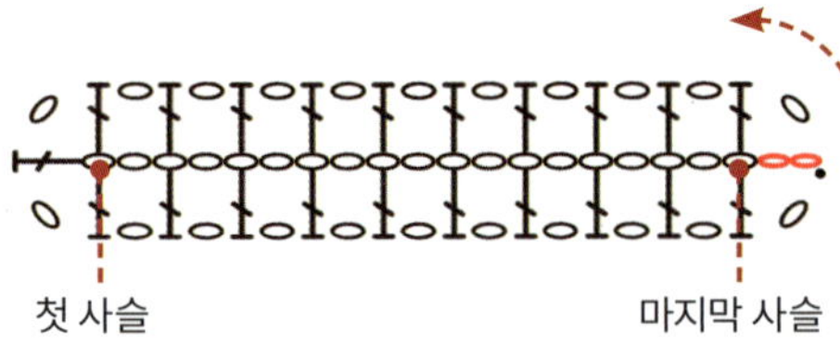

3 몸통 1단 뜨기

4 몸통 2~6단 뜨기

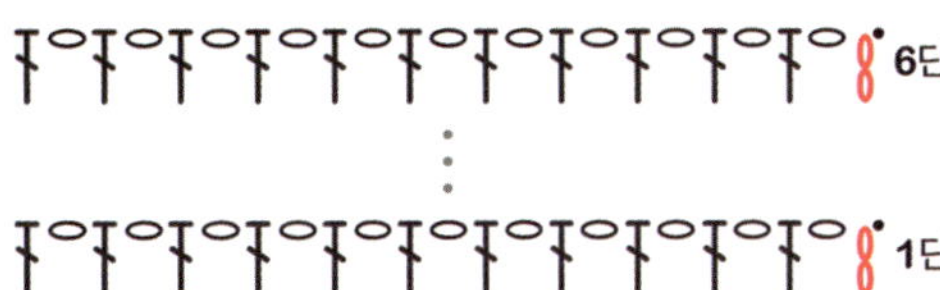

5 몸통 7단 뜨기

6 크로스끈 달기

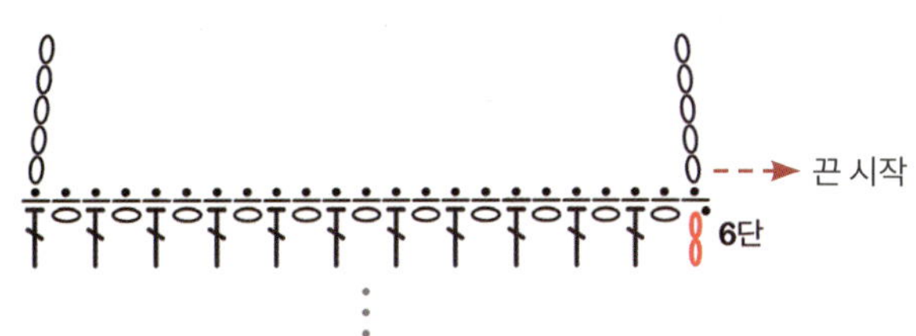

뜨개 레시피

시작 매듭, 기초코

1

시작 매듭을 만들고 사슬뜨기19 한다.
* 콧수 조절이 필요하다면 홀수 단위로 조절합니다.

바닥 시작

2

기초코 마지막 사슬에 **기둥코(사슬2)**사슬뜨기1 +
한길긴뜨기1사슬뜨기1 한다. 이때, 코산과 뒤 반코에 바늘을
넣어서 뜬다. * 79쪽 기초코에서 코산과 반코 줍기

바닥(기초코 위)

3

한 코 건너고 다음 사슬부터 [한길긴뜨기1사슬뜨기1]를 8번 한다.
이때, 사슬뜨기1 하고 다음 코는 건너간다.

바닥

4

기초코 첫 번째 사슬에 한길긴뜨기1사슬뜨기1 를 3번 넣는다.

바닥(기초코 아래)

5

다리 아래 남아있는 반코에 바늘 넣어서
[한길긴뜨기1사슬뜨기1]를 8번 한다.

바닥 끝

6

기초코 마지막 사슬에 돌아오면 한길긴뜨기1사슬뜨기1 하고,
기둥코 두 번째 사슬에 빼뜨기한다. **(22칸)** * 빈칸을 셀 때는
기둥코 왼쪽 칸부터 기둥코 오른쪽 칸까지 셉니다.

몸통 1단

7

기둥코(사슬2)를 세우고 사슬뜨기1 한다.

8

다음 다리부터 [한길긴뜨기1사슬뜨기1]를 21번 한다.
이때, 다리에 바늘을 넣어서 한길긴뜨기 한다.
* 10:15 영상으로 보기

9

기둥코 두 번째 사슬에 빼뜨기한다. (22칸)

몸통 2~6단

10

몸통 1단과 같은 방법으로 6단까지 뜬다. (22칸)

몸통 7단

11

마지막 코까지 한 코에 하나씩 빼뜨기이랑뜨기한다.

크로스끈

12

6단 **기둥코** 두 번째 사슬에 빼뜨기한 후, 사슬뜨기110 이상 떠서
크로스끈을 만들고 반대편 측면에 빼뜨기로 연결한다.
* 크로스끈은 신체 길이에 맞게 콧수를 조절해도 좋아요.
실을 자르고 돗바늘에 끼운 후 사슬 모양으로 마무리한다.
* 84쪽 작품 마무리하기

푸르시오 Time!

Q "가방 윗부분이 좁아졌어요"

A
- 빈칸의 개수가 줄어든 건 아닌지 한 단씩 풀면서 확인하세요.
  종종 다리를 빠뜨리는 경우가 있습니다.
  * 총 22칸입니다.
- 항상 일정한 크기로 한길긴뜨기해 주세요.

Q "가방 윗부분이 넓어졌어요"

A
- 빈칸의 개수가 늘어난 건 아닌지 한 단씩 풀면서 확인하세요.
  빼뜨기 코에 뜨는 경우가 있습니다.
  * 총 22칸입니다.
- 항상 일정한 크기로 한길긴뜨기해 주세요.

Q "코들이 한쪽으로 기울었어요"

A
- 이렇게 겉면을 보면서 한 방향으로 뜰 때는
  단의 첫 코가 약간 오른쪽으로 이동합니다. 그 점을 완화하기 위해서
  다리에 바늘을 넣어서 떴어요. 그래도 너무 많이 기운다면
  지금보다 느슨하게 뜨는 연습이 필요합니다.
- 다리에 바늘을 넣을 때 왼쪽으로 치우쳐서 넣었는지 확인하세요.

check-list

- ☑ 기둥코는 한길긴뜨기1 와 같습니다.

- ☑ 한길긴뜨기의 기둥코는 보통 사슬 3개이지만,
  이 작품에서는 사슬 2개로 줄여서 떴습니다.

- ☑ 몸통 1단부터는 다리에 바늘을 넣어서 한길긴뜨기합니다.

응용1 세로형 네트 크로스백

> 같은 실이어도
> 색상이 어두우면
> 코가 잘 안보입니다.
> 밝은 색으로 한 번
> 떠본 후에 어두운 색에
> 도전하는 걸 추천해요.

	실	빈센트 코튼 36합 70g(1볼로 1개 가능)
	색상	410 블랙
	바늘	모사용 코바늘 8호
	사이즈	가로 9cm, 세로 15cm
	응용 레시피	① 기초코 사슬뜨기11 한다. ② 바닥 1단, 몸통 10단까지 뜬다. (14칸) ③ 크로스끈(사슬110~)을 만든다.

응용 2 가죽 네트백

" 고급스러운 가죽 느낌의 실입니다.
광택이 있고 뻣뻣합니다.
왼손 검지에 밴드를 붙이거나
니팅링을 끼고 뜨세요.

응용 3 배색하기

" 자투리실로 배색해서 만들어보세요.
실은 빼뜨기할 때 바꿉니다.
배색을 할 때는 뜨던 실은 오른쪽에,
바꿀 실은 왼쪽에 놓고 뜨세요.

	실	아임 낫 레더 80g(1볼로 2개 가능)
	색상	003 카멜
	바늘	모사용 코바늘 10호
	사이즈	가로 15cm, 세로 10cm
	응용 레시피	기본 레시피와 같은 방법으로 뜬다. * 크게 뜨고 싶다면, 기초코는 홀수 단위로 조절하고 몸통 단수를 늘려줍니다.

	실	빈센트 코튼 36합 70g
	색상	428 오션블루 + 401 샌드베이지 + 451 오트밀 + 446 스페니쉬그린
	바늘	모사용 코바늘 8호
	사이즈	가로 16cm, 세로 10cm
	응용 레시피	기본 레시피와 같은 방법으로 뜨고 배색만 한다. **배색하기** ① 첫 번째 실로 시작 ② 몸통 2단에서 두 번째 실로 배색 ③ 몸통 4단에서 세 번째 실로 배색 ④ 몸통 6단에서 네 번째 실로 배색 * 19:05 영상으로 보기

기본 포근 핸드워머(아동용)

영상으로 배우기

" 겨울 바람이 불기 시작할 때
장갑보다 많이 사용하는 핸드워머입니다.

엄지손가락만 끼우는 디자인이라
아이들도 스스로 잘 끼고 벗는답니다.

손가락이 나와 있어
스마트폰을 터치하기도 좋고,
손목 부분은 장갑보다 길어서 은근 따뜻해요.

	기법	시작 매듭, 사슬뜨기, 빼뜨기, 긴뜨기, 빼뜨기이랑뜨기, 긴뜨기이랑뜨기
	실	울러버 60g(1볼로 1세트 가능)
	색상	08 베이지(또는 10 그레이)
	바늘	모사용 코바늘 7호, 기초코는 8호
	사이즈	길이 17cm, 폭 9cm
	응용 레시피	포근 핸드워머(성인 여성용)

221쪽 포근 핸드워머(성인 여성용)

실 사용 tip!

- 부드럽게 술술 잘 떠지는 실이에요.
  힘 조절에 실패하면 짝짝이 워머가 나올 수 있답니다.
  양쪽을 비슷하게 뜰 수 있도록 힘 조절에 주의하세요.

초보 탈출 tip!

- 긴뜨기의 기둥코는 사슬 2개입니다.
  이때, 기둥코는 콧수에 포함됩니다(기둥코 = 긴뜨기1로 간주합니다).
- 편물을 뒤집어가면서 긴뜨기이랑뜨기를 하면 골지 무늬를 만들 수 있습니다.

푸르시오 방지 tip!

- 마지막에 첫 단과 마지막 단을 연결해야 하므로 단마다 콧수를 세면서 떠주세요.

뜨기 전 한눈에 보기

1 시작 매듭, 기초코, 1단 뜨기

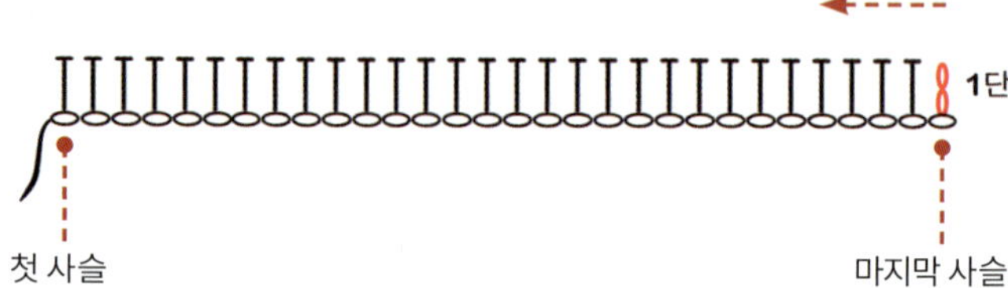

2 2단 뜨기

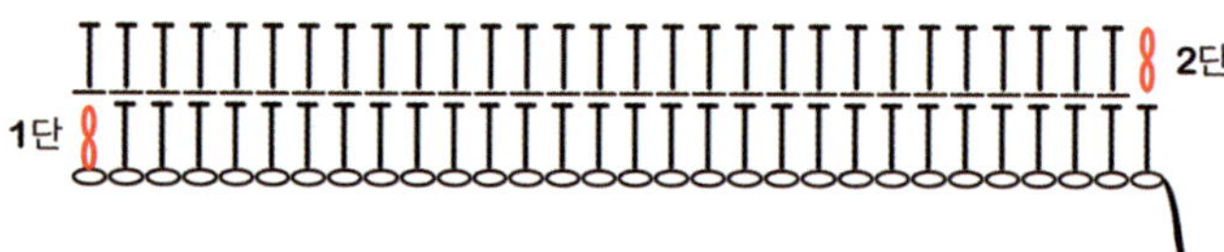

3 3단 뜨기

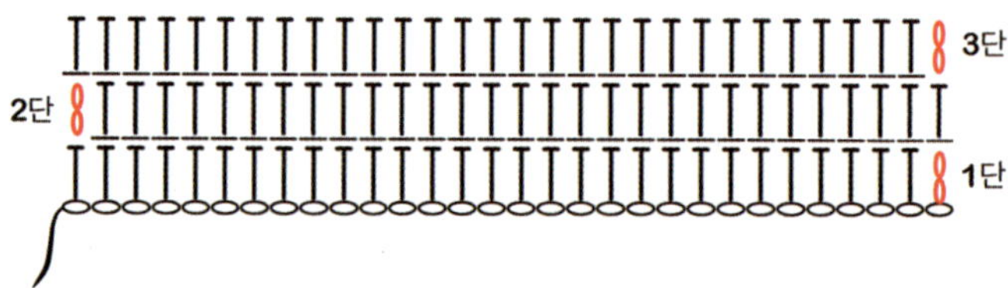

4 4~16단 뜨기

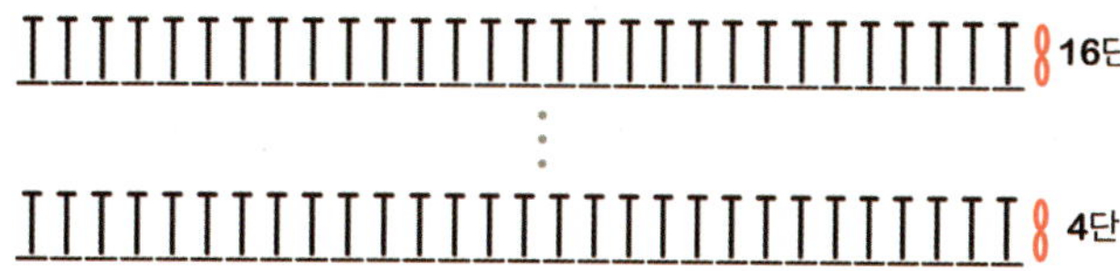

5 왼손 워머의 첫 단과 마지막 단 연결하기

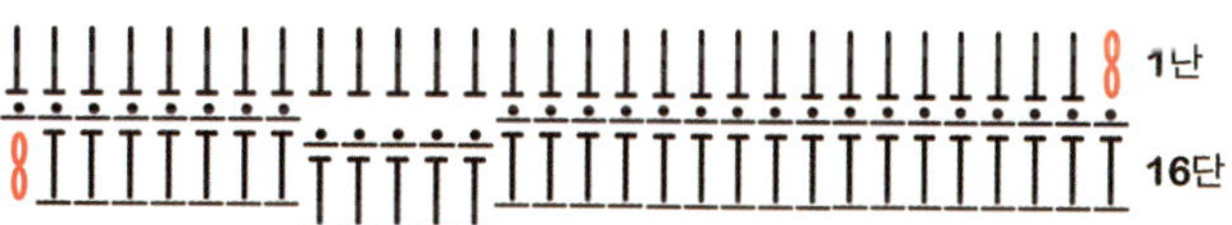

6 오른손 워머의 첫 단과 마지막 단 연결하기

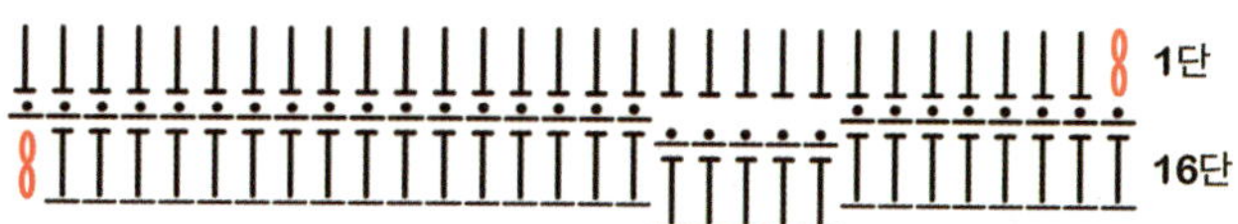

뜨개 레시피

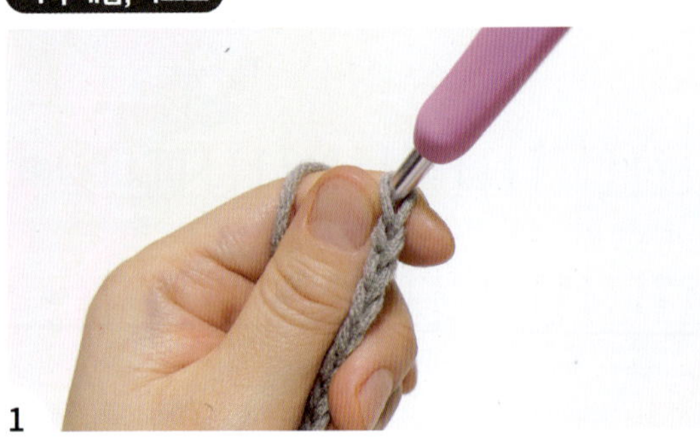

1

시작 매듭을 만들고 사슬뜨기30 한다.

3

다음 사슬부터 코산에 바늘을 넣어서 긴뜨기29 한다. (30코)
* 78쪽 기초코에서 코산 줍기

5

다음 코부터 긴뜨기이랑뜨기29 한다. (30코)

1단

2

기둥코(사슬2)를 세운다.

2단

4

기둥코(사슬2)를 세우고 편물을 뒤집는다.
* 편물을 뒤집을 때는 계속 같은 방향으로 돌리며 뒤집어야
모양이 균일하게 나와요.

3단

6

기둥코(사슬2)를 세우고 편물을 뒤집는다.

7

다음 코부터 긴뜨기이랑뜨기29 한다. (30코)

8

같은 방법으로 16단까지 뜬다. (30코)

9

사슬뜨기1 하고 편물을 뒤집어 반으로 접는다.
* 다른 한쪽도 같은 방법으로 뜹니다.

10

앞면과 뒷면을 빼뜨기이랑뜨기17 로 연결하다 앞면만
빼뜨기이랑뜨기5 해서 엄지손가락 구멍을 만든다. 이어서
앞면과 뒷면을 빼뜨기이랑뜨기8 로 연결한다. 끝 매듭(사슬1)
하고, 실을 잘라 돗바늘에 끼운 후 꼬리실을 숨겨준다.

11

앞면과 뒷면을 빼뜨기이랑뜨기8 로 연결하다
앞면만 빼뜨기이랑뜨기5 해서 엄지손가락 구멍을 만든다.
이어서 앞면과 뒷면을 빼뜨기이랑뜨기17 로 연결한다.
* 왼손과 같은 방법으로 마무리합니다.

푸르시오 Time!

Q 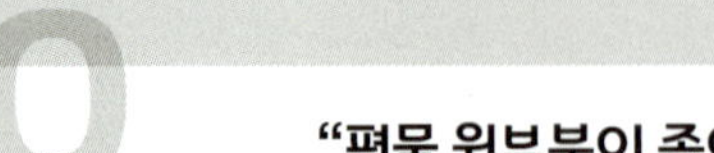

"편물 윗부분이 좁아졌어요"

A
- 콧수가 줄어든 건 아닌지 한 단씩 풀면서 확인하세요.
  * 총 30코입니다(기둥코도 콧수로 셉니다).
- 항상 일정한 크기로 긴뜨기해 주세요.

Q

"편물 윗부분이 넓어졌어요"

A
- 콧수가 늘어난 건 아닌지 한 단씩 풀면서 확인하세요.
  * 총 30코입니다(기둥코도 콧수로 셉니다).
- 항상 일정한 크기로 긴뜨기해 주세요.

Q

"빼뜨기로 연결하는데 콧수가 안 맞아요"

A
- 빼뜨기로 연결할 때 빠뜨린 코가 없는지 한 코씩 풀면서 확인하세요.
- 한 단씩 풀면서 콧수가 맞는지 세어보세요.

check-list

☑ 기초코는 8호 코바늘로, 1단부터는 7호 코바늘로 뜹니다.

☑ 긴뜨기의 기둥코는 콧수로 셉니다.

응용 포근 핸드워머(성인 여성용)

실	울러버 80g(1볼로 1세트 가능)	
색상	13 블랙	
바늘	모사용 코바늘 7호, 기초코는 8호	
사이즈	길이 23cm, 폭 10cm	
응용 레시피	기초코 사슬뜨기40 하고 18단까지 뜬다. **왼손 연결** 빼뜨기이랑뜨기23(앞뒷면), 7(앞면만), 10(앞뒷면) **오른손 연결** 빼뜨기이랑뜨기10(앞뒷면), 7(앞면만), 23(앞뒷면)	

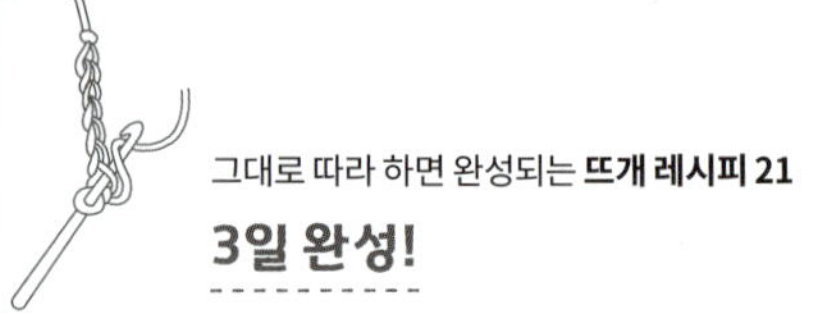

기본 온 가족 비니(성인 여성용)

영상으로 배우기

" 심플하면서도 포근한 디자인이라
누구에게나 잘 어울리는 비니를 소개할게요.

모자는 보통 원형뜨기로 시작해
콧수를 늘려가며 떠야 해서 어려운 아이템인데요,
이 비니는 기다란 직사각형 편물을
연결하는 방법으로 떠서 초보가 도전하기 좋게 만들었습니다.

응용 레시피로 아동용과 성인 남성용 버전도 다루었으니
온 가족 함께 쓰는 비니로 완성해보세요.

	기법	시작 매듭, 사슬뜨기, 빼뜨기, 짧은뜨기, 긴뜨기, 빼뜨기이랑뜨기, 짧은뜨기이랑뜨기, 긴뜨기이랑뜨기
	실	울러버 120g(2볼로 1개 가능)
	색상	08 베이지
	바늘	모사용 코바늘 7호, 기초코는 8호
	사이즈	높이 20cm, 둘레 49cm
	응용 레시피	온 가족 비니(아동용), 온 가족 비니(성인 남성용)

229쪽 온 가족 비니(아동용)

229쪽 온 가족 비니(성인 남성용)

실 사용 tip!

- 부드럽게 술술 잘 떠지는 실이에요.
  여러 번 쉬면서 뜨면 손 힘이 그때그때 달라서 쫀쫀해지거나 느슨해질 수 있어요.
  항상 비슷한 힘으로 떠주세요.

초보 탈출 tip!

- 긴뜨기의 기둥코는 사슬 2개입니다.
  이때, 기둥코는 콧수에 포함됩니다(기둥코 = 긴뜨기1로 간주합니다).
- 편물을 뒤집어가면서 긴뜨기이랑뜨기를 하면 골지 무늬를 만들 수 있습니다.
- 기초코 개수는 모자의 세로 길이를, 단수는 모자의 둘레를 결정합니다.

푸르시오 방지 tip!

- 마지막에 첫 단과 마지막 단을 연결해야 하므로 단마다 콧수를 세면서 떠주세요.

뜨기 전 한눈에 보기

1 시작 매듭, 기초코, 1단 뜨기

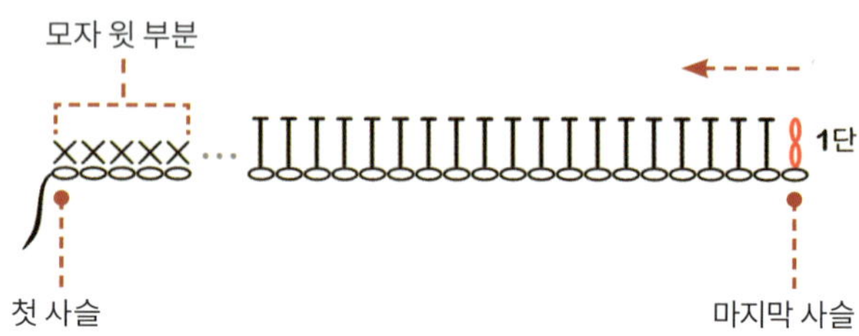

2 2단 뜨기

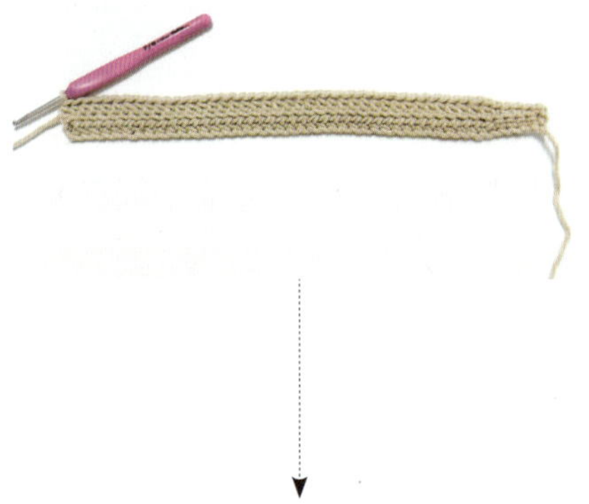

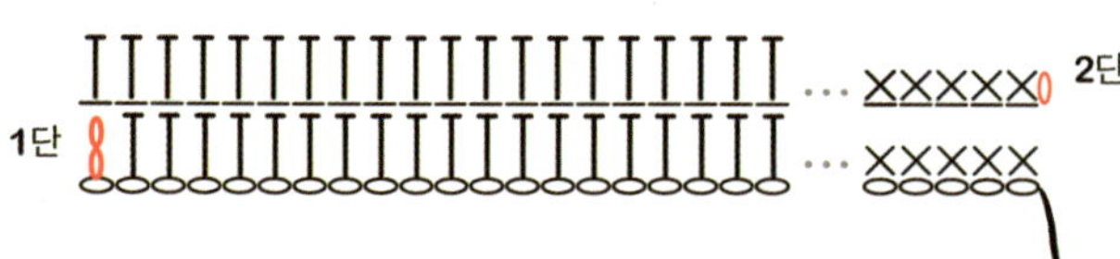

3 3단 뜨기

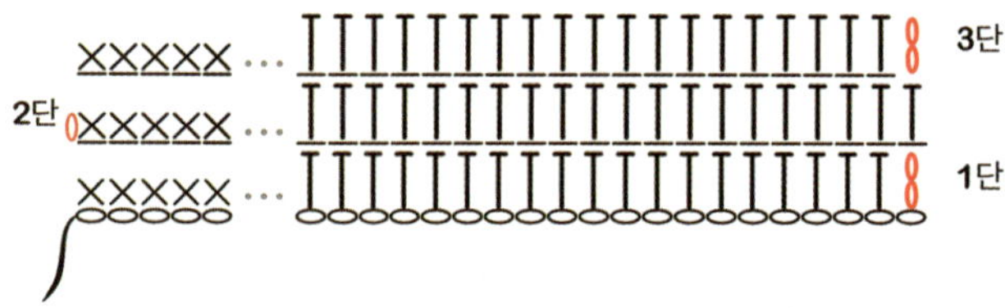

4 4~52단 뜨기

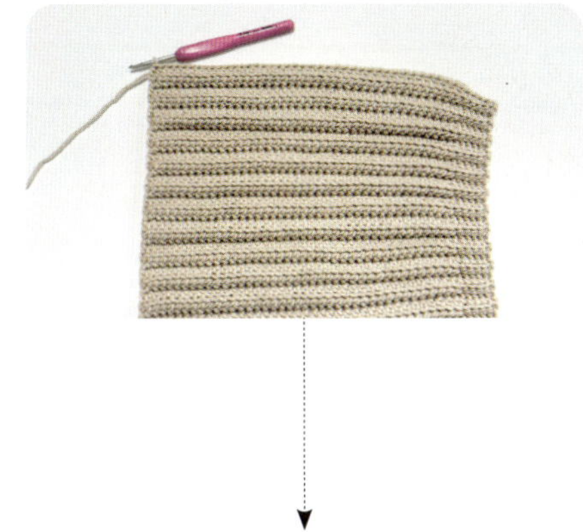

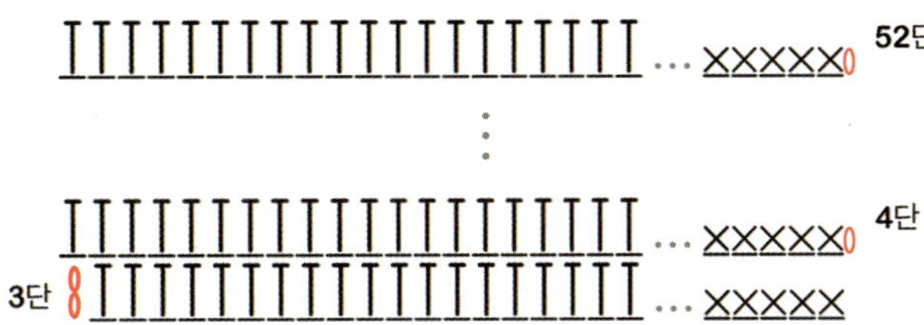

5 첫 단과 마지막 단 연결하기

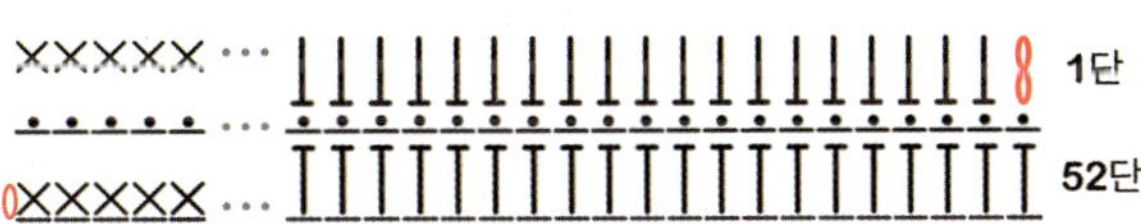

6 비니 윗부분 돗바늘로 조이기

뜨개 레시피

시작 매듭, 기초코, 1단

1

시작 매듭을 만들고 사슬뜨기45 한다. **기둥코(사슬2)**를 세운다.

2

다음 사슬부터 코산에 바늘을 넣어서 긴뜨기39 한다.

★ 78쪽 기초코에서 코산 줍기

3

이어서 짧은뜨기5 한다. **(45코)**

2단

4

기둥코(사슬1)를 세우고, 편물을 뒤집는다.

★ 편물을 뒤집을 때는 계속 같은 방향으로 돌리며 뒤집어야 모양이 균일하게 나와요.

5

첫 코부터 짧은뜨기이랑뜨기5 한다.

6

이어서 긴뜨기이랑뜨기40 한다. **(45코)**

3단

7

기둥코(사슬2)를 세우고 편물을 뒤집는다.

8

다음 코부터 긴뜨기이랑뜨기39 한다.

9

이어서 짧은뜨기이랑뜨기5 한다. (45코)

4~52단

10

2~3단과 같은 방법으로 52단까지 뜬다. (45코)
★ 홀수단은 긴뜨기이랑뜨기 먼저, 짝수단은 짧은뜨기이랑뜨기
먼저 뜹니다.

연결하기

11

사슬뜨기1 하고 편물을 뒤집어 반으로 접는다.
첫 단과 마지막 단을 빼뜨기이랑뜨기로 연결한다.

윗부분 조이기

12

실을 길게 남기고 잘라 돗바늘에 끼운 후 비니 윗부분을 조여준다.
조인 후에는 가운데로 돗바늘을 넣어서 꼬리실을 숨겨준다.
★ 36:40 영상으로 보기

푸르시오 Time!

Q "편물 윗부분이 좁아졌어요"

A
- 콧수가 줄어든 건 아닌지 한 단씩 풀면서 확인하세요.
  ★ 총 45코입니다.
- 항상 일정한 크기로 긴뜨기해 주세요.

Q "편물 윗부분이 넓어졌어요"

A
- 콧수가 늘어난 건 아닌지 한 단씩 풀면서 확인하세요.
  ★ 총 45코입니다.
- 항상 일정한 크기로 긴뜨기해 주세요.

Q "빼뜨기로 연결하는데 콧수가 안 맞아요"

A
- 빼뜨기로 연결할 때 빠뜨린 코가 있는지 한 코씩 풀면서 확인하세요.
- 한 단씩 풀면서 콧수가 맞는지 세어보세요.

check-list

- ☑ 기초코는 8호 코바늘로, 1단부터는 7호 코바늘로 뜹니다.

- ☑ 짧은뜨기 기둥코는 콧수로 세지 않습니다.

- ☑ 긴뜨기 기둥코는 콧수로 셉니다.

- ☑ 홀수단을 뜰 때는 긴뜨기 먼저, 짝수단을 뜰때는 짧은뜨기 먼저 뜹니다.

응용1 온 가족 비니(아동용)

" 응용 레시피를 참고해서
머리에 맞게 콧수, 단수를
조절하세요.

	실	울러버 90g(1볼로 1개 가능)
	색상	10 그레이
	바늘	모사용 코바늘 7호, 기초코는 8호
	사이즈	높이 17cm, 둘레 47cm
	응용 레시피	① 기초코 사슬뜨기40 한다. ② 긴뜨기이랑뜨기35, 짧은뜨기이랑뜨기5 해서 50단까지 뜬다.

응용2 온 가족 비니(성인 남성용)

" 응용 레시피를 참고해서
머리에 맞게 콧수, 단수를
조절하세요.

	실	울러버 130g(2볼로 1개 가능)
	색상	12 다크 네이비
	바늘	모사용 코바늘 7호, 기초코는 8호
	사이즈	높이 23cm, 둘레 51cm
	응용 레시피	① 기초코 사슬뜨기50 한다. ② 긴뜨기이랑뜨기45, 짧은뜨기이랑뜨기5 해서 54단까지 뜬다.

기본 다용도 물결매트

영상으로 배우기

> " 1단 뜨고 편물 뒤집고, 2단 뜨고 편물 뒤집고…
> 콧수 변화 없는 평면뜨기가 지루하게 느껴질 때,
> 이 물결매트를 한번 떠보세요.
>
> 하나의 단에서 콧수를 늘리고 줄이면
> 예쁜 물결 무늬가 만들어진답니다.
>
> 정수기나 전자레인지 덮개로 활용 가능하고,
> 크기를 키우면 담요로도 예쁜 패턴입니다.

	기법	시작 매듭, 사슬뜨기, 한길긴뜨기, 한길긴뜨기2코넣어뜨기, 한길긴뜨기3코넣어뜨기, 한길긴뜨기2코모아뜨기
	실	아이돌 60g(1볼 + 1볼 + 1볼로 2개 가능)
	색상	33 카레브라운 + 53 파스텔연베이지 + 30 물빠진데님
	바늘	모사용 코바늘 5호
	사이즈	가로 30cm, 세로 24cm
	응용 레시피	미니 테이블 매트, 주방용 덮개

239쪽 미니 테이블 매트

239쪽 주방용 덮개

실 사용 tip!

- 물결매트는 단색으로 만들어도 좋지만 이렇게 배색을 하면 독특하고 예뻐요.
  취향에 따라 더 여러 가지 색으로 배색해도 좋습니다.

초보 탈출 tip!

- 8단 마지막 코에서 실 색상을 바꿉니다. 한길긴뜨기 미완성 코에서 실을 바꾸는데요,
  실을 다 쓰고 다음 실로 연결할 때도 이 방법을 사용합니다.

푸르시오 방지 tip!

- 한길긴뜨기4 하고 줄이고, 한길긴뜨기4 하고 늘립니다.
  콧수를 세면서 떠주세요.

뜨기 전 한눈에 보기

1 시작 매듭, 기초코, 1단 뜨기

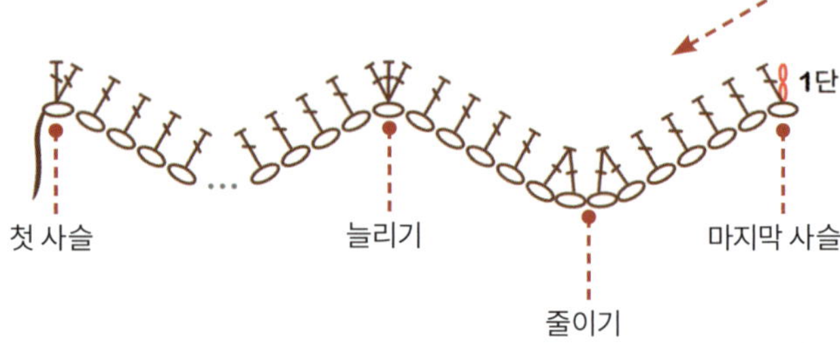

2 2단 뜨기

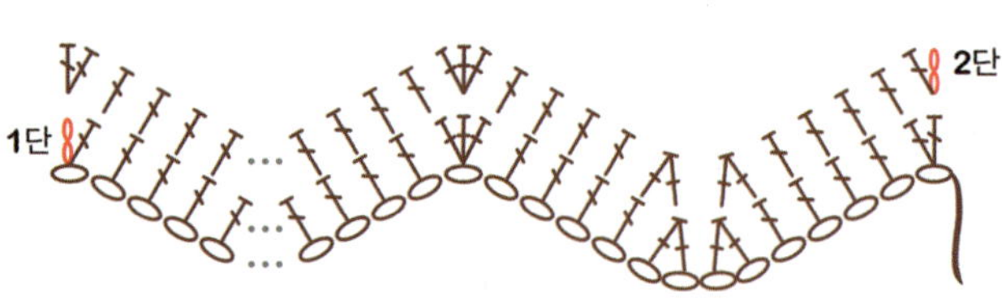

3 8단까지 뜨고 마지막 코에서 색 바꾸기

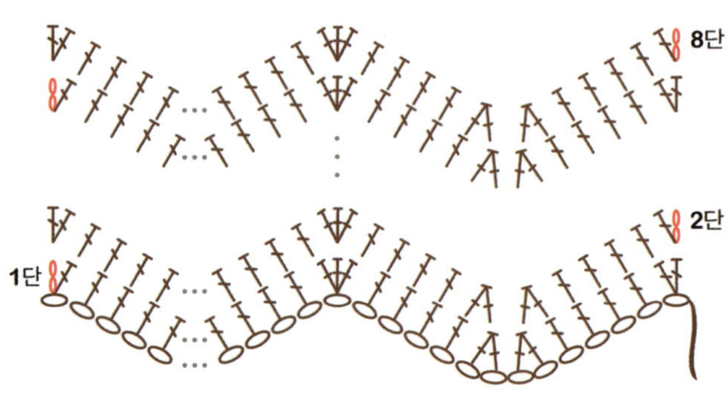

4 8단 더 뜨고 색 바꾸기

5 마지막 8단 뜨기

뜨개 레시피

시작 매듭, 기초코

1

시작 매듭을 만들고 사슬뜨기53 한다.

* 콧수 조절이 필요하다면 13의 배수 + 1 단위로 조절합니다.

1단 시작

2

기초코 마지막 사슬에 **기둥코(사슬2)** + 한길긴뜨기1 한다.

이때, 사슬의 코산과 뒤 반코에 바늘을 넣어서 뜬다.

* 79쪽 기초코에서 코산과 반코 줍기

1단

3

다음 사슬부터 한길긴뜨기4 한다.

1단 줄이기

4

한길긴뜨기2코모아뜨기2 한다.

1단

5

한길긴뜨기4 한다.

1단 늘리기

6

한길긴뜨기3코넣어뜨기1 한다.

7

과정 ③~⑥을 3번 반복한다. 이때, 마지막 코에는
한길긴뜨기2코넣어뜨기1 한다. (53코)

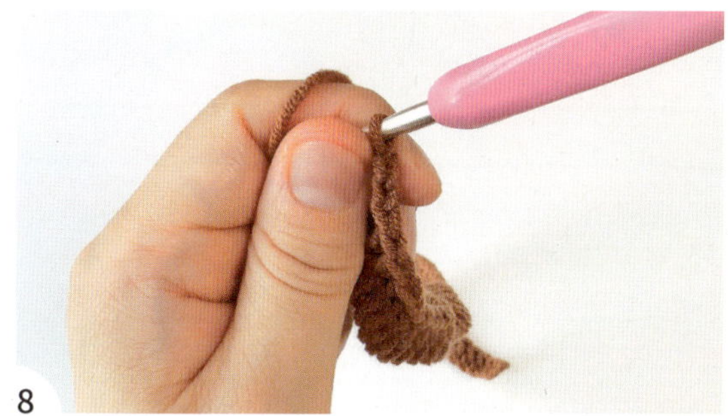

8

기둥코(사슬2)를 세우고, 편물을 뒤집는다.
＊ 편물을 뒤집을 때는 계속 같은 방향으로 돌리며 뒤집어야
모양이 균일하게 나와요.

9

기둥코와 같은 곳에 한길긴뜨기1 한다.

10

한길긴뜨기4 한다.

11

한길긴뜨기2코모아뜨기2 한다.

12

한길긴뜨기4 한다.

2단 늘리기

13

한길긴뜨기3코넣어뜨기1 한다.

2단 끝

14

과정 ⑩~⑬을 3번 반복한다. 이때, 마지막 코에는
한길긴뜨기2코넣어뜨기1 한다. (53코)

3~8단

15

같은 방법으로 8단까지 뜨고
8단의 마지막 한길긴뜨기코에서 두 번째 실로 바꾼다. (53코)
＊83쪽 실 연결하기

9~24단

16

두 번째 실로 16단까지 같은 방법으로 뜬다. 16단의 마지막
한길긴뜨기코에서 세 번째 실로 바꾼 후, 24단까지 뜬다. (53코)
＊8단씩 총 3번 뜹니다. 끝 매듭(사슬1)하고, 실을 잘라 돗바늘에
끼운 후 꼬리실을 숨겨준다.

237

푸르시오 Time!

Q "무늬가 제대로 나오지 않아요"

A
- 콧수를 줄이고 늘리는 위치가 어긋나지 않았는지 확인합니다.
  항상 한길긴뜨기4 하고 모으고, 한길긴뜨기4 하고 늘립니다.
- 첫 코와 마지막 코는 2코를 넣습니다.

Q "편물이 평평하지 않아요"

A
- 스팀을 쐬어주면 잘 펴집니다. 다리미를 살짝 띄워서 편물에
  스팀을 쐬어 준 뒤, 잠시후 손으로 펴주세요.

Q "모아뜨기가 예쁘지 않아요"

A
- 2코를 1코로 줄이기 때문에 코 머리가 커질 수 있습니다.
- 다른 코 머리와 크기가 비슷하게 나오도록 살짝 당겨가며 떠보세요.

Q "양 측면이 안으로 들어가는 형태가 돼요"

A
- 기둥코(사슬2)를 할 때 조금 느슨하게 떠보세요.
- 기둥코를 사슬 3개로 바꿔서 떠보세요.

check-list

☑ 첫 코에 기둥코 + 한길긴뜨기1 합니다.

☑ 마지막 코는 한길긴뜨기2코넣어뜨기1 합니다.

☑ 항상 한길긴뜨기4 하고 모아주고, 늘려줍니다.

☑ 8단 뜨고 마지막 코에서 실을 바꿉니다.

응용1 미니 테이블 매트

응용2 주방용 덮개

	실	아이돌 20g (1볼 + 1볼 + 1볼로 6개 가능)
	색상	28 에머랄드궁전 + 53 파스텔 연베이지 + 55 파스텔 자몽,
	바늘	모사용 코바늘 5호
	사이즈	가로 14cm, 세로 12cm
	응용 레시피	기초코 사슬뜨기27 하고 12단까지(4단씩, 3색) 뜬다.

	실	순면 콘사(고급형) 24합 120g (1콘으로 5개 가능)
	색상	무색
	바늘	모사용 코바늘 7호
	사이즈	가로 25cm, 세로 33cm
	응용 레시피	기초코 사슬뜨기40 하고 27단까지 뜬다.

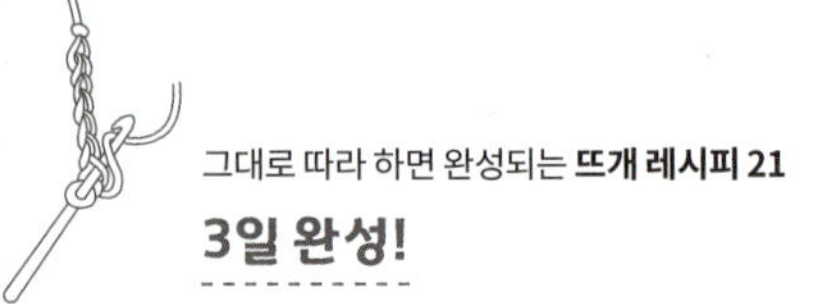

기본 핸들백

영상으로 배우기

" 저는 잠깐 외출할 때도 필수로 챙겨야 할 게 많은 편이라
이 정도 사이즈의 가방을 제일 많이 사용하는 것 같아요.

휴대폰, 보조배터리, 핸드크림, 자동차키 등
작은 소지품들을 넣고 외출하기 좋은 가방입니다.
핸들(손잡이)을 달아서 귀엽게 만들었어요.

응용으로 소개한 미니 사이즈는 코디 아이템으로도 좋답니다.
줄무늬 네트 파우치(194쪽)와 세트로 사용해보세요.

	기법	시작 매듭, 사슬뜨기, 짧은뜨기, 한길긴뜨기, 한길긴뜨기이랑뜨기
	실	단디 130g(2볼로 1개 가능)
	색상	724 검정(또는 701 아이보리)
	바늘	모사용 코바늘 7호
	사이즈	바닥 16cm, 바닥 폭 7.5cm, 높이 11cm
	응용 레시피	미니 핸들백, 겨울 토트백

249쪽 미니 핸들백

249쪽 겨울 토트백

실 사용 tip!

- 도톰한 실이지만 부드러운 편이에요.
  쫀쫀하게 뜨는 게 더 예쁩니다.

초보 탈출 tip!

- 직사각형 바닥을 뜰 때는 꼭짓점 네 곳에서 콧수를 늘려줍니다.
- 사슬뜨기1 하고 다음 코를 뜨지 않고 건너가면 빈칸이 만들어집니다.

푸르시오 방지 tip!

- [한길긴뜨기3사슬뜨기1]이 반복되는 패턴입니다.
- 빈칸은 전 단과 엇갈리는 위치에 만들어집니다. 빈칸의 위치를 확인하며 떠주세요.
- 몸통은 홀수단과 짝수단 마무리를 구분해서 떠주세요.

뜨기 전 한눈에 보기

1 시작 매듭, 기초코, 바닥 1단 뜨기

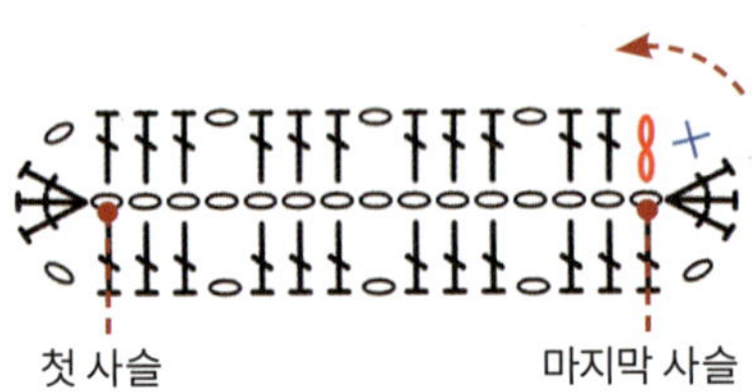

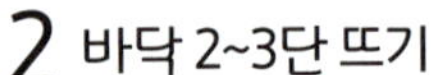

2 바닥 2~3단 뜨기

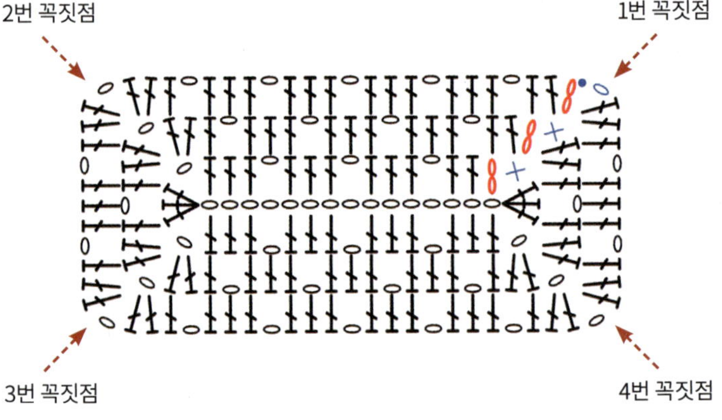

3 몸통 1~2단 뜨기

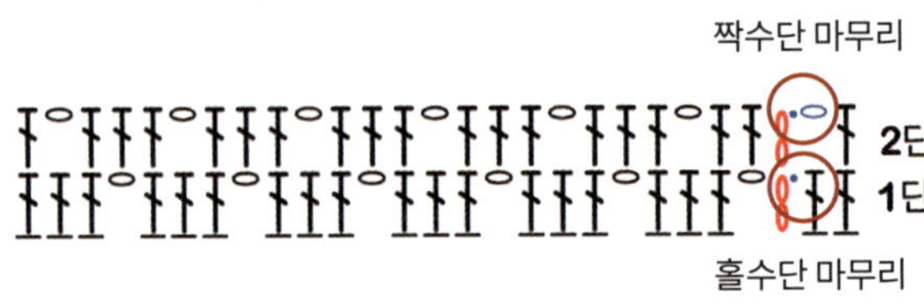

4 몸통 3~9단 뜨기

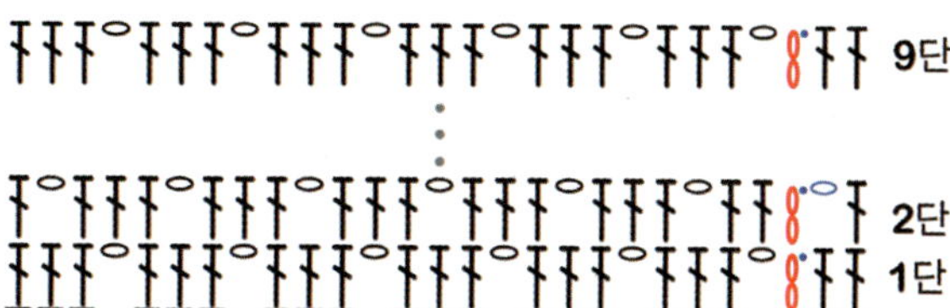

5 핸들 1~2단 뜨기(몸통 정면)

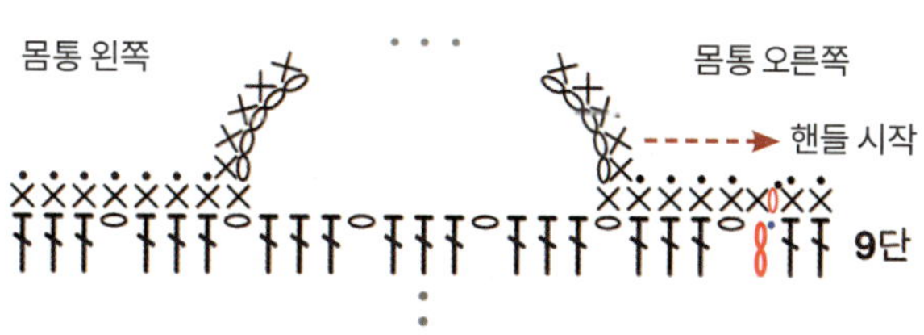

6 크로스끈 뜨기(몸통 측면) ＊핸들 1~2단 뜰 때 크로스끈도 같이 뜹니다.

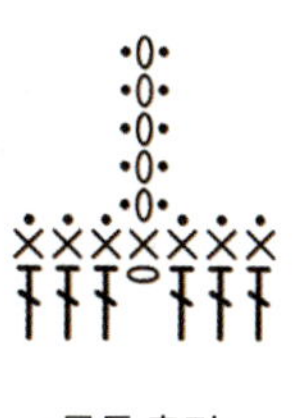

뜨개 레시피

시작 매듭, 기초코

1

시작 매듭을 만들고 사슬뜨기15 한다. **기둥코(사슬2)**를 세운다.
★ 콧수 조절이 필요하다면 ±4의 배수 단위로 조절합니다.

바닥 1단 시작(기초코 위)

2

다음 사슬부터 한길긴뜨기2사슬뜨기1 하고 [한길긴뜨기3
사슬뜨기1]를 3번 한다. 이때, 사슬의 코산과 뒤 반코에 바늘을
넣어서 뜨고 사슬뜨기1 다음 코는 건너간다.
★ 79쪽 기초코에서 코산과 반코 줍기

바닥 1단

3

과정 ②는 기초코 첫 번째 사슬에서 끝난다. 같은 코에
한길긴뜨기3코넣어뜨기1 + 사슬뜨기1 + 한길긴뜨기1 한다.

바닥 1단(기초코 아래)

4

한길긴뜨기2사슬뜨기1 하고, 이어서 [한길긴뜨기3사슬뜨기1]를
3번 한다. 이때, 다리 아래 남아있는 반코에 바늘 넣어서 뜬다.

바닥 1단 끝

5

과정 ④는 기초코 마지막 사슬에서 끝난다. 같은 코에 한길긴뜨기
3코넣어뜨기1 하고 **기둥코** 두 번째 사슬에 짧은뜨기1 한다.

바닥 2단 시작

6

1번 꼭짓점에 **기둥코(사슬2)** + 한길긴뜨기1 한다.
이때, 짧은뜨기 아래 공간에 바늘 넣어서 뜬다.

바닥 2단(긴 변)

7

다음 코에 한길긴뜨기1사슬뜨기1 하고,
[한길긴뜨기3사슬뜨기1]를 3번, 이어서 한길긴뜨기1 한다.
* 다른 긴 변도 동일하게 진행해요.

바닥 2단(짧은 변)

8

2번 꼭짓점에 한길긴뜨기2 + 사슬뜨기1 + 한길긴뜨기2 한다.
이때, 사슬 아래 공간에 바늘 넣어서 뜬다.
이어서 짧은 변은 한길긴뜨기1사슬뜨기1한길긴뜨기1 한다.
* 3, 4번 꼭짓점과 다른 짧은 변도 동일하게 진행합니다.

바닥 2단 끝

9

1번 꼭짓점에 돌아오면 한길긴뜨기2 하고 **기둥코** 두 번째 사슬에
짧은뜨기1 한다. 이때, 짧은뜨기 아래 공간에 바늘 넣어서 뜬다.

바닥 3단

10

3단은 2단과 같은 패턴(한길긴뜨기3사슬1)으로 뜬다.
1번 꼭짓점에 돌아오면 한길긴뜨기2 + 사슬뜨기1 하고
기둥코 두 번째 사슬에 빼뜨기한다. * 242쪽 2번 도안 참고

몸통 1단(홀수단) 시작

11

기둥코(사슬2)사슬뜨기1 한다.
이어서 [한길긴뜨기이랑뜨기3사슬뜨기1]를 반복한다.

몸통 1단(홀수단) 끝

12

마지막 2코가 남았을 때 한길긴뜨기2 하고 **기둥코** 두 번째 사슬에
빼뜨기한다.

몸통 2단(짝수단) 시작

13

기둥코(사슬2)한길긴뜨기2사슬뜨기1 한다.
이어서 [한길긴뜨기3사슬뜨기1]를 반복한다.

몸통 2단(짝수단) 끝

14

마지막 한 코가 남았을 때, 사슬뜨기1 하고 **기둥코** 두 번째 사슬에
빼뜨기한다.

몸통 3~9단

15

1~2단과 같은 방법으로 9단까지 뜬다.
이때, 홀수단과 짝수단을 구분해서 뜬다.

핸들 1단

16

몸통은 **기둥코(사슬1)** + 짧은뜨기로 시작하고, 이어서 짧은뜨기5
한다(핸들 기준 오른쪽). 핸들은 사슬뜨기20 하고 몸통에
짧은뜨기로 연결한다. 이어서 짧은뜨기12 한다(핸들 기준 왼쪽).
＊ 35:15 핸들 다는 위치 영상으로 보기

크로스끈 1단

17

몸통 측면 가운데 코에서 사슬뜨기180 이상 한 후,
반대편 측면 가운데 코에 짧은뜨기로 연결한다.
＊ 크로스끈은 신체 길이에 맞게 콧수를 조절해도 좋아요.

핸들 1단

18

이어서 몸통에 짧은뜨기6 하고, 첫 코에 빼뜨기한다
(핸들 기준 오른쪽).

핸들 2단

19

몸통은 한 코에 하나씩 빼뜨기하고(핸들 기준 오른쪽),
핸들 사슬을 감싸하면서 짧은뜨기20 한다.
이어서 한 코에 하나씩 빼뜨기한다(핸들 기준 왼쪽).

크로스끈 2단~마무리

20

크로스끈(사슬)을 만나면, 한 코에 하나씩 빼뜨기한다.
이어서 몸통의 마지막 코까지 한 코에 하나씩 빼뜨기한다
(핸들 기준 오른쪽). 실을 자르고 돗바늘에 끼운 후
사슬 모양으로 마무리한다. * 84쪽 작품 마무리하기

반대편 핸들 1단

21

크로스끈 첫 코에 바늘을 넣고, 실을 새로 가져와서
몸통부터 뜬다. 몸통은 짧은뜨기12 하고(핸들 기준 오른쪽),
핸들은 사슬뜨기20 해서 몸통에 짧은뜨기로 연결한다.
이어서 몸통에 짧은뜨기12 한다(핸들 기준 왼쪽).

반대편 크로스끈 2단

22

크로스끈(사슬)을 만나면, 남아 있는 반코에 한 코에 하나씩
빼뜨기한다.

반대편 핸들 2단

23

이어서 몸통은 한 코에 하나씩 빼뜨기하고(핸들 기준 오른쪽),
핸들은 사슬을 감싸면서 짧은뜨기20 한다.

반대편 핸들 2단~마무리

24

이어서 몸통 마지막 코까지 한 코에 하나씩 빼뜨기한다
(핸들 기준 왼쪽). 실을 자르고 돗바늘에 끼운 후
사슬 모양으로 마무리한다. * 84쪽 작품 마무리하기

푸르시오 Time!

Q "바닥이 우글우글해요"

A
- 좀 더 쫀쫀하게 떠보세요.
- 꼭짓점에서 콧수를 잘 늘렸는지 확인하세요.

Q "핸들이 예쁘게 떠지지 않아요"

A
- 사슬을 감싸면서 짧은뜨기할 때
  최대한 일정한 크기로 나올 수 있도록 뜹니다.
- 손잡이의 코와 코 사이의 간격이 일정하도록 손으로 쓸어주세요.

Q "끈이 꼬였어요"

A
- 끈을 만들 때 사슬이 꼬이지 않아야 합니다.
- 사슬 앞면이 보이도록 정돈한 후에 짧은뜨기로 연결해 주세요.

Q "크로스끈이 너무 짧아졌어요"

A
- 사슬뜨기로 끈을 달고 다음 단에서 빼뜨기를 하면 조금 줄어듭니다.
  사슬을 10개 정도 여유 있게 만드세요.

check-list

☑ 기둥코는 한길긴뜨기1 와 같습니다.

☑ 바닥 마지막단은 사슬뜨기1, 빼뜨기로 끝납니다.

☑ 몸통 홀수단은 빼뜨기로, 짝수단은 사슬뜨기1, 빼뜨기로 끝납니다.

응용 1 미니 핸들백

" 실 1볼이 부족하지 않도록
쫀쫀하게 떠주세요.
줄무늬 네트 파우치를
이너백으로 활용해도 좋습니다.

	실	단디 70g(1볼로 1개 가능)
	색상	724 블랙
	바늘	모사용 코바늘 7호
	사이즈	바닥 11cm, 바닥 폭 7.5cm, 높이 9.5cm
	응용 레시피	① 기초코 사슬뜨기15 한다. ② 바닥 3단, 몸통 7단까지 뜬다. ③ 핸들(사슬15), 크로스끈 (사슬180~)을 만든다. * 49:16 영상으로 보기

응용 2 겨울 토트백

" 도톰한 실이라서 작게 떠도
단디 실보다 크게 나옵니다.
포근한 무드의 겨울 토트백으로
활용해보세요.

	실	버디버디 150g(2볼로 1개 가능)
	색상	02 크림베이지
	바늘	모사용 코바늘 10호
	사이즈	바닥 15cm, 바닥 폭 10cm, 높이 12cm
	응용 레시피	① 기초코 사슬뜨기15 한다. ② 바닥 3단, 몸통 7단까지 뜬다. ③ 핸들(사슬15)을 만든다.

기본 줄무늬 스트링백

영상으로 배우기

> " 제가 네트 다음으로 좋아하는 패턴이 바로 줄무늬랍니다.
> 그래서 책에 줄무늬 가방을 꼭 소개하고 싶었어요.
>
> 처음에 이 가방을 구상할 때는 에코백 스타일이였는데,
> 몸통을 다 뜨고 윗부분을 한번 조여 봤더니
> 모아지는 모양이 예쁘더라고요.
>
> 조임끈을 길게 만들어 어깨끈으로 쓸 수 있도록 했어요.
> 끈을 따로 뜨지 않아도 돼서 쉽고 깔끔한 가방입니다.

	기법	시작 매듭, 사슬뜨기, 빼뜨기, 짧은뜨기, 한길긴뜨기
	실	통통이 코튼 180g (바탕색 2볼 + 줄무늬색 1볼, 3볼로 1개 가능)
	색상	35 까망통통 + 01 내추럴아이보리 (또는 32 네이비데님 + 01 내추럴아이보리)
	바늘	모사용 코바늘 7호
	사이즈	가로 23cm, 세로 26cm
	응용 레시피	미니 크로스백

259쪽 미니 크로스백

실 사용 tip!

- 부드러운 면사입니다. 몸통은 한 겹으로 떴지만 끈은 사슬뜨기로만 만들기 때문에 약할 수 있어요. 실을 두 겹으로 잡고 떠주세요.

초보 탈출 tip!

- 이렇게 겉을 보면서 한 방향으로 뜰 때는 첫 코 자리가 이동을 해서 사선으로 올라갑니다. 이는 코바늘 뜨개에서는 자연스러운 현상이에요. 이 부분을 가방의 뒷면으로 사용하세요.

푸르시오 방지 tip!

- 바탕색 2단은 한길긴뜨기로, 줄무늬 1단은 짧은뜨기로 떴습니다. 단수를 체크하면서 떠주세요.

뜨기 전 한눈에 보기

1 시작 매듭, 기초코 뜨기

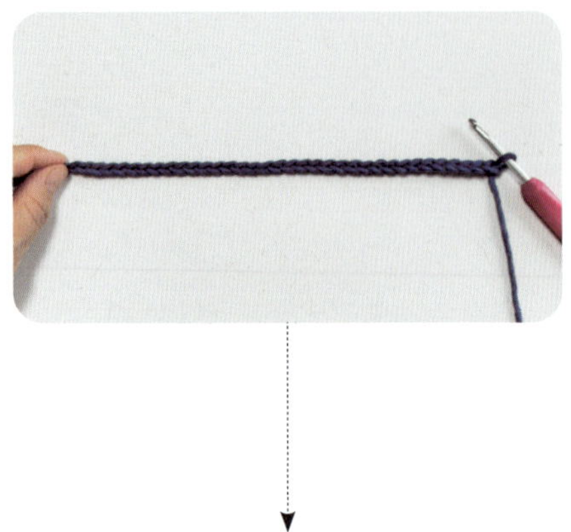

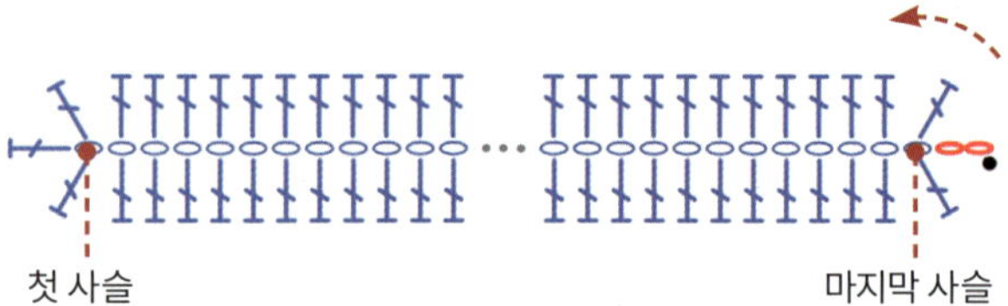

2 바닥 뜨기

3 몸통 1세트 뜨기(바탕색 2단, 줄무늬 1단)

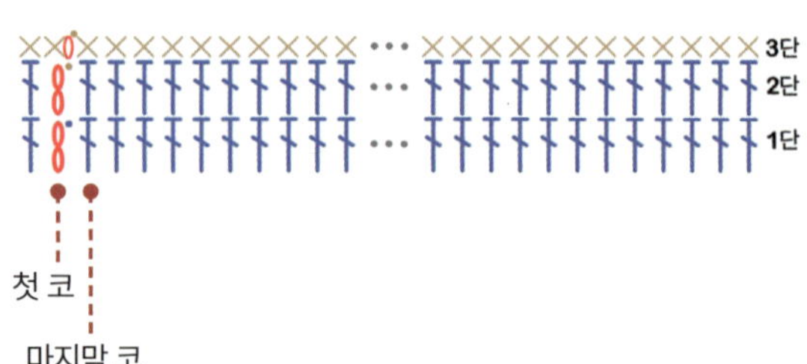

4 총 8세트 뜨기

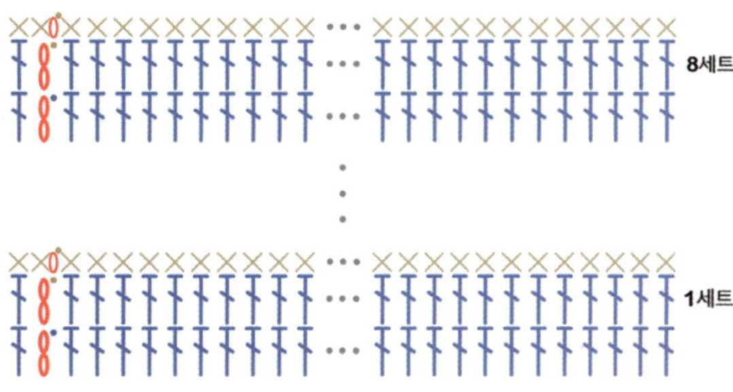

5 바탕색 3단 더 뜨고, 빼뜨기 1단 뜨기

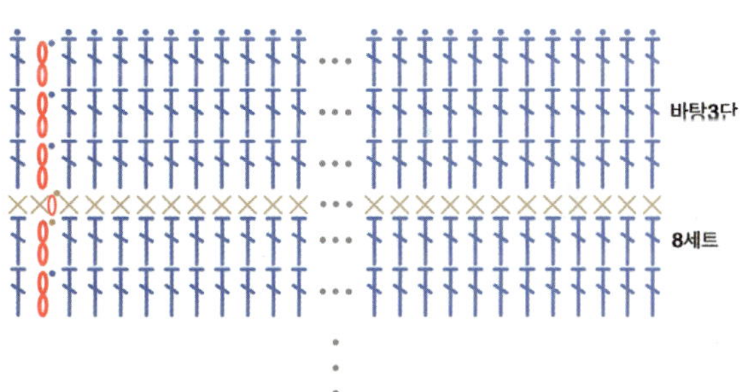

6 조임끈 끼우기

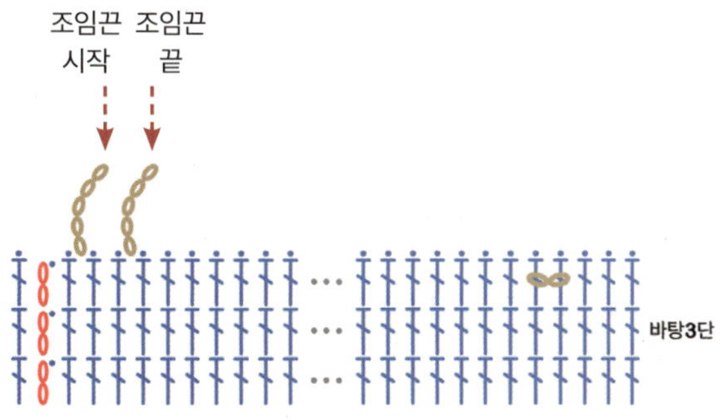

뜨개 레시피

시작 매듭, 기초코

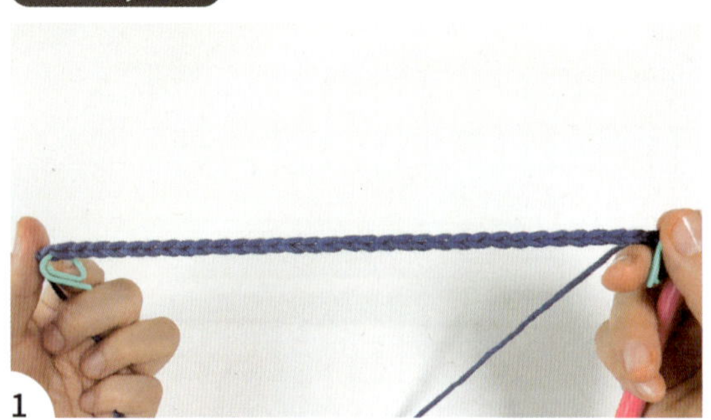

1

시작 매듭을 만들고 사슬뜨기35 한다.

* 콧수 조절이 필요하다면 ±2의 배수 단위로 조절합니다.

바닥 시작

2

기초코 마지막 사슬에 **기둥코(사슬2)** + 한길긴뜨기1 한다.

이때, 사슬의 코산과 뒤 반코에 바늘을 넣어서 뜬다.

* 79쪽 기초코에서 코산과 반코 줍기

바닥(기초코 위)

3

다음 코부터 한길긴뜨기33 한다.

바닥

4

기초코 첫 번째 사슬에 한길긴뜨기3 한다.

바닥(기초코 아래)

5

다음 사슬부터 다리 아래 남아있는 반코에 한길긴뜨기33 한다.

바닥 끝

6

기초코 마지막 사슬에 돌아오면 한길긴뜨기1 하고

기둥코두 번째 사슬에 빼뜨기한다. **(72코)**

몸통 1단 시작(바탕색)

7

기둥코(사슬2)를 세운다.

몸통 1단(바탕색)

8

다음 코부터 한길긴뜨기71 한다.

몸통 1단 끝(바탕색)

9

기둥코 두 번째 사슬에 빼뜨기한다. (72코)

몸통 2단(바탕색)

10

1단과 같은 방법으로 뜬다. 이때, 마지막 한길긴뜨기코에서
실을 바꾼다. * 83쪽 실 연결하기

몸통 3단 시작(줄무늬)

11

기둥코 두 번째 사슬에 빼뜨기하고, 첫 코에 기둥코(사슬1) +
짧은뜨기1 한다.

몸통 3단 끝 (줄무늬)

12

다음 코부터 짧은뜨기71 하고, 첫 코에 빼뜨기할 때 실을 바꾼다.
(72코) * 몸통 1~3단이 1세트예요. * 14:28 영상으로 보기

몸통 4~24단

13

몸통 1~3단과 같은 방법으로 7세트 더 뜬다. (72코)

몸통 25~27단

14

바탕색으로 3단 더 뜬다. (72코)

마무리

15

마지막 코까지 한 코에 하나씩 빼뜨기한다. 실을 자르고
돗바늘에 끼운 후 사슬 모양으로 마무리한다.
* 84쪽 작품 마무리하기

조임끈

16

실을 두 겹으로 잡고, 사슬뜨기150 한다.
* 조임끈은 신체 길이에 맞게 콧수를 조절해도 좋아요.

17

조임끈을 가방 안쪽으로 넣고(27단 마지막 코 오른쪽), 16코를
건너서 가방 바깥으로 뺀다. 2코를 걸고 다시 가방 안쪽으로
넣는다. 같은 방법으로 2번 반복한 후, 16코를 건너서 조임끈을
가방 바깥으로 뺀다.

18

조임끈 끝 부분을 매듭으로 묶고 잘라 마무리한다.
* 어깨에 맞게 길이를 조절하세요.

푸르시오 Time!

Q "가방 윗부분이 좁아졌어요"

A
- 콧수가 줄어든 건 아닌지 한 단씩 풀면서 확인하세요.
  ★ 총 72코입니다.
- 짧은뜨기 단(줄무늬 단)에서 첫 코를 잘 넣었는지 확인하세요.

Q "가방 윗부분이 넓어졌어요"

A
- 콧수가 늘어난 건 아닌지 한 단씩 풀면서 확인하세요.
  ★ 총 72코입니다.
- 빼뜨기코에는 뜨지 않습니다.

Q "조임끈 끼우는데 콧수가 안 맞아요"

A
- 콧수가 늘어나거나 줄어든 건 아닌지 한 단씩 풀면서 확인하세요.
- 조임끈 끼우는 위치가 맞는지 확인해보세요.
  16코 건너고 2코 걸어줍니다.

check-list

☑ 한길긴뜨기 기둥코는 콧수로 셉니다.

☑ 짧은뜨기 기둥코는 콧수로 세지 않습니다.

☑ 빼뜨기코는 콧수로 세지 않습니다.

☑ 바탕색 2단, 줄무늬 1단이 1세트입니다.

☑ 바탕색을 뜨다가 줄무늬로 바꿀 때는
마지막 한길긴뜨기코에서, 줄무늬를 뜨다가 바탕색으로
바꿀 때는 빼뜨기코에서 실을 바꿉니다.

응용 미니 크로스백

66 사이즈를 줄여
크로스백으로 메도
귀엽습니다.
콧수가 줄어서
조임끈 넣는 위치가
달라지니 주의하세요.

실	통통이 코튼 100g(바탕색 1볼 + 줄무늬색 1볼, 2볼로 1개 가능)	
색상	01 내추럴아이보리 + 35 까망통통	
바늘	모사용 코바늘 7호	
사이즈	가로 17cm, 세로 18cm	
응용 레시피	① 기초코 사슬뜨기25 한다. ② 바닥 1단, 몸통 18단까지(3단씩 5세트 + 바탕색 3단) 뜬다. ③ 조임끈(사슬170~)을 만든다. * 조임끈을 넣을 때는 11코 건너고 2코 겁니다. * 28:40 영상으로 보기	

기본 데일리 망태기 가방

영상으로 배우기

> 제가 뜬 망태기 가방 중에서 가장 인기 있었던
> '여름 망태기 가방'의 새로운 버전을 소개할게요.
>
> 탄탄한 느낌을 더해줄 도톰한 실을 사용했고,
> 바닥 시작 부분과 끈을 쉽게 바꾸었습니다.
>
> 아래로 볼록하게 처지는 스타일로
> 부드러운 모양의 가방이에요.
> 각진 물건보다는 실을 담았을 때 가장 예쁩니다.

	기법	매직링, 사슬뜨기, 빼뜨기, 짧은뜨기, 한길긴뜨기, 한길긴뜨기3코넣어뜨기, 한길긴뜨기2코모아뜨기
	실	순면(고급형) 24합 300g(1콘으로 2개 가능) / 더코튼 250g(2콘으로 1개 가능)
	색상	무색(또는 베이지)
	바늘	모사용 코바늘 7호
	사이즈	바닥 24cm, 높이 20cm
	응용 레시피	미니 망태기 가방, 배색하기

269쪽 미니 망태기 가방

269쪽 배색하기

실 사용 tip!

- 면사는 튼튼한 대신 장시간 뜨면 손가락에 자국도 생기고 아파요.
  하루에 조금씩, 천천히 여유롭게 뜨는 걸 추천합니다.

초보 탈출 tip!

- 망태기 가방은 몸통에서 콧수를 늘리는 부분은 위로 뾰족하게 올라오고,
  콧수를 줄이는 부분은 아래로 쏙 들어갑니다.
  늘리는 만큼 줄이기 때문에 콧수 변화는 없습니다.

푸르시오 방지 tip!

- 바닥에서 빼뜨기코에 한길긴뜨기1 를 합니다.
  원래 빼뜨기코에는 뜨지 않지만, 변형한 도안입니다.
- 콧수를 늘리는 꼭짓점 부분은 눈으로도 잘 봐두고,
  가운데 코에 단수링을 걸어 꼭 표시해 주세요.

뜨기 전 한눈에 보기

1 매직링, 바닥 1~3단 뜨기

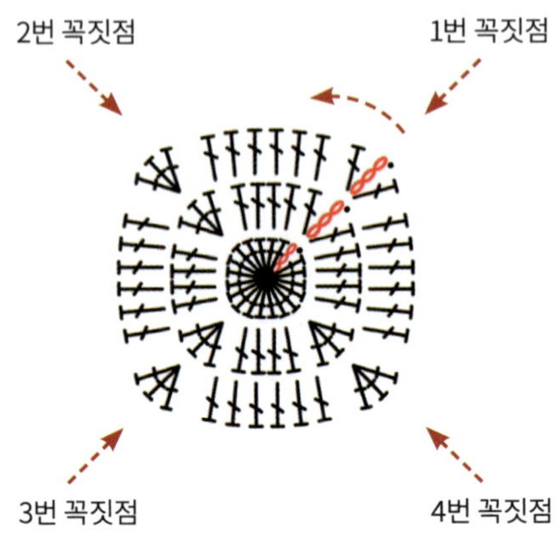

2 같은 방법으로 바닥 13단까지 뜨기

3 몸통 1~3단 뜨기

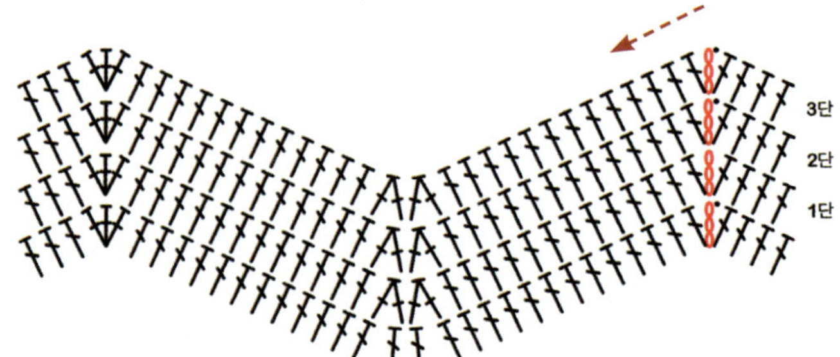

4 같은 방법으로 몸통 13단까지 뜨기

5 끈 바깥쪽 1~3단 뜨기

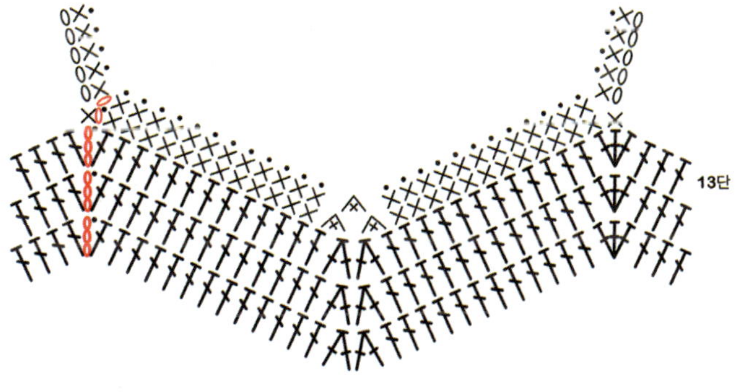

6 끈 안쪽 1~3단 뜨기

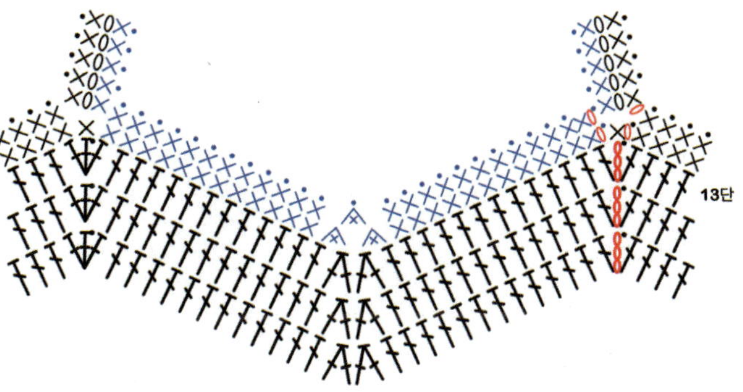

뜨개 레시피

1

매직링 만들고 **기둥코(사슬3)**를 세운다. 매직링 안에 바늘을 넣어 한길긴뜨기19 하고 **기둥코** 세 번째 사슬에 빼뜨기한다. **(20코)**

2

1번 꼭짓점에 **기둥코(사슬3)** + 한길긴뜨기1 한다.

3

1번 변에 한길긴뜨기4 한다.
★ 모든 변 동일하게 진행해요.

4

2번 꼭짓점에 한길긴뜨기3코넣어뜨기1 한다.
★ 3, 4번 꼭짓점도 동일하게 진행해요.

5

과정 ③~④를 반복한다.
1번 꼭짓점에 돌아와 빼뜨기코를 만난다.

6

빼뜨기코에 한길긴뜨기1 하고 **기둥코** 세 번째 사슬에 빼뜨기한다.
(28코) 같은 방법으로 바닥 13단까지 뜬다. **(116코)**
★ 단마다 8코씩 증가(한 변에 2코씩 증가)합니다.

몸통 1단 시작

7

1번 꼭짓점에 **기둥코(사슬3)** + 한길긴뜨기1 한다.

몸통 1단

8

1번 변은 한 코에 하나씩 한길긴뜨기한다. 중앙에서만
한길긴뜨기2코모아뜨기2 한다. * 모든 변 동일하게 진행해요.

9

2번 꼭짓점에서 한길긴뜨기3코넣어뜨기1 한다.
* 3, 4번 꼭짓점도 동일하게 진행해요.

몸통 1단 끝~13단

10

과정 ⑧~⑨를 반복한다. 1번 꼭짓점에 돌아오면 빼뜨기코에
한길긴뜨기1 하고, **기둥코**에 세 번째 사슬에 빼뜨기한다.
(116코) 같은 방법으로 몸통 13단까지 뜬다. (116코)

끈 1단

11

1번 끈은 1번 꼭짓점에서 **기둥코(사슬1)** + 짧은뜨기1 로 시작,
사슬뜨기110 하고 2번 꼭짓점에 짧은뜨기로 연결한다.
* 끈은 신체 길이에 맞게 콧수를 조절해도 좋아요.

12

몸통은 한 코에 하나씩 짧은뜨기하고, 중앙에서만 짧은뜨기2코
모아뜨기2 한다. 과정 ⑪~⑫를 반복해서 2번 끈과 반대편 몸통을
뜬 후, 첫 코에 빼뜨기하면 끈 1단이 끝난다.
* 2번 끈은 3번 꼭짓점에서 짧은뜨기1로 시작, 사슬뜨기110 하고
4번 꼭짓점에 짧은뜨기로 연결합니다.

끈 2단

13

기둥코(사슬1)로 시작, 1번 끈(사슬)에 한 코에 하나씩
짧은뜨기한다. 이때, 사슬의 코산과 뒤 반코에 바늘을 넣어서
뜬다. * 79쪽 기초코에서 코산과 반코 줍기

14

몸통도 한 코에 하나씩 짧은뜨기한다. 중앙에서만
짧은뜨기2코모아뜨기1 한다. 과정 ⑬~⑭를 반복해서
2번 끈과 반대편 몸통을 뜬다.

끈 3단

15

1번 끈의 두 번째 코부터 한 코에 하나씩 빼뜨기한다.
끈의 첫 코, 마지막 코는 뜨지 않는다.

16

이어서 몸통도 한 코에 하나씩 빼뜨기한다. 과정 ⑮~⑯을
반복해서 2번 끈과 반대편 몸통을 뜬다. 실을 자르고 돗바늘에
끼운 후 사슬 모양으로 마무리한다. * 84쪽 작품 마무리하기

끈 안쪽 1단

17

1번 끈의 첫 코에 바늘을 넣고, 실을 새로 가져와서 몸통부터
뜬다. 몸통은 **기둥코(사슬1)** + 짧은뜨기1 로 시작, 한 코에 하나씩
짧은뜨기한다. 중앙에서만 짧은뜨기2코모아뜨기2 한다.

18

끈도 한 코에 하나씩 짧은뜨기하고, 몸통 첫 코에 빼뜨기하면
1단이 끝난다.

끈 안쪽 2단

19

몸통은 **기둥코(사슬1)** + 짧은뜨기1 로 시작, 한 코에 하나씩
짧은뜨기한다. 중앙에서만 짧은뜨기2코모아뜨기1 한다.

20

끈은 한 코에 하나씩 빼뜨기한다. 끈의 첫 코, 마지막 코는
뜨지 않는다. 몸통 첫 코에 빼뜨기하면 2단이 끝난다.

끈 안쪽 3단

21

몸통은 마지막 코까지 한 코에 하나씩 빼뜨기한다.
실을 자르고 돗바늘에 끼운 후 사슬 모양으로 마무리한다.
과정 ⑰~⑳을 반복해서 2번 끈 안쪽도 같은 방법으로 뜬다.
* 84쪽 작품 마무리하기

푸르시오 Time!

Q "바닥이 평평하지 않아요"

A
- 이 가방은 원래 아래로 볼록하게 처지는 디자인이랍니다.
- 너무 볼록하다면 손에 힘을 빼고 조금 느슨하게 떠보세요.

Q "네 변의 콧수가 달라요"

A
- 꼭짓점에서 3코를 넣었는지 확인하세요.
- 꼭짓점 3코 중에 가운데 코가 아닌 왼쪽이나 오른쪽 코에 3코를 넣은 건 아닌지 확인하세요.
- 단이 끝날 때 빼뜨기코에 한길긴뜨기 1개를 했는지 확인하세요.

Q "2코 모아뜨기 한 곳이 울퉁불퉁해요"

A
- 2코를 한 코로 모으기 때문에 코 크기가 커지면 예쁘지 않아요.
  코 머리 크기를 다른 코들과 비슷하게 떠보세요.

Q "끈이 꼬였어요"

A
- 끈을 만들 때 사슬이 꼬이지 않아야 합니다.
- 사슬 앞면이 보이도록 정돈한 후에 짧은뜨기로 연결해 주세요.

check-list

- ☑ 첫 번째 꼭짓점은 처음에 2코만 넣고 시작하고,
  나중에 빼뜨기코에 한길긴뜨기1 합니다.

- ☑ 바닥 콧수는 단마다 8코씩 증가합니다(한 변은 2코씩 증가).

- ☑ 몸통에서는 꼭짓점에서 2코 늘리고 변에서 2코를 줄이기 때문에
  콧수 변화가 없습니다.

- ☑ 끈은 다 뜨고 나면 조금 줄어듭니다.

응용 1 미니 망태기 가방

" 7호 코바늘 정도 사용하는 두께의
면사로 떠주세요.

실	더코튼 150g(1볼로 1개 가능)	
색상	903 라임	
바늘	모사용 코바늘 7호	
사이즈	바닥 18cm, 높이 14cm	
응용 레시피	① 기본 레시피와 같은 방법으로 시작해서 바닥 10단까지 뜬다. ② 몸통 10단까지 뜬다. ③ 끈(사슬50)을 만든다.	

응용 2 배색하기

" 배색을 넣어도 예쁜 디자인이에요.
나만의 개성을 더해보세요.

실	울러버 120g (1볼 + 1볼 + 1볼로 2개 가능)	
색상	12 다크네이비 + 8 베이지 + 26 카멜브라운	
바늘	모사용 코바늘 7호	
사이즈	바닥 18cm, 높이 14cm	
응용 레시피	① 기본 레시피와 같은 방법으로 시작해서 바닥 10단까지 뜬다. ② 몸통 10단까지 뜬다. ③ 끈(사슬50)을 만든다. **배색하기** ① 바닥은 첫 번째 실로 시작 ② 바닥 마지막 단, 마지막 한길긴뜨기에서 두 번째 실로 배색 ③ 몸통 마지막 단, 마지막 한길긴뜨기에서 세 번째 실로 배색	

기본 내추럴 빅 네트백

제가 뜬 가방 중에
가장 큰 가방이에요.
이 가방 메고 1박 2일 여행을
떠나고 싶어요.

네트 무늬라서 비교적
빠르게 완성할 수 있고
가벼운 실을 사용해
무겁지 않은 가방입니다.

바닥은 촘촘한 네트로 튼튼하게,
몸통은 커다란 네트로 시원하게
디자인 했습니다.
보부상 분들 마음에 들었으면
좋겠어요.

영상으로 배우기

	기법	시작 매듭, 사슬뜨기, 빼뜨기, 짧은뜨기, 한길긴뜨기, 빼뜨기이랑뜨기, 한길긴뜨기뒤걸어뜨기, 두길긴뜨기
	실	단디 450g(6볼로 1개 가능)
	색상	724 블랙
	바늘	모사용 코바늘 7호
	사이즈	가로 40cm, 세로 30cm, 바닥 폭 18cm
	응용 레시피	비치 네트백

279쪽 비치 네트백

실 사용 tip!

- 도톰한 실이지만 부드럽고 가벼운 편이에요.
- 쫀쫀하게 뜨는 게 더 예뻤어요.
- 다른 실로 뜨고 싶다면 7호 정도 사용하는 실을 선택하세요.

초보 탈출 tip!

- 사슬뜨기 1개를 하고 한 코를 건너면 작은 빈칸, 사슬뜨기 3개를 하고 3코를 건너면 큰 빈칸이 만들어집니다.
  건너는 코의 개수에 따라 빈칸의 가로 크기가 달라져요.

푸르시오 방지 tip!

- 바닥에서 빼뜨기코에 한길긴뜨기1사슬뜨기1 를 합니다.
  원래 빼뜨기코에는 뜨지 않지만, 변형한 도안입니다.
- 몸통 1~2단, 몸통 17~18단은 작은 네트라 [한길긴뜨기1사슬뜨기1]가 반복되고,
  몸통 3~16단은 큰 네트라 [두길긴뜨기1사슬뜨기3]가 반복되는 패턴입니다.
  사슬뜨기 개수 헷갈리지 말고, 뜨지 않는 다리가 없도록 해주세요.

뜨기 전 한눈에 보기

1 시작 매듭, 기초코, 바닥 1단 뜨기

2 바닥 2~8단 뜨기

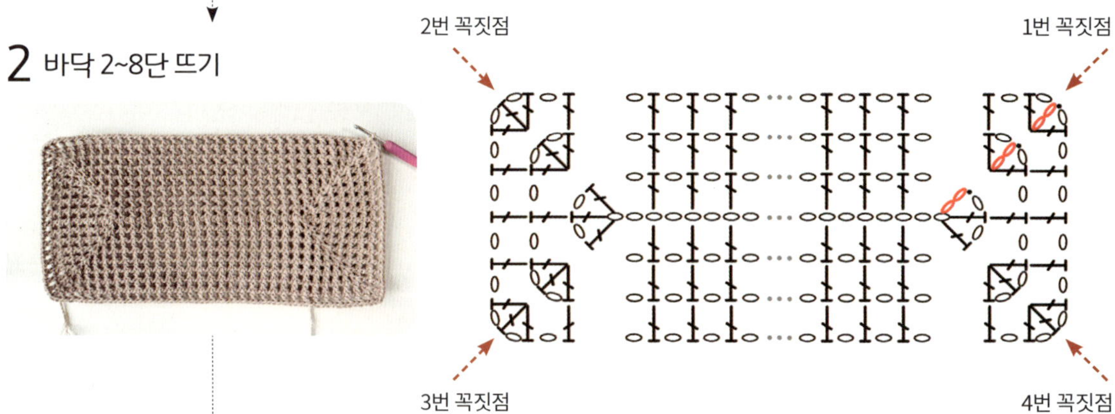

3 몸통 1~2단 뜨기(작은 네트)

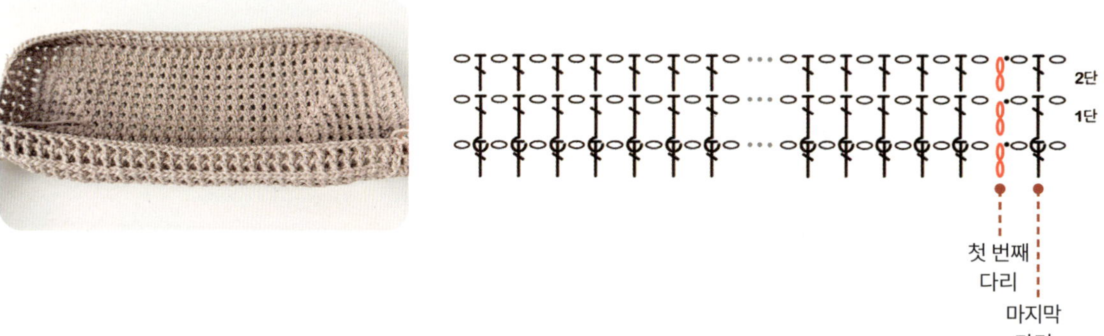

4 몸통 3~16단 뜨기(큰 네트)

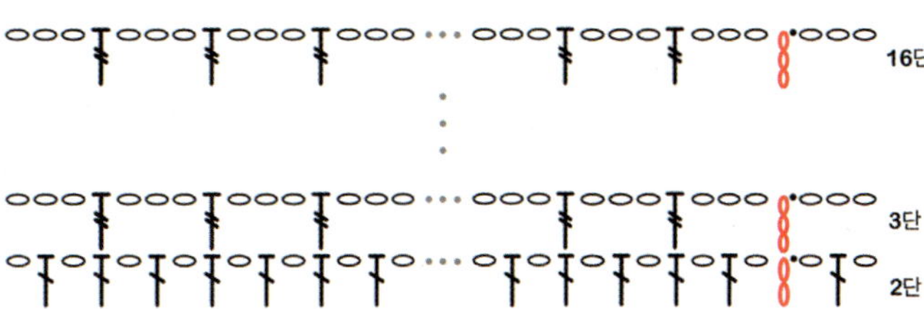

5 몸통 17~18단 뜨기(작은 네트)

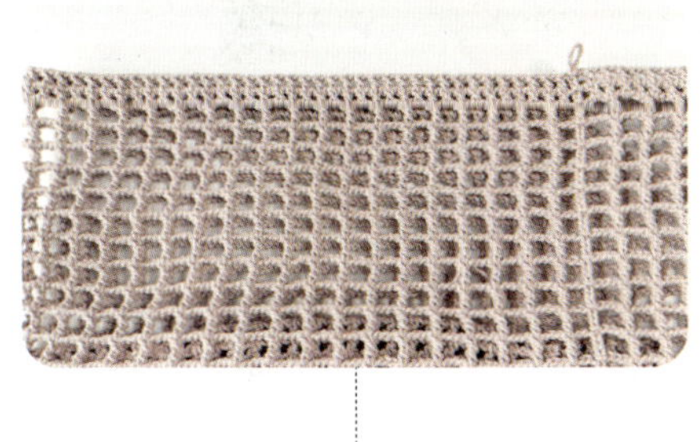

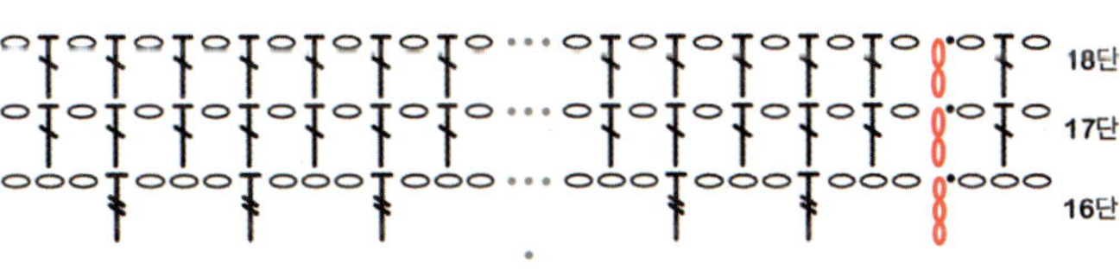

6 끈 바깥쪽 1~2단, 끈 안쪽 1~2단 뜨기

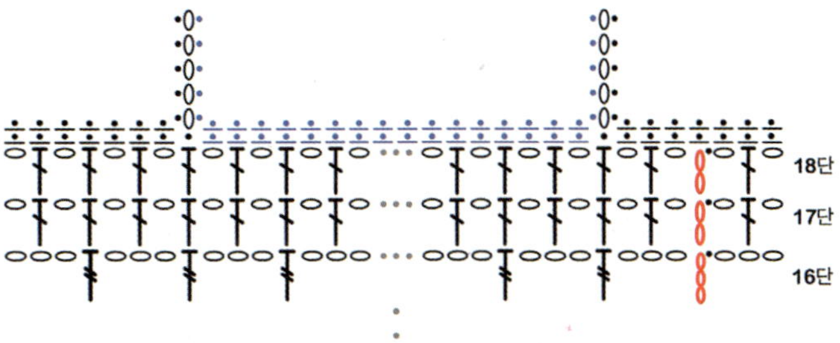

뜨개 레시피

시작 매듭, 기초코, 바닥 1단 시작

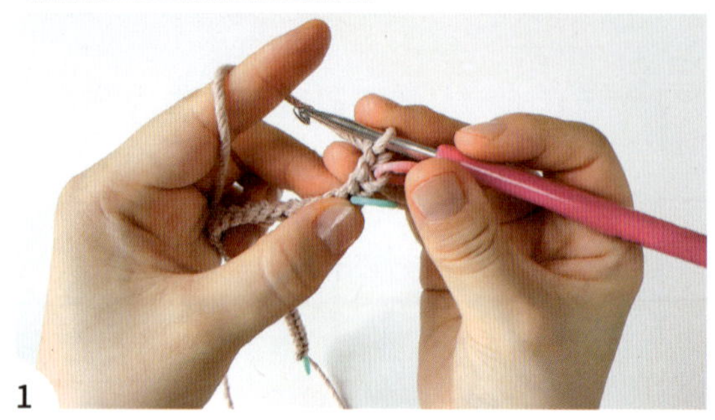

1

시작 매듭을 만들고 사슬뜨기37 한다.
* 콧수 조절이 필요하다면 ±4의 배수 단위로 조절합니다.
기초코 마지막 사슬에 **기둥코(사슬2)**사슬뜨기1 한다.

바닥 1단(기초코 위)

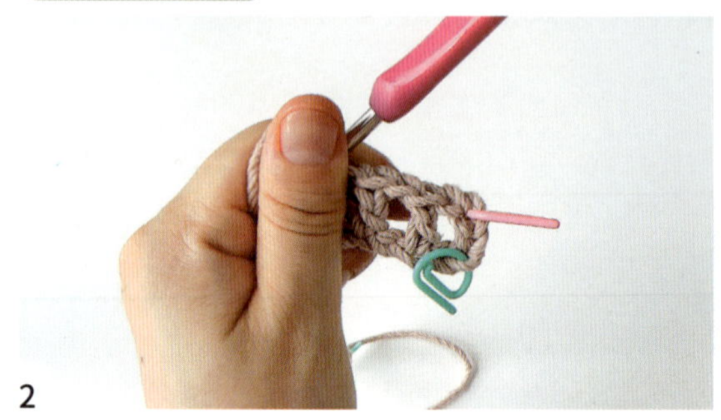

2

한 코 건너고 다음 사슬부터 [한길긴뜨기1사슬뜨기1]를 반복한다.
이때, 사슬의 코산 뒤 반코에 바늘을 넣어서 뜨고 사슬뜨기1 다음
코는 건너간다. * 79쪽 기초코에서 코산과 반코 줍기

바닥 1단

3

기초코 첫 번째 사슬에 [한길긴뜨기1사슬뜨기1]를 3번 한다.

바닥 1단(기초코 아래)

4

다리 아래쪽에 바늘을 넣어서 [한길긴뜨기1사슬뜨기1]를 반복한다.

바닥 1단 끝

5

기초코 마지막 사슬에 돌아오면 [한길긴뜨기1사슬뜨기1]를
2번 하고 **기둥코** 두 번째 사슬에 빼뜨기한다. **(다리 40개)**

바닥 2단 시작

6

1번 꼭짓점에 **기둥코(사슬2)**사슬뜨기1 + 한길긴뜨기1사슬뜨기1
한다.

바닥 2단

7

1번 변에는 [한길긴뜨기1사슬뜨기1]를 반복한다.
이때, 다리에 바늘을 넣어서 한길긴뜨기한다.
★ 다른 변도 동일하게 진행해요. ★ 13:13 영상으로 보기

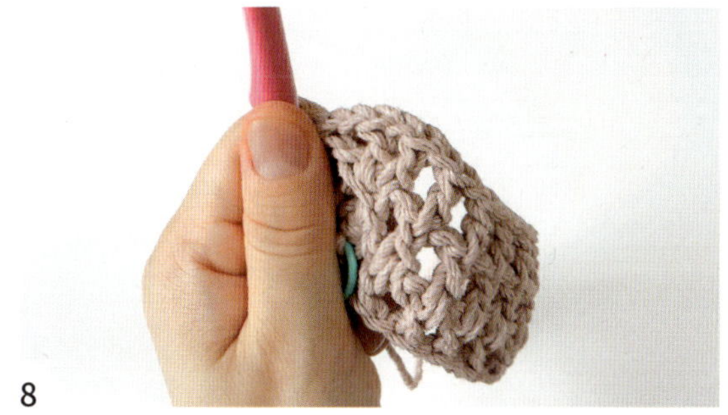

8

2번 꼭짓점에 [한길긴뜨기1사슬뜨기1]를 3번 한다.
★ 3, 4번 꼭짓점도 동일하게 진행해요.

바닥 2단 끝

9

빼뜨기코에 한길긴뜨기1사슬뜨기1 하고,
기둥코 두 번째 사슬에 빼뜨기한다. (다리 48개)

바닥 3~8단

10

2단과 같은 방법으로 8단까지 뜬다. (다리 96개)
★ 다리는 단마다 8개 증가(한 변에 2개씩 증가)합니다.

몸통 1단 시작

11

기둥코(사슬2)사슬뜨기1로 시작,
[한길긴뜨기뒤걸어뜨기1사슬뜨기1]를 반복한다.

몸통 1단 끝

12

마지막 다리까지 뜨고, **기둥코** 두 번째 사슬에 빼뜨기한다.
(다리 96개)

몸통 2단 시작

13

기둥코(사슬2)사슬뜨기1 로 시작, [한길긴뜨기1사슬뜨기1]를
반복한다.

몸통 2단 끝

14

마지막 다리까지 뜨고 **기둥코** 두 번째 사슬에 빼뜨기한다.
(다리 96개)

몸통 3단 시작

15

기둥코(사슬3)사슬뜨기3 로 시작, [두길긴뜨기1사슬뜨기3]을
반복한다.

몸통 3단 끝

16

기둥코 세 번째 사슬에 빼뜨기한다. (다리 48개)

몸통 3~16단

17

몸통 3단과 같은 방법으로 16단까지 뜬다. (다리 48개)

몸통 17~18단

18

기둥코(사슬2)사슬뜨기1 로 시작, [한길긴뜨기1사슬뜨기1]를
반복하고 **기둥코** 두 번째 사슬에 빼뜨기한다. (다리 96개)

끈 1단

19

첫 코부터 빼뜨기이랑뜨기하다가 표시한 코에서는 빼뜨기한다.
1번 끈은 사슬뜨기90 이상 하고, 다음 표시한 코에 빼뜨기로
연결한다. * 34:05 표시하는 곳 영상으로 보기

20

이어서 몸통은 한 코에 하나씩 빼뜨기이랑뜨기한다.
과정 ⑲~⑳을 반복해서 2번 끈과 반대편 몸통을 뜨고,
마지막 코까지 빼뜨기이랑뜨기하면 1단이 끝난다.

끈 2단

21

첫 코부터 빼뜨기이랑뜨기하다가 1번 끈을 만나면 사슬 한 코에
하나씩 빼뜨기한다. 이어서 몸통에는 한 코에 하나씩 빼뜨기
이랑뜨기한다. 같은 방법으로 2번 끈과 몸통을 뜨고, 마지막 코까지
빼뜨기이랑뜨기하면 2단이 끝난다. 실을 자르고 돗바늘에 끼운 후
사슬 모양으로 마무리한다. * 84쪽 작품 마무리하기

끈 안쪽 1단

22

끈의 첫 코에 바늘을 넣고 실을 새로 가져와서 몸통부터 뜬다.
1번 끈 안쪽 몸통은 한 코에 하나씩 빼뜨기이랑뜨기한다.

끈 안쪽 2단

23

1번 끈 안쪽도 한 코에 하나씩 빼뜨기한다.
* 남아있는 반 코에 합니다.

24

1번 끈 안쪽 몸통은 마지막 코까지 한 코에 하나씩 빼뜨기이랑뜨기한다.
실을 자르고 돗바늘에 끼운 후 사슬 모양으로 마무리한다.
과정 ㉒~㉔를 반복해서 2번 끈 안쪽도 동일하게 뜬다.

푸르시오 Time!

Q "바닥 모양이 이상해요"

A
- 꼭짓점에서 콧수를 잘 늘렸는지 확인하세요.
- 긴 변 2개와 짧은 변 2개는 서로 다리 개수와 칸 수가 같아야 합니다.

Q "가방 몸통이 위로 갈수록 좁아져요"

A
- 칸 수가 줄어든건 아닌지 한 단씩 풀면서 확인하세요.
- 뜨지 않은 다리가 있는지 확인하세요.
- 빈 칸의 사슬 개수가 맞는지 확인하세요.

Q "가방끈이 짧아졌어요"

A
- 사슬뜨기로 끈을 달고 다음 단에서 빼뜨기를 하면 조금 줄어듭니다. 사슬을 10개 정도 여유 있게 해주세요.

Q "끈이 꼬였어요"

A
- 끈을 만들 때 사슬이 꼬이지 않아야 합니다.
- 사슬 앞면이 보이도록 정돈한 후에 빼뜨기로 연결해 주세요.

check-list

☑ 바닥은 꼭짓점마다 다리가 3개씩 생깁니다. 1번 꼭짓점만 다리 2개 뜨고 시작, 마지막에 나머지 다리 하나를 뜹니다.

☑ 몸통 1~2단, 17~18단은 작은 네트로 빈칸 사슬이 1개 (다리 96개), 몸통 3~16단은 큰 네트로 빈칸 사슬이 3개입니다(다리 48개).

응용 비치 네트백

" 물에 강한 실이라
비치백으로 사용하기 좋아요.
베이지색 실을 사용하면
라탄 느낌이 난답니다.
많이 빳빳해서
손가락이 쓸릴 수 있어요.
왼손 검지에 밴드를 붙이거나
니팅링을 끼우고 뜨세요.

실	샌디 220g(5볼로 1개 가능)	
색상	13 베이지	
바늘	모사용 코바늘 5호	
사이즈	가로 40cm, 세로 30cm, 바닥 폭 18cm	
응용 레시피	기본 레시피와 같은 방법으로 뜬다. * 살짝 작은 크기로 나옵니다.	

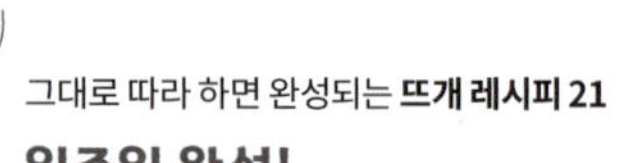

기본 도트 무릎 담요

"

뜨개를 하다 보면 욕심이 생겨요.
처음엔 작은 티코스터 하나
뜨는데도 하루 종일 걸리지만,
어느새 익숙해져서 '다음엔 담요
떠야지'하고 다짐하게 됩니다.

이 무릎 담요는 너무 크지 않고
패턴도 단순해서
크게 어렵지 않을거예요.

멀리서 봤을 때
도트 느낌을 내고 싶어서
빈 칸을 띄엄띄엄 넣었습니다.
유모차 담요로도 활용해보세요.

영상으로 배우기

🧶	**기법**	시작 매듭, 사슬뜨기, 빼뜨기, 짧은뜨기, 한길긴뜨기
🧶	**실**	통통이 코튼 400g(6볼로 1개 가능)
🎨	**색상**	01 내추럴아이보리
🪡	**바늘**	모사용 코바늘 8호, 기초코는 9호
📏	**사이즈**	가로 66cm, 세로 53cm
🧺	**응용 레시피**	겨울 담요, 바구니 덮개, 핸드 타월

287쪽 겨울 담요

288쪽 바구니 덮개

288쪽 핸드 타월

실 사용 tip!

- 코튼 100%라 봄, 여름에 사용하기 좋은 실입니다. 면이라 무게감은 살짝 있어요. 응용 레시피인 겨울 담요에 사용한 포슬 실은 코가 잘 안보이지만 따뜻하고 가볍습니다.

초보 탈출 tip!

- 도트 무늬 만드는데는 10코(한길긴뜨기9사슬뜨기1)가 필요합니다.

푸르시오 방지 tip!

- 빈칸의 위치가 달라지면 안돼요. 10코씩 콧수를 세면서 떠주세요.

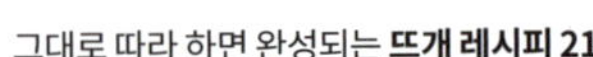

뜨기 전 한눈에 보기

1 시작 매듭, 기초코, 1~3단 뜨기

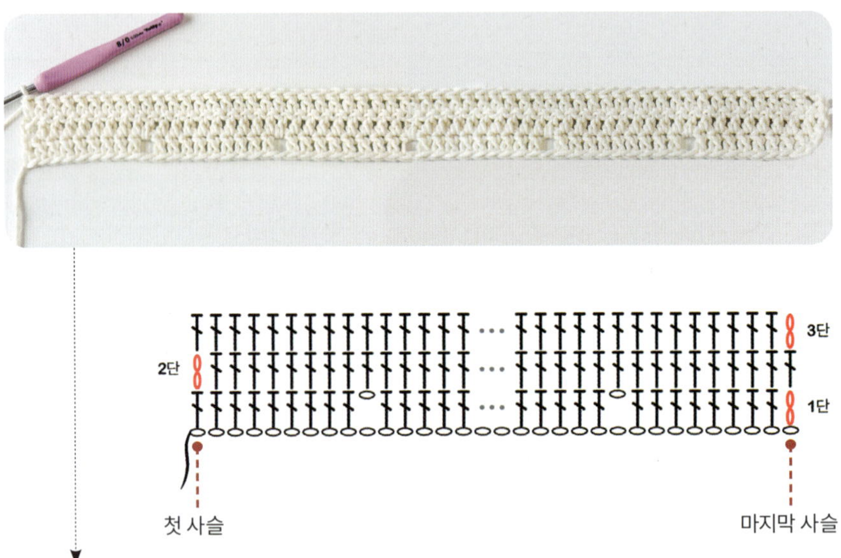

2 4~6단 뜨기(6단까지 1세트)

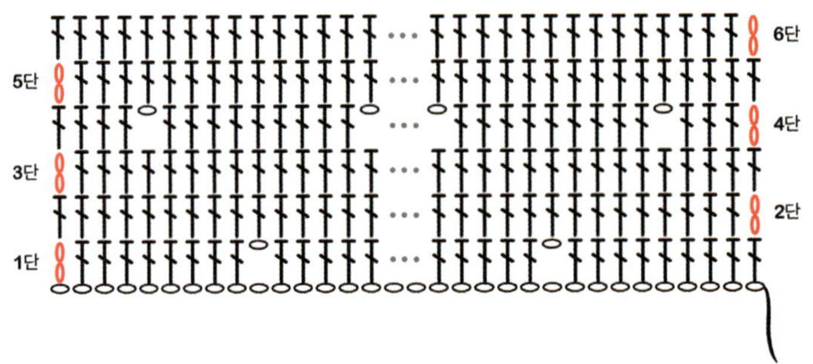

3 총 7세트 뜨고 1단 더 뜨기

4 테두리 1~2단 뜨기

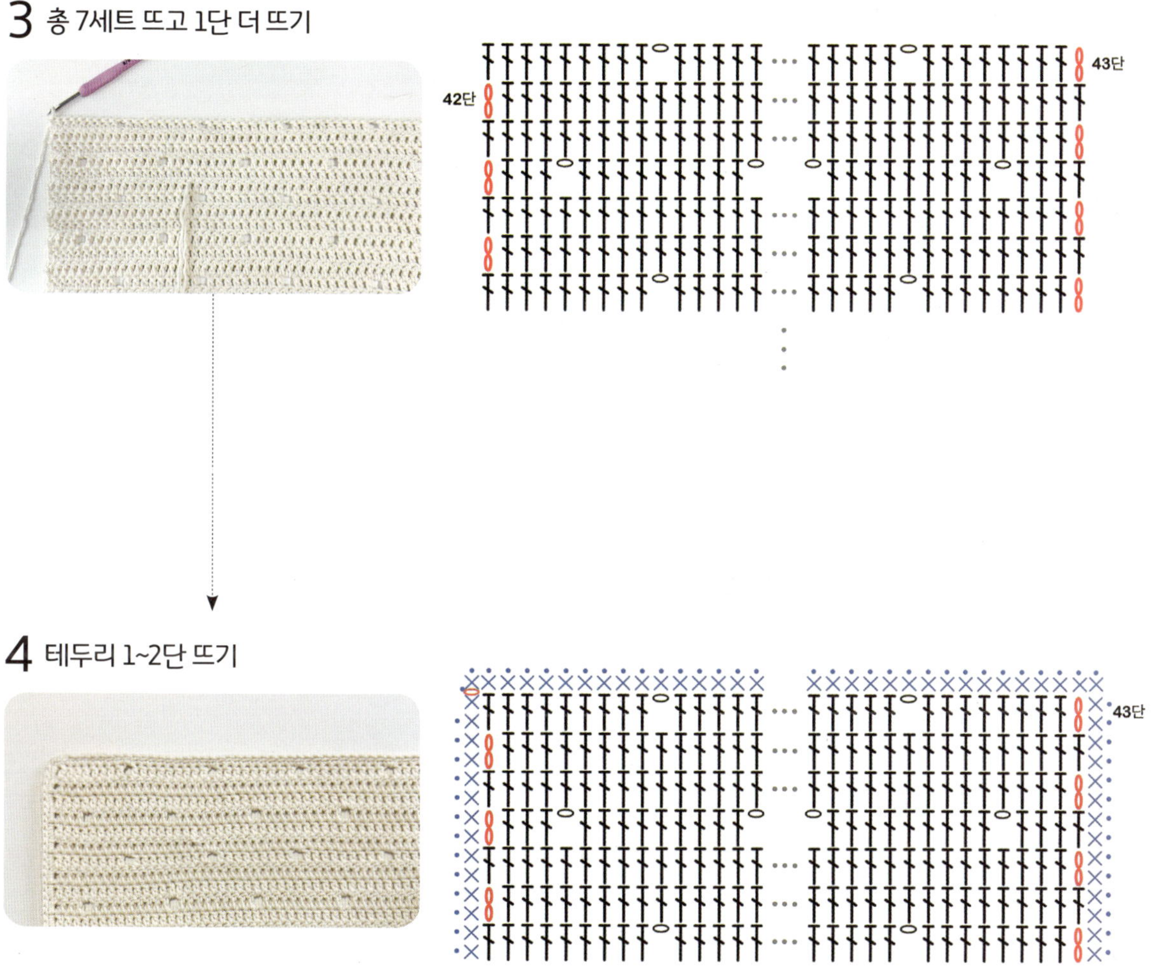

뜨개 레시피

시작 매듭, 기초코, 1단

1

시작 매듭 만들고 사슬뜨기79 한다. **기둥코(사슬2)**를 세운 뒤
한길긴뜨기8사슬뜨기1 하고 [한길긴뜨기9사슬뜨기1]를 6번
한다. 이때, 사슬의 코산에 바늘을 넣어서 뜨고 사슬뜨기1
다음 코는 건너갑니다. ∗ 78쪽 기초코에서 코산줍기

1단 끝

2

한길긴뜨기9 하고 끝난다. (79코)
∗ 콧수 조절이 필요하다면 10의 배수 + 9 단위로 조절합니다.

2단

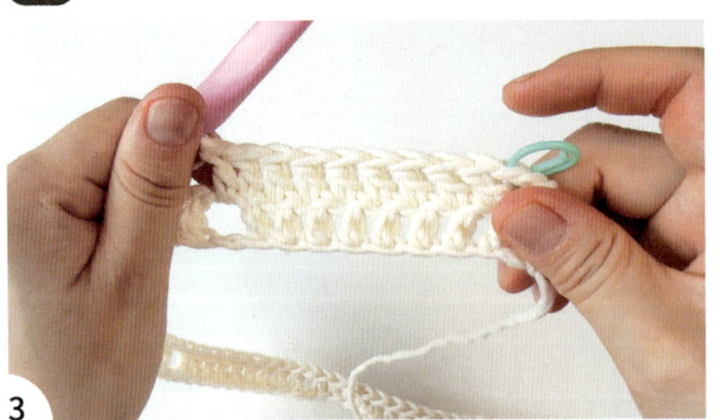

3

기둥코(사슬2)를 세우고, 편물을 뒤집어서 한길긴뜨기78 한다.
(79코) ∗ 편물을 뒤집을 때는 계속 같은 방향으로 돌리며
뒤집어야 모양이 균일하게 나와요.

3단

4

2단과 같은 방법으로 뜬다. (79코)

4단

5

기둥코(사슬2)를 세운 뒤 편물을 뒤집는다.
한길긴뜨기3사슬뜨기1 하고 [한길긴뜨기9사슬뜨기1]를 7번 한다.

4단 끝

6

한길긴뜨기4 하고 끝난다. (79코)

5~6단

7

2~3단과 같은 방법으로 뜬다. (79코)
* 6단까지가 1세트예요.

7~42단

8

총 7세트 뜬다. (79코)

43단

9

1단과 같은 방법으로 뜬다. (79코)

테두리 1단

10

기둥코(사슬1) + 짧은뜨기1 로 시작하고 담요의 왼쪽 변은
한길긴뜨기 다리에 짧은뜨기를 2개씩 한다.

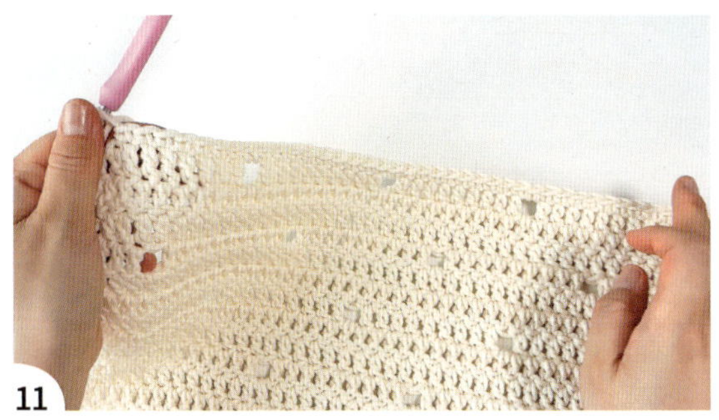

11

아랫변은 사슬 모양에 바늘 넣어서 짧은뜨기 1개씩 한다. 과정
⑩~⑪을 반복해서 오른쪽 변과 윗변을 뜨고, 첫 코에 빼뜨기하면
테두리 1단이 끝난다. * 모서리에는 짧은뜨기 1개씩 더 넣습니다.
* 윗변은 한길긴뜨기 머리에 바늘을 넣어 짧은뜨기 1개씩 합니다.

테두리 2단

12

두 번째 코부터 마지막 코까지 한 코에 하나씩 빼뜨기한다.
실을 자르고 돗바늘에 끼운 후 사슬 모양으로 마무리한다.
* 84쪽 작품 마무리하기

푸르시오 Time!

Q "편물이 위로 갈수록 넓어져요"

A
- 기초코가 너무 쫀쫀하면 그럴 수 있어요.
  기초코를 한 호수 큰 바늘로 뜨거나 느슨하게 떠주세요

Q "도트 무늬가 불규칙해요"

A
- 빈칸의 위치가 맞게 들어 갔는지 한 단씩 풀면서 확인하세요.

Q "편물이 고르지 않아요"

A
- 스팀을 쐬어주면 잘 펴집니다. 편물에 스팀다리미를 살짝 띄운 후
  스팀을 쐬어주고, 잠시 후 손으로 만져주세요.

check-list

- ☑ 1단, 4단은 빈칸이 있고, 2~3단, 5~6단은 빈칸이 없습니다.
- ☑ 6단이 1세트입니다. 총 7세트 만들고 한 단 더 뜹니다.
- ☑ 가로 길이는 기초코 사슬 개수로 조절합니다(10의 배수 + 9).
- ☑ 세로 길이는 단수로 조절합니다(원하는 만큼 세트 반복 + 1단).

응용1 겨울 담요

실		포슬 220g(6볼로 1개 가능)
색상		10 에크루베이지
바늘		모사용 코바늘 8호
사이즈		가로 65cm, 세로 52cm
응용 레시피		기본 레시피와 같은 방법으로 뜬다.

응용 2 바구니 덮개

> ❝ 패턴만 이해하면
> 사이즈 줄이는 건
> 어렵지 않습니다.

응용 3 핸드 타월

> ❝ 작은 사이즈로 만들어
> 핸드 타월로 써도 좋은 실입니다.
> 다만 코가 잘 안보이니
> 1단만 집중해서 잘 떠주세요.

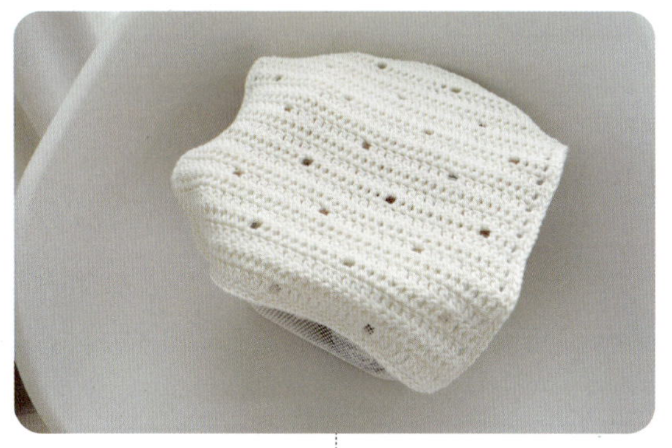

	바구니 덮개		핸드 타월
실	통통이 코튼 120g (2볼로 1개 가능)	실	포슬 40g(1볼로 1개 가능)
색상	01 내추럴아이보리	색상	10 에크루베이지
바늘	모사용 코바늘 8호	바늘	모사용 코바늘 8호
사이즈	가로 31cm, 세로 33cm	사이즈	가로 14cm, 세로 15cm
응용 레시피	기초코 사슬뜨기39 하고 25단까지(6단씩 4세트 + 1단) 뜬다.	응용 레시피	기초코 사슬뜨기29 하고 19단까지(6단씩 3세트 + 1단) 뜬다.

[Tip] 기초코 계산하는 법

도트 무늬 하나를 만드는데 10코(한길긴뜨기9사슬뜨기1)가 필요합니다.
기초코는 10의 배수에 9를 더해주세요. 예시) 69, 89

도트 무릎 담요

그대로 따라 하면 완성되는
선물 레시피

10

초보도 주는 기쁨을 느끼고 싶다면! 가족, 친구, 동료에게

두루두루 선물하기 좋은 선물 레시피들을 소개합니다.

생일이나 기념일에 직접 만든 뜨개 선물과 함께 포근한 추억을 만들어보세요.

와인을 좋아하는 동료에게

기본 와인 네트백

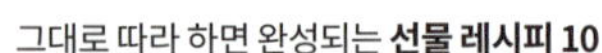
영상으로 배우기

> **"**
> 친구들과 호캉스 가는 날,
> 제가 와인을 준비하기로 했는데
> 포장을 특별하게 하고 싶었어요.
>
> 와인병에 딱 맞는 네트백을
> 떠서 메고 갔더니 모두들
> 예쁘다고 갖고 싶어 하더라고요.
> 그 후로 와인 선물할 때마다
> 뜨고 있답니다.

	기법	매직링, 사슬뜨기, 빼뜨기, 한길긴뜨기
	실	빈센트 코튼 36합 60g(1볼로 1개 가능)
	색상	412 허니머스타드(또는 샌드베이지)
	바늘	모사용 코바늘 8호
	사이즈	바닥 지름 7cm, 몸통 높이 20cm, 어깨끈 50cm
	응용 레시피	텀블러백, 가죽 와인백

응용 1

299쪽 텀블러백

응용 2

299쪽 가죽 와인백

실 사용 tip!

- 36합은 도톰한 면사라 손가락이 아플 수 있어요.
  왼손 검지에 밴드를 붙이거나 니팅링을 끼고 뜨세요.

초보 탈출 tip!

- 몸통 1단에서 그물 하나를 뜨려면
  4코(3코 건너고 네 번째 코에 한길긴뜨기1)가 필요해요.
- 바닥 콧수 24를 4로 나누면 6이므로, 그물 개수는 6개입니다.

푸르시오 방지 tip!

- 몸통에서 단을 시작할 때는 꼭 기둥코(사슬2)를 세운 후에
  사슬뜨기5 를 추가로 해주세요.

뜨기 전 한눈에 보기

1 매직링, 바닥 1단 뜨기

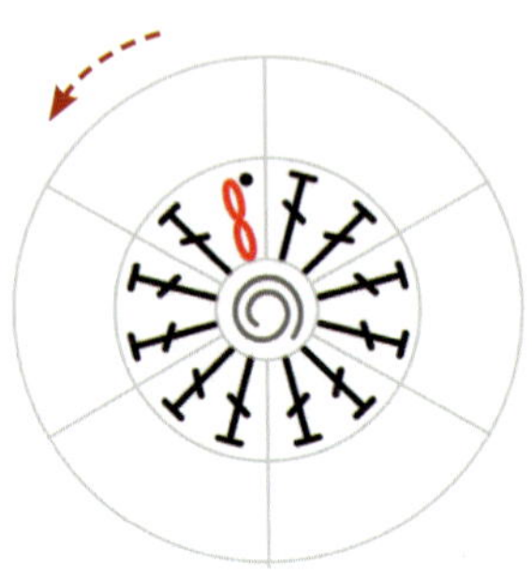

2 바닥 2단 뜨기

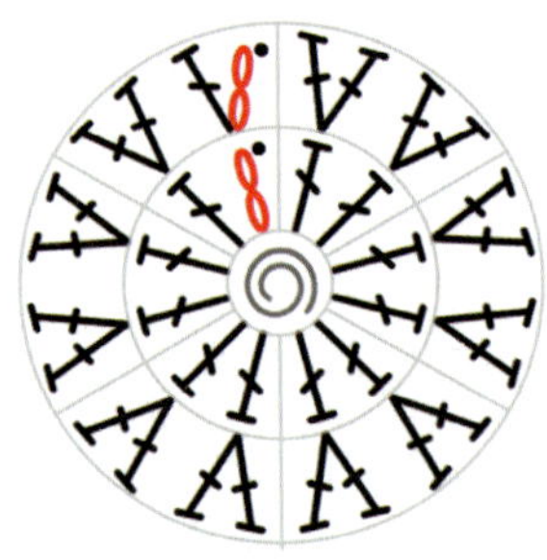

3 몸통 1단 뜨기

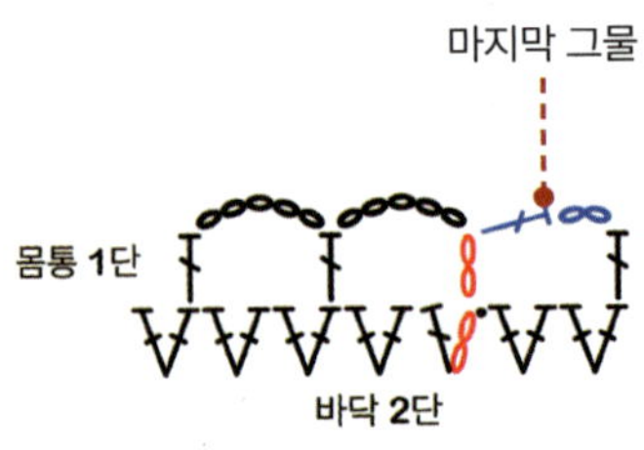

4 몸통 6단까지 뜨기

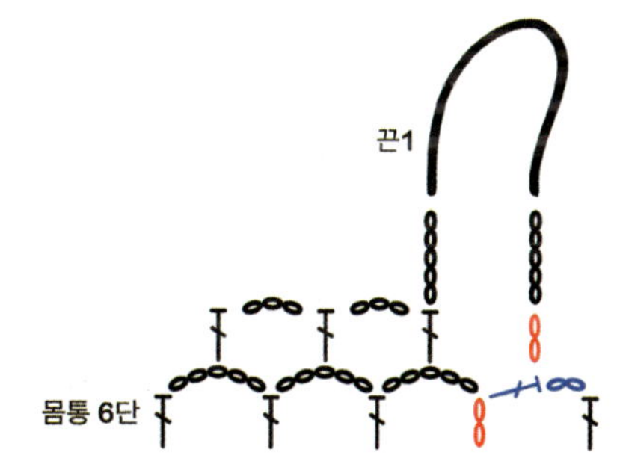

5 1번 끈 달고 그물 2개 뜨기

6 2번 끈 달고 그물 2개 뜨기

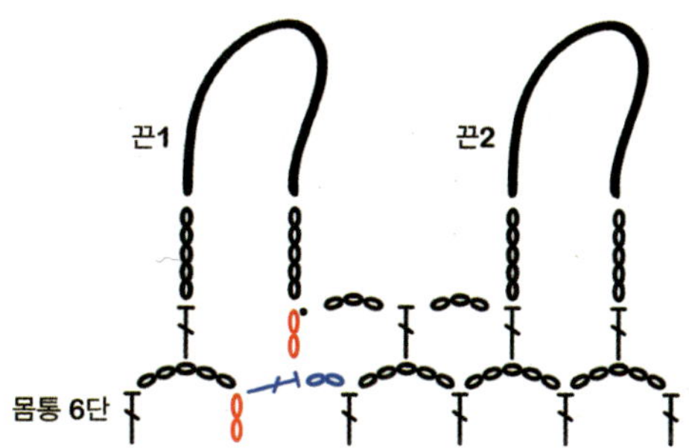

뜨개 레시피

매직링, 1단

1

매직링을 만들고 **기둥코(사슬2)**를 세운다. 매직링 안에 바늘을 넣어서 한길긴뜨기11 하고 **기둥코** 두 번째 사슬에 빼뜨기한다. (12코)

2단

2

첫 코에 **기둥코(사슬2)** + 한길긴뜨기1 한다. 이어서 더블11 하고 **기둥코** 두 번째 사슬에 빼뜨기한다. (24코)
* 여기서 '더블'은 '한길긴뜨기2코넣어뜨기'를 말해요.

몸통 1단 시작

3

기둥코(사슬2)를 세운다.

몸통 1단

4

사슬뜨기5 하고 3코를 건너 네 번째 코에 한길긴뜨기1 하면 1번 그물이 된다. 같은 방법으로 [사슬뜨기5한길긴뜨기1]를 4번 더 한다.

몸통 1단 끝

5

마지막 그물은 사슬뜨기2 하고 **기둥코** 두 번째 사슬에 한길긴뜨기한다. (그물 6개) * 그물 개수는 기둥코 왼쪽 그물부터 기둥코 오른쪽 그물까지 세어주세요.

몸통 2단 시작

6

기둥코(사슬2)를 세운다. 사슬뜨기5 하고 다음 그물 중앙에 한길긴뜨기1 하면 1번 그물이 된다. 같은 방법으로 [사슬뜨기5한길긴뜨기1]를 4번 더 한다.

몸통 2단 끝

7

마지막 그물은 사슬뜨기2 하고 **기둥코** 두 번째 사슬에
한길긴뜨기한다. (그물 6개)

몸통 3~6단

8

몸통 2단과 같은 방법으로 6단까지 뜬다. (그물 6개)

1번 끈

9

1번 끈은 **기둥코(사슬2)**를 세운 뒤 사슬뜨기60 이상 하고,
다음 그물에 한길긴뜨기로 연결한다.
* 끈은 신체 길이에 맞게 콧수를 조절해도 좋아요.

끈과 끈 사이 그물

10

[사슬뜨기3한길긴뜨기1]를 2번 한다.

2번 끈

11

2번 끈은 사슬뜨기 60 이상 하고,
다음 그물에 한길긴뜨기로 연결한다.

끈과 끈 사이 그물

12

사슬뜨기3한길긴뜨기1사슬뜨기3 하고 **기둥코** 두 번째 사슬에
빼뜨기한다. 실을 자르고 돗바늘에 끼운 후 사슬 모양으로
마무리한다. * 84쪽 작품 마무리하기

푸르시오 Time!

Q "몸통 1단에서 그물 개수가 6개가 아니에요"

A
- 바닥 2단의 콧수를 확인해보세요.
  ★ 총 24코입니다.
- 그물마다 건너간 콧수(3코)를 확인하세요.

Q "몸통에서 첫 번째 그물만 모양이 이상해요"

A
- 첫 번째 그물의 사슬 개수를 확인해보세요.
  ★ 기둥코까지 사슬 7개입니다.

check-list ☑ 어깨 끈은 몸에 맞게 사슬 개수를 조절해도 좋아요.

응용1 텀블러백

> 36합보다 얇은 면사예요.
> 사용하는 텀블러에 맞게
> 몸통 단수는 늘리고
> 끈 사슬 개수는 줄여주세요.

실	순면 콘사 24합 40g (1콘으로 15개 가능)	
색상	무색	
바늘	모사용 코바늘 7호	
사이즈	바닥 지름 6.5cm, 높이 21.5cm 텀블러	
응용 레시피	① 바닥 2단, 몸통 10단까지 뜬다. ② 손잡이끈(사슬40~50)을 　만든다.	

응용2 가죽 와인백

> 가죽 느낌이 나는 실이라
> 고급스럽게 완성됩니다.
> 빳빳한 실이니
> 니팅링을 사용해 주세요.

실	아임 낫 레더 50g (1볼로 4개 가능)	
색상	003 카멜	
바늘	모사용 코바늘 10호	
사이즈	바닥 지름 7cm, 몸통 높이 20cm, 어깨끈 50cm	
응용 레시피	기본 레시피와 같은 방법으로 뜬다. ＊ 끈은 신체 길이에 맞게 　콧수를 조절해도 좋아요.	

주말마다 캠핑을 가는 남편에게

기본 네트 휴지걸이

남해에서 한 달 살이를
한 적이 있어요.
그때 숙소에 이 네트 휴지걸이를
만들어서 걸어 놓고 왔습니다.

다음에 그 숙소에
묵는 분들이 이 휴지걸이를
사용하실지 궁금하네요.
제가 가는 장소마다
직접 뜬 소품을 선물하고
다시 갔을 때 잘 사용하고 있으면
기분이 참 좋더라고요.

여러분도 코바늘 뜨개를 하면서
그런 추억이 생겼으면
좋겠습니다.

영상으로 배우기

	기법	시작 매듭, 사슬뜨기, 빼뜨기, 짧은뜨기, 한길긴뜨기
	실	빈센트 코튼 36합 90g(1볼 + 1볼 + 1볼로 2개 가능)
	색상	428 오션블루 + 451 오트밀 + 412 허니머스터드 (또는 446 스페니쉬그린 + 451 오트밀 + 401 샌드베이지)
	바늘	모사용 코바늘 8호
	사이즈	바닥 지름 11cm, 높이 12cm
	응용 레시피	촘촘 네트 휴지걸이

307쪽 촘촘 네트 휴지걸이

실 사용 tip!

- 배색을 하면 꼬리실을 많이 숨겨야 하는데요, 네트 무늬는 특히 숨기기가 까다로워요.
  바깥으로 빠져 나오는 게 거슬린다면 꼬리실 끝 부분에 순간 접착제를
  살짝 발라 붙여도 좋습니다.

초보 탈출 tip!

- 휴지 나오는 구멍을 만들려면 원하는 구멍 크기만큼 사슬뜨기를 한 뒤
  첫 코에 빼뜨기하면 됩니다.

푸르시오 방지 tip!

- 몸통 첫 단에서 그물을 만들 때 3코씩 잘 건너가주세요.
  그물의 개수는 총 12개입니다.

뜨기 전 한눈에 보기

1 시작 매듭, 바닥 1단 뜨기

2 바닥 2~4단 뜨기

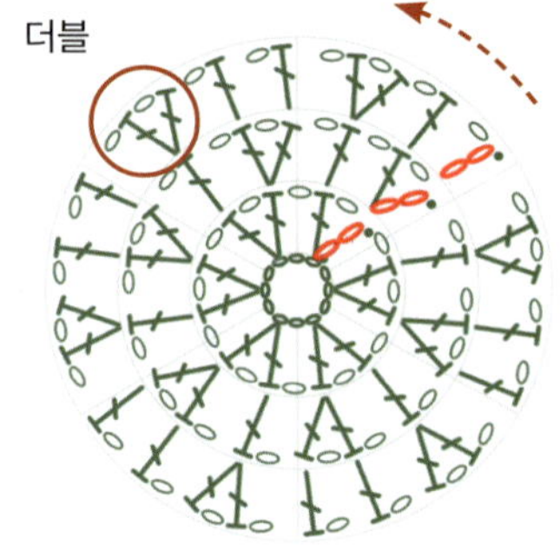

3 몸통 1단 뜨기

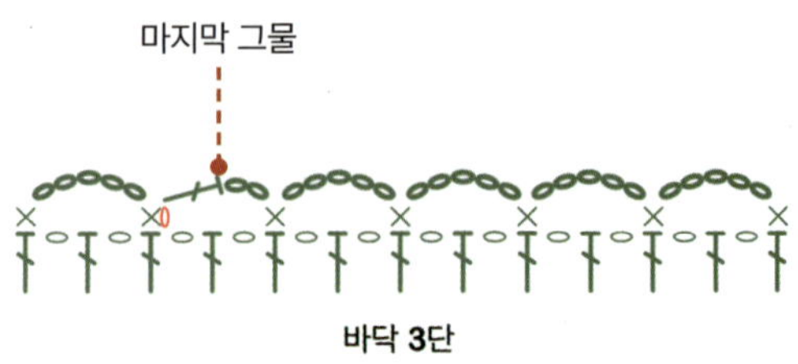

4 몸통 2~7단 뜨기

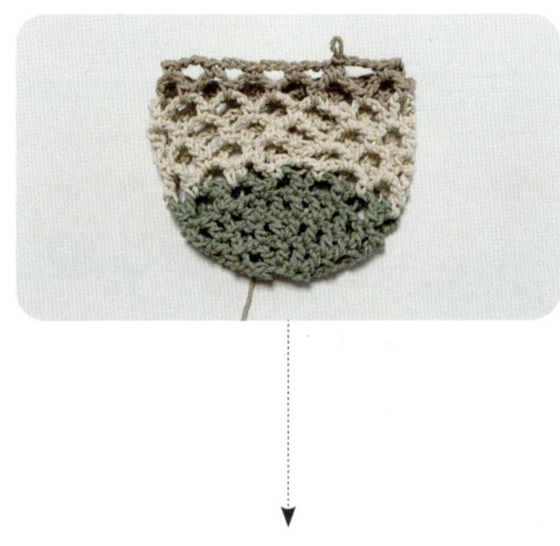

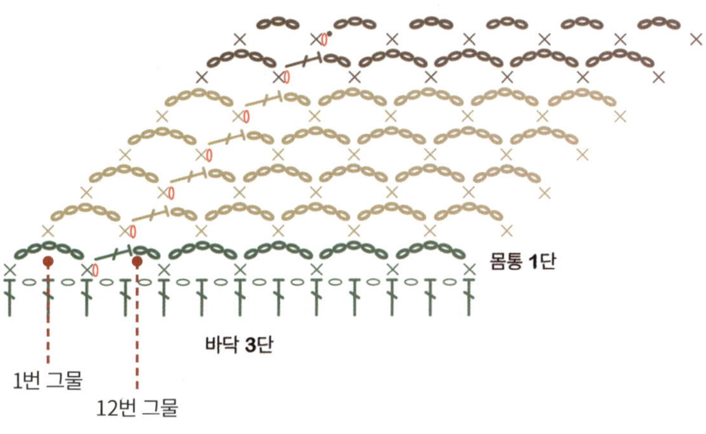

5 끈 2개 달기

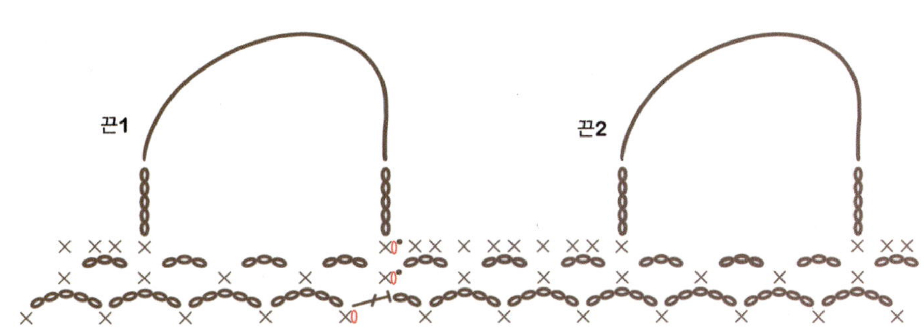

뜨개 레시피

시작 매듭, 바닥 1단

1

시작 매듭을 만들고 사슬12 한다. 첫 코에 빼뜨기해서
구멍을 만든다. ＊콧수 조절이 필요하다면 ±4의 배수 단위로
조절합니다.

바닥 2단

2

첫 코에 **기둥코(사슬2)**사슬1 + 한길1사슬1 한다. 다음 사슬은
건너고 더블5 한다. **기둥코** 두 번째 사슬에 빼뜨기한다.
이때, 더블1 하고 다음 사슬은 건너간다. (다리 12개)

바닥 3단

3

기둥코(사슬2)사슬1 + 한길1사슬1 하고, 다음 다리에 한길1사슬1
한다. [더블1, 한길1사슬1]를 5번 한다. **기둥코** 두 번째 사슬에
빼뜨기한다. 다리에 바늘을 넣어서 한길긴뜨기한다. (다리 18개)

바닥 4단

4

첫 코에 **기둥코(사슬2)**사슬1 하고, 2번 다리에 한길1사슬1, 3번
다리에 더블1 한다. 이어서 [한길1사슬1, 한길1사슬1, 더블1]를
5번 한다. **기둥코** 두 번째 사슬에 빼뜨기한다. (다리 24개)

몸통 1단

5

첫 코에 **기둥코(사슬1)** + 짧은뜨기1 한다. 사슬5 하고 3코 건너
네 번째 코에 짧은뜨기1 하면 1번 그물이 된다. 같은 방법으로
[사슬5짧은뜨기1]를 10번 더 한다. 머리에 바늘을 넣어서 뜬다.

몸통 1단 끝

6

마지막 그물은 사슬2 하고, 첫 코에 한길1 하면서 2번 실로
바꾼다. (그물 12개) ＊ 그물 개수는 첫 코 왼쪽 그물부터
첫 코 오른쪽 그물까지 세어주세요. ＊83쪽 실 연결하기

* 한길긴뜨기는 '한길'로, 사슬뜨기는 '사슬'로 줄여서 표기했습니다.
* 여기서 '더블'은 [한길1사슬1]를 한 코에 2번 넣는걸 말해요.

몸통 2단

7

첫 코에 기둥코(사슬1) + 짧은뜨기1 한다. 사슬5 하고 다음 그물 중앙에 짧은뜨기1 하면 1번 그물이 된다. 같은 방법으로 [사슬5짧은뜨기1]를 10번 더 한다.

몸통 2단 끝 ~ 6단

8

마지막 그물은 사슬2 하고 첫 코에 한길1 한다. 같은 방법으로 6단까지 뜬다. 이때, 5단 마지막 한길긴뜨기코에서 3번 실로 바꾼다. (그물 12개) * 83쪽 실 연결하기

몸통 7단

9

첫 코에 기둥코(사슬1) + 짧은뜨기1 한다. 사슬3 하고 다음 그물 중앙에 짧은뜨기1 하면 1번 그물이 된다. 같은 방법으로 [사슬3짧은뜨기1]를 10번 더 한다.

몸통 7단 끝

10

마지막 그물은 사슬3 하고 첫 코에 빼뜨기한다. (그물 12개)

1번 끈

11

첫 코에 기둥코(사슬1) + 짧은뜨기1 하고, 끈 사슬30 한다. 그물 3개를 건너 짧은뜨기로 연결한다.
* 끈은 원하는 만큼 콧수를 조절해도 좋아요.

끈과 끈 사이 그물~마무리

12

이어서 짧은뜨기9 한다. 이때, 그물 하나에 짧은뜨기2 하고, 짧은뜨기코에는 짧은뜨기1 한다. 2번 끈은 사슬30 하고 그물 3개를 건너 짧은뜨기로 연결한다. 이어서 짧은뜨기8, 첫 코에 빼뜨기한다. 사슬 모양으로 마무리한다. * 84쪽 작품 마무리하기

푸르시오 Time!

Q "바닥 늘리는 게 어려워요"

A
- 한길긴뜨기1사슬뜨기1 를 한 세트로 생각해 주세요.
- 더블은 한 코에 [한길긴뜨기1사슬뜨기1]를 2번 넣습니다.

Q "몸통 1단에서 그물 개수가 12개가 아니에요"

A
- 바닥 4단의 다리 개수를 확인하세요.
  ★ 총 24개입니다.
- 그물마다 건너간 콧수(3코)를 확인하세요.

check-list

☑ 바닥 3단, 4단은 한길긴뜨기 다리에 바늘을 넣어서
한길긴뜨기합니다.

☑ 몸통 1단에서는 사슬뜨기5 하고
두 번째 한길긴뜨기 머리에 짧은뜨기1 합니다.

☑ 몸통 1단 마지막 한길긴뜨기코에서 두 번째 실로,
몸통 5단 마지막 한길긴뜨기코에서 세 번째 실로 바꿉니다.

응용 촘촘 네트 휴지걸이

"
36합보다 얇은 면사예요.
그물 크기가 작아집니다.
콧수와 단수가 늘어나서
그물 개수도 많아져요.

실	순면 콘사 24합 60g(1콘으로 10개 가능)
색상	무색
바늘	모사용 코바늘 7호
사이즈	바닥 지름 11cm, 높이 12cm
응용 레시피	① 기초코 사슬뜨기16 한다. ② 바닥 4단, 몸통 8단까지 뜬다. ③ 끈(사슬40) 2개 만든다. ★ 바닥 다리 개수 32개, 몸통 그물 개수 16개입니다.

기본 블루투스 이어폰 파우치

영상으로 배우기

> **"** 휴대폰을 항상 보고 있는 요즘은
> 이어폰이 사라지면 당황스럽죠.
>
> 늘 곁에 있어야 안심이 되는 이어폰,
> 이어폰 파우치를 만들어 가방에 걸어보세요.
>
> 두 개의 고리를 달아 윗 부분을 잠글 수 있도록 했고,
> 아래쪽엔 충전선 구멍을 만들어
> 꺼내지 않고 충전할 수 있도록 만들었습니다.
> 에어팟, 버즈 다 사용 가능합니다.

	기법	매직링, 사슬뜨기, 빼뜨기, 한길긴뜨기, 빼뜨기이랑뜨기
	실	아이돌 20g(1볼 + 1볼로 4개 가능)
	색상	53 파스텔연베이지 + 64 튀는코랄 (또는 53 파스텔연베이지 + 56 빈티지남보라, 53 파스텔연베이지 + 28 에머럴드궁전)
	바늘	모사용 코바늘 5호
	사이즈	7cm
	응용 레시피	겨울용 파우치, 비상약 파우치

315쪽 겨울용 파우치

315쪽 비상약 파우치

실 사용 tip!

- 단색으로 만들어도 되지만, 투톤으로 만들었을 때 더 예뻤어요.
  평소에 좋아하는 색 2가지를 골라 앞뒷면으로 연결해 만들어보세요.

초보 탈출 tip!

- 사각형 모티브는 꼭짓점 네 곳에서 콧수를 늘려서 크기를 키웁니다.
  콧수를 늘릴 때 틀리지 않도록 주의하세요.

푸르시오 방지 tip!

- 모티브 2장을 연결할 때 빠뜨리는 코가 있으면 안돼요.
  집중해서 연결해 주세요.

뜨기 전 한눈에 보기

1 1번 모티브 뜨기

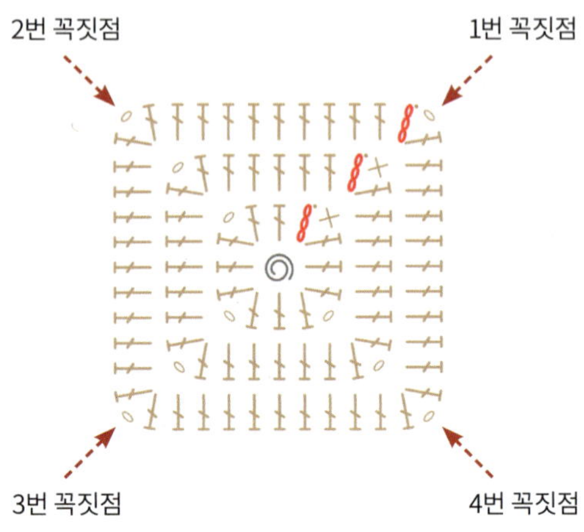

2 2번 모티브 뜨기

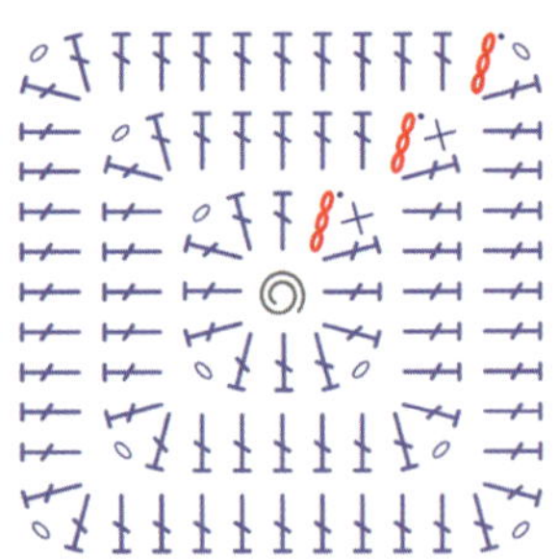

3 2번 모티브 긴 고리 만들기

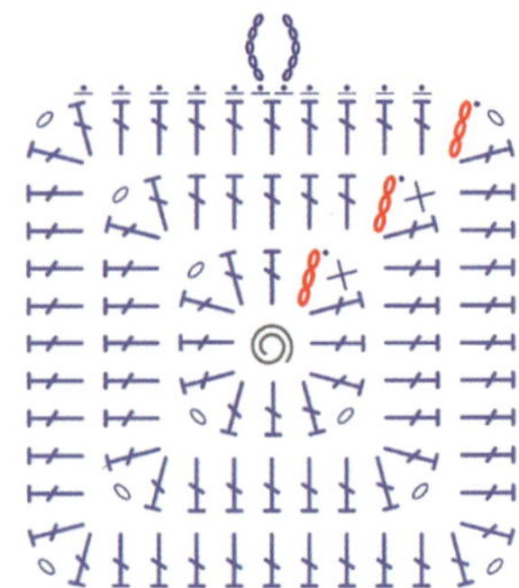

4 1, 2번 모티브 위쪽 연결하고 짧은 고리 만들기

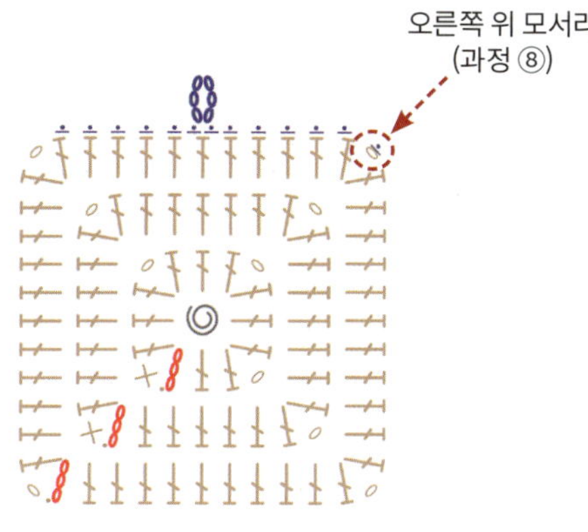

5 1, 2번 모티브 연결하고 아래 충전선 구멍 만들기

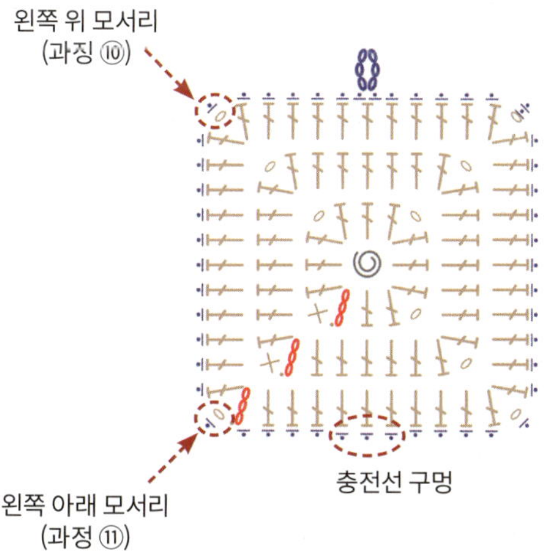

뜨개 레시피

매직링, 1번 모티브 1단

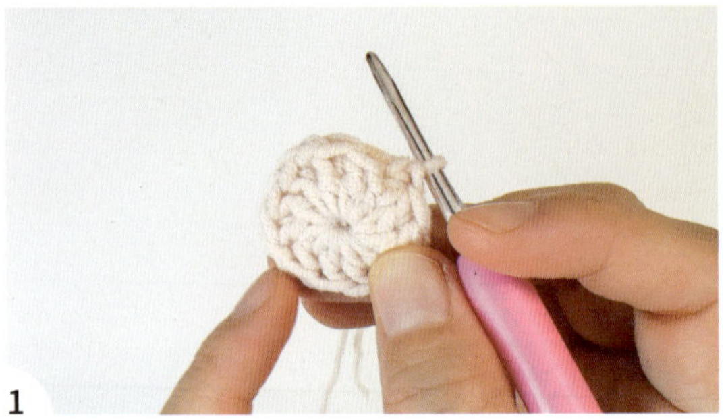

1

매직링을 만들고 **기둥코(사슬3)**를 세운다. 한길긴뜨기2,
사슬뜨기1 하고 [한길긴뜨기3, 사슬뜨기1]를 2번 한다.
한길긴뜨기3 하고 **기둥코** 세 번째 사슬에 짧은뜨기1 한다.

1번 모티브 2단 시작

2

1번 꼭짓점에 **기둥코(사슬3)** + 한길긴뜨기1 한다.
* 1번 꼭짓점은 짧은뜨기 아래 공간에 바늘 넣어서 뜹니다.

1번 모티브 2단

3

1번 변에는 한길긴뜨기3 하고, 2번 꼭짓점에서는
한길긴뜨기2 + 사슬뜨기1 + 한길긴뜨기2 한다.
* 다른 변과 3, 4번 꼭짓점도 동일하게 진행해요.

1번 모티브 2단 끝

4

1번 꼭짓점에 돌아오면 한길긴뜨기2 하고
기둥코 세 번째 사슬에 짧은뜨기1 한다.

1번 모티브 3단 시작

5

1번 꼭짓점에 **기둥코(사슬3)** + 한길긴뜨기1 한다. 1번 변에는
한길긴뜨기7 하고, 2번 꼭짓점에는 한길긴뜨기2 + 사슬뜨기1 +
한길긴뜨기2 한다. * 다른 변과 3, 4번 꼭짓점도 동일하게 진행해요.

1번 모티브 3단 끝

6

1번 꼭짓점에 돌아오면 한길긴뜨기2 + 사슬뜨기1 하고,
기둥코 세 번째 사슬에 빼뜨기한다. 사슬 모양으로 마무리한다.
* 84쪽 작품 마무리하기 2번 모티브도 1번과 같은 방법으로 뜬다.
이때, 2번은 마무리하지 않고 고리를 만든다.

2번 모티브 위쪽 변(긴 고리)

7

한 코에 하나씩 빼뜨기이랑뜨기하다가 변 가운데 코에서
사슬뜨기40 하고 같은 자리에 빼뜨기이랑뜨기로 연결한다.
이어서 다시 한 코에 하나씩 빼뜨기이랑뜨기한다.

모서리 연결

8

모티브 뒷면이 서로 닿도록 잡고, 1번 모티브 오른쪽 위 모서리를
2번 모티브 왼쪽 위 모서리와 빼뜨기이랑뜨기로 연결한다. * 여기서
모서리는 꼭짓점 가운데 코(사슬) 입니다. 311쪽 4번 도안 참고

1번 모티브 위쪽 변(짧은 고리)

9

한 코에 하나씩 빼뜨기이랑뜨기하다가 변 가운데 코에서
사슬뜨기6 하고 같은 자리에 빼뜨기이랑뜨기로 연결한다.
이어서 다시 한 코에 하나씩 빼뜨기이랑뜨기한다.

왼쪽 변

10

1번 모티브 왼쪽 위 모서리부터 1, 2번 모티브를 한 코에 하나씩
빼뜨기이랑뜨기로 연결한다. * 311쪽 5번 도안 참고

아래쪽 변(충전선 구멍)

11

1번 모티브를 왼쪽 아래 모서리를 만나면 4코를 지나 다섯 번째
코부터 1번 모티브에만 빼뜨기이랑뜨기3 해서 구멍을 만든다.
* 311쪽 5번 도안 참고 이어서 다시 한 코에 하나씩
빼뜨기이랑뜨기로 연결한다.

오른쪽 변

12

과정 ⑧에서 1, 2번 모티브를 연결했던 곳까지 빼뜨기이랑뜨기로
연결하고, 실을 자르고 돗바늘에 끼운 후 사슬 모양으로
마무리한다. * 84쪽 작품 마무리하기

푸르시오 Time!

Q "정사각형이 아니에요"

A
- 모서리가 둥그스름한 디자인입니다.
  기본 모티브 꼭짓점에서 사슬을 하나 줄여 만들었어요.
- 꼭짓점에서 콧수를 맞게 늘렸는지 확인하세요.
  ＊ 꼭짓점에서는 한길긴뜨기2 + 사슬뜨기1 + 한길긴뜨기2 합니다.

Q "1,2번 모티브를 연결하는데 코가 남거나 부족해요"

A
- 연결하면서 빠뜨린 코가 있는지 확인하세요.
- 모티브 마지막 단이 틀린 건 아닌지 확인하세요.

check-list

☑ 1번 꼭짓점은 시작할 때와 끝날 때 나눠서 콧수를 늘립니다.

☑ 단마다 한 변에 4코씩 늘어납니다
（2단은 한 변에 한길긴뜨기3, 3단은 한 변에 한길긴뜨기7,
4단을 뜬다면 한 변에 한길긴뜨기11 입니다).

응용1 겨울용 파우치

" 램스울은 빈티지한 색감이 예쁘지만
가닥가닥 갈라지는 실이라서
조금 어려울 수 있어요. 실 사이로
바늘이 빠지지 않도록 주의하세요.

응용2 비상약 파우치

" 비상약을 넣을 수 있는
미니 사이즈예요.
휴대폰 고리나 가방에
걸어서 사용하세요.

실	램스울 메종 20g (1볼 + 1볼로 5개 가능)	
색상	16 연레몬 + 11코코아그레이멜란지 (또는 02 베이비핑크 + 14 도토리브라운)	
바늘	모사용 코바늘 5호	
사이즈	7cm	
응용 레시피	기본 레시피와 같은 방법으로 뜬다.	

실	아이돌 10g (1볼 + 1볼로 8개 가능)	
색상	53 파스텔 연베이지 + 67 데님블루	
바늘	모사용 코바늘 5호	
부자재	휴대폰 태그홀더	
사이즈	5cm	
응용 레시피	모티브 2장을 2단까지 뜨고 연결한다. * 고리 사슬은 사용할 물건에 맞게 콧수를 조절해도 좋아요.	

멍집사, 냥집사에게

기본 **반려동물 케이프**

" 제가 처음으로 만든 케이프는 아이들용이었어요.
그런데 유튜브 댓글을 보니까
강아지, 고양이를 키우는 초보분들이 도전하시더라고요.
그래서 이번엔 반려동물용으로 만들어봤습니다.

저도 강아지를 키웠었는데요,
조금 일찍 코바늘을 시작했다면
예쁜 거 정말 많이 만들어줬을 것 같아요.
이 케이프 만들면서 그 친구가 그리웠습니다.

	기법	시작 매듭, 사슬뜨기, 빼뜨기, 짧은뜨기, 한길긴뜨기, 한길긴뜨기5코넣어뜨기
	실	아이돌 20g(1볼 + 1볼로 4개 가능)
	색상	15 살빛 + 07 복숭핑크 (또는 54 파스텔연레몬 + 56 빈티지남보라)
	바늘	모사용 코바늘 5호
	사이즈	목둘레 26cm
	응용 레시피	램스울 케이프

응용

323쪽 램스울 케이프

실 사용 tip!

- 단색으로 해도 되지만 투톤으로 만들었을 때 더 예뻤어요.
  우리집 반려동물에게 어울리는 색으로 배색해보세요.

초보 탈출 tip!

- 한 코에 한길긴뜨기를 여러 개 넣으면 반원 모양을 만들 수 있어요.
  취향에 맞게 더 많이 넣어도 됩니다.
  이 방법은 동물 귀 모양을 만들 때도 자주 쓰여요.

푸르시오 방지 tip!

- 한 코에 많은 코를 넣으면 바로 다음 코가 숨어서 잘 안 보일 수 있어요.
  코를 잘 찾으면서 떠주세요.

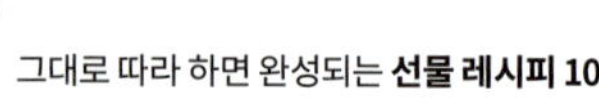

뜨기 전 한눈에 보기

1 시작 매듭, 기초코, 1~2단 뜨기

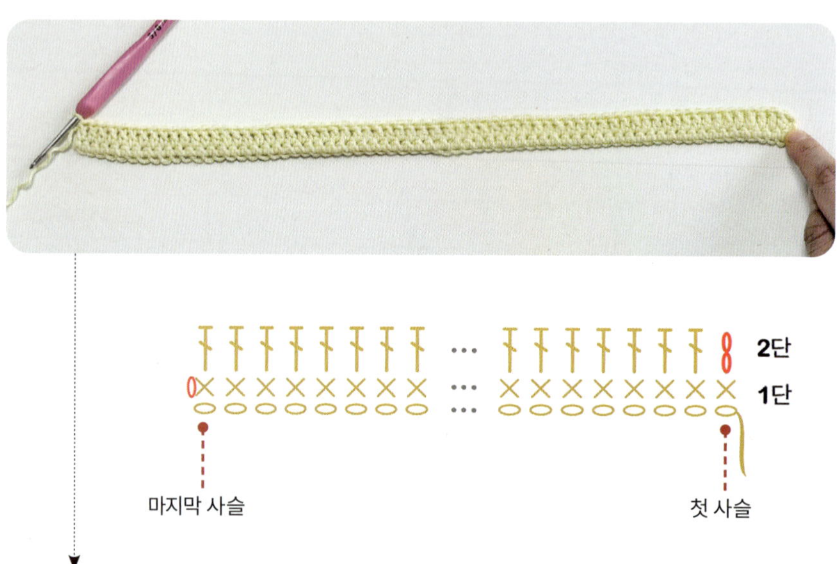

2 3단 뜨기

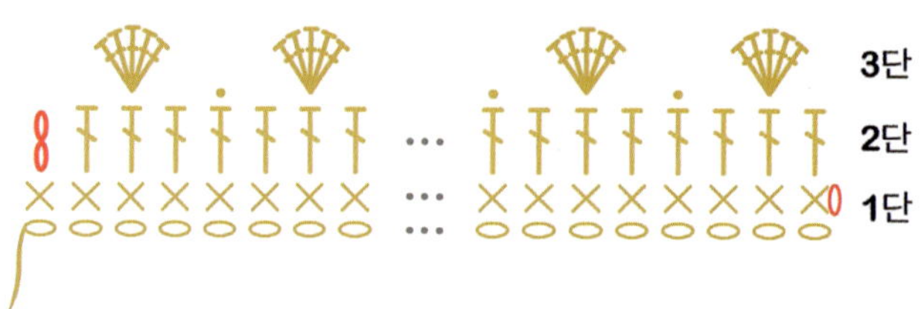

3 원형 만들고, 리본 끈 케이프에 연결하기

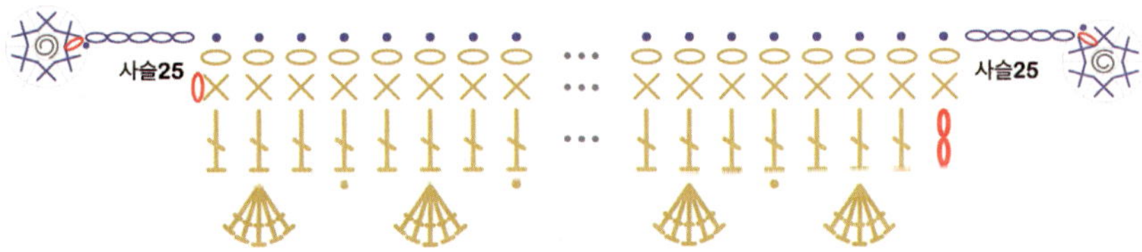

뜨개 레시피

시작 매듭, 기초코

1

시작 매듭 만들고 사슬뜨기51 한다.
* 반려동물의 목둘레에 맞게 콧수를 조절해도 좋아요.
* 콧수 조절이 필요하다면 ±4의 배수 단위로 조절합니다.

1단

2

기둥코(사슬1)를 세우고, 기초코 마지막 사슬부터 짧은뜨기51 한다. 이때, 사슬의 코산과 반코에 바늘을 넣어서 뜬다. (51코)
* 79쪽 기초코에서 코산과 반코 줍기

2단

3

기둥코(사슬2)를 세운다.

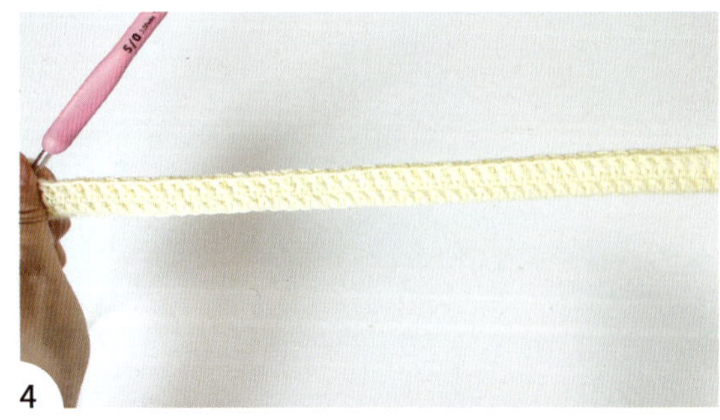

4

편물을 뒤집어 다음 코부터 한길긴뜨기50 한다. (51코)
* 편물을 뒤집을 때는 계속 같은 방향으로 돌리며 뒤집어야 모양이 균일하게 나와요.

3단

5

편물을 뒤집어 [한 코 건너기, 한길긴뜨기5코넣어뜨기, 한 코 건너기, 빼뜨기] 한다.

6

[한 코 건너기, 한길긴뜨기5코넣어뜨기, 한 코 건너기, 빼뜨기]를 12번 더 한다. (반원 13개)

리본 끈 시작

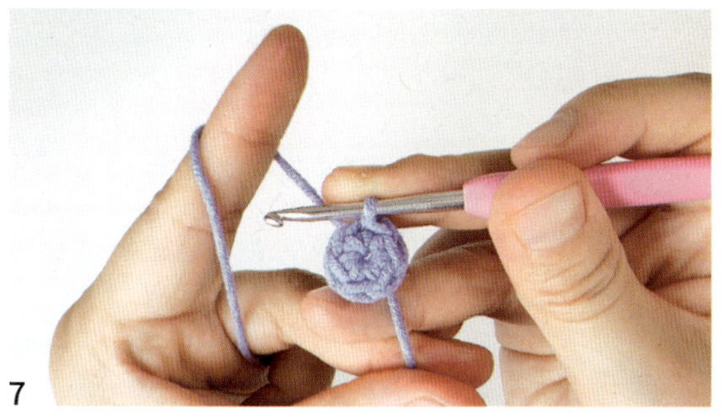

7

매직링을 만들고 **기둥코(사슬1)**를 세운다.
매직링 안에 바늘을 넣어 짧은뜨기6 한다. 첫 코에 빼뜨기한다.

리본 끈

8

사슬뜨기25 한다.

9

케이프에 한 코에 하나씩 빼뜨기로 연결한다.
이때, 기초코(사슬)에 남아있는 반코에 바늘을 넣어서 뜬다.

리본 끈 끝

10

사슬뜨기25 하고 **기둥코(사슬1)**를 세운다. 마지막 사슬의
코산에 바늘을 넣어 짧은뜨기6 한다. 실을 자르고 돗바늘에 끼운
후 사슬 모양으로 마무리한다. * 84쪽 작품 마무리하기

푸르시오 Time!

Q

"3단을 뜰 때 콧수가 안 맞아요"

A
- 한 코에 많은 코를 넣으면 다음 코가 숨어서 잘 안 보일 수 있어요.
  그 부분을 확인해 주세요.
- 2단에서 콧수가 틀린 건 아닌지 확인하세요.
  ★ 총 51코입니다.

Q

"착용했더니 사이즈가 작아요"

A
- 기초코는 목둘레보다 살짝 크게 시작하는 것이 좋습니다.
  목둘레에 맞게 콧수를 조절하세요.
- 리본 끈만 풀어서 양쪽 끝 사슬을 여유 있게 만들어주세요.

check-list

☑ 짧은뜨기 기둥코는 콧수로 세지 않습니다.

☑ 한길긴뜨기 기둥코는 콧수로 셉니다.

응용 램스울 케이프

램스울은 빈티지한 색감이
예쁘지만 가닥가닥
갈라지는 실이라서 조금
어려울 수 있어요.
실 사이로 바늘이 빠지지
않도록 주의하세요.

	실	램스울 메종 20g(1볼 + 1볼로 5개 가능)
	색상	35 베이비스카이 블루 + 14 도토리브라운
	바늘	모사용 코바늘 5호
	사이즈	목둘레 26cm
	응용 레시피	기초코 사슬뜨기55 해서 시작한다. * 반원 모양은 14개입니다.

귀여운 건 못 참는 친구에게

기본 # 머랭크래커 키링

영상으로 배우기

" 제가 몇 년 전에 베이킹에 빠졌던 적이 있어요.
그때 머랭크래커를 많이 만들었는데,
모양이 너무 귀여워서 코바늘 인형으로 떠봤습니다.
이번에 책에 넣고 싶어서 새로 만든 레시피랍니다.

인형은 작아도 신경 쓸 부분이 많아서
시간이 많이 걸리는 소품이에요.
그래도 귀여운 표정을 넣고 나면
볼 때마다 웃음이 납니다.

🧶	**기법**	매직링, 사슬뜨기, 빼뜨기, 짧은뜨기 짧은뜨기2코넣어뜨기, 짧은뜨기2코모아뜨기
🧶	**실**	아이돌 20g(머랭 1볼 + 크래커 1볼 + 볼터치 1볼, 3볼로 4개 가능)
🎨	**색상**	01 크림 + 04 골드노랑 + 08 복숭아솜털
⊙	**부자재**	인형눈 단추(4mm), 인형솜(약간), 바느질용 실(검정)
✎	**바늘**	모사용 코바늘 5호
	사이즈	지름 4cm
	응용 레시피	미니 머랭이, 빅 머랭이

응용 1

331쪽 미니 머랭이

응용 2

331쪽 빅 머랭이

실 사용 tip!

• 아이돌실은 촉감이 부드러워 인형 뜨기 좋은 실이에요.
  화이트 보다는 크림색이 살짝 따뜻한 느낌이 나면서 다른 실들과 배색하기 좋습니다.

초보 탈출 tip!

• 원형뜨기단은 지름을 결정하고, 평단은 머랭이의 높이를 결정합니다.
  원형뜨기단을 늘리고 평단을 줄이면 납작한 모양을 만들 수 있어요.

푸르시오 방지 tip!

• 더블의 위치를 꼭 지켜서 뜨고, 단마다 콧수를 확인하세요.
  나중에 모아뜨기할 때 콧수가 중요합니다.

[Tip]

완성한 머랭크래커는
돗바늘 꽂이로 사용해도
좋아요.

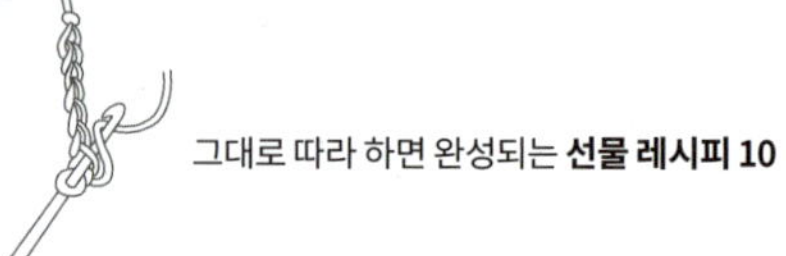

뜨기 전 한눈에 보기

1 매직링, 원형 4단 뜨기(빼뜨기 X)

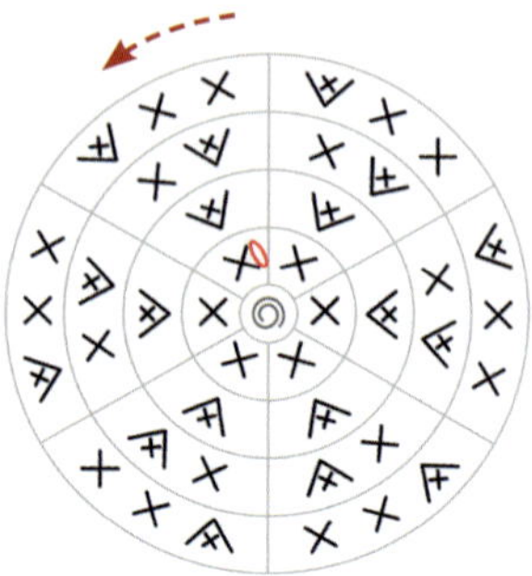

2 평단 4단 뜨기

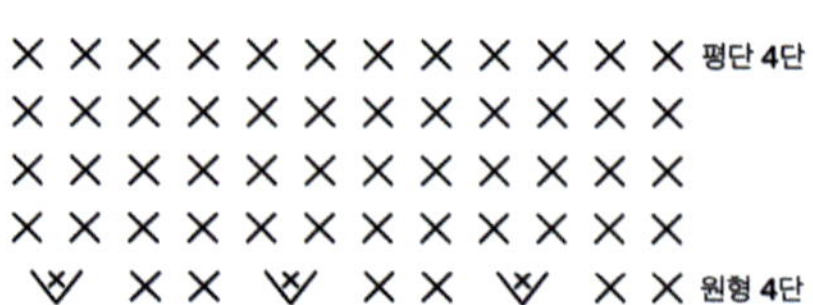

3 3단 줄이기(2단 줄이고 솜 넣기)

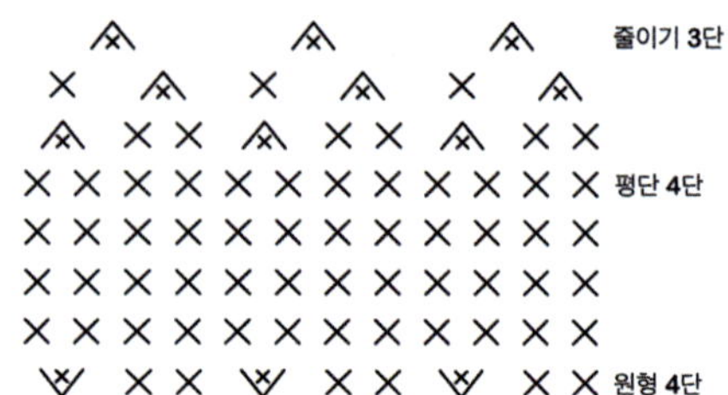

4 돗바늘로 오므리기

5 고리 만들고 표정 넣기

6 크래커 만들고 붙이기(빼뜨기 O)

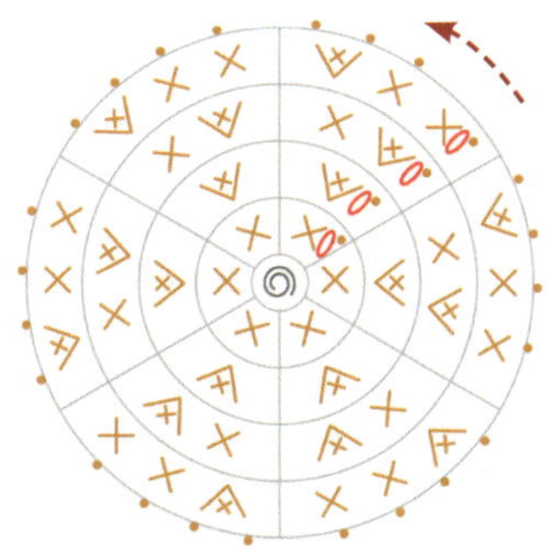

뜨개 레시피

매직링, 원형 1단

1

매직링을 만들고 **기둥코(사슬1)**를 세운다.
매직링 안에 바늘을 넣어서 짧은뜨기6 한다.

원형 2단

2

더블6 한다. (12코)
* 여기서 '더블'은 '짧은뜨기2코넣어뜨기'를 말해요.

원형 3단

3

[더블1, 짧은뜨기1]를 6번 한다. (18코)

원형 4단

4

[짧은뜨기2, 더블1]를 6번 한다. (24코)

평단 1~4단

5

한 코에 1개씩 짧은뜨기한다. (24코)

줄이기 1단

6

[짧은뜨기2, 짧은뜨기2코모아뜨기1]를 6번 한다. (18코)

줄이기 2단

7

[짧은뜨기2코모아뜨기1, 짧은뜨기1]를 6번 한다. (12코)

솜 넣기

8

원형 편물 안에 솜을 넣는다. * 솜을 너무 많이 넣으면 공처럼 될 수 있어요. 적당히 넣고 아래 부분을 평평하게 만져주세요.

줄이기 3단

9

짧은뜨기2코모아뜨기6 한다. (6코)

마무리

10

돗바늘로 구멍을 오므리고 반대편(머랭이 윗 부분) 가운데로 꼬리실을 빼놓는다.

고리 & 표정

11

바느질용 실에 눈단추를 끼우고, 실을 돗바늘에 끼워 원하는 위치에 달아준다. 바느질용 실로 입 모양을 달고, 아이돌실로 볼터치를 넣어준다. 과정 ⑩에서 빼놨던 꼬리실로 사슬뜨기30 해서 고리를 만든다. 꼬리실은 머랭 안으로 숨긴다.

크래커

12

매직링, 1단 **기둥코(사슬1)**, 짧은뜨기6 하고 첫 코에 빼뜨기한다. 4단까지 원형뜨기하고, 5단은 모든 코에 빼뜨기한다. 실을 자르고 돗바늘에 끼운 후 사슬 모양을 만든다. 꼬리실을 이용해 머랭에 붙여준다. * 84쪽 작품 마무리하기 * 327쪽 6번 도안 참고

푸르시오 Time!

Q "모아뜨기가 어려워요"

A
- 콧수를 줄이는 게 원래 어려운데 크기가 작아서
  손이 마음대로 움직이지 않죠?
  편물을 반으로 접어서 모아뜨기하면 조금 수월합니다.

Q "공이 됐어요"

A
- 공뜨는 방법과 똑같아서 그렇답니다.
  솜을 조금 덜 넣고 아랫부분을 평평하게 만져주세요.

Q "표정을 예쁘게 넣고 싶어요"

A
- 저도 표정 넣는 게 어렵더라고요.
  표정을 넣고 싶은 곳에 미리 시침핀으로 표시해보세요.

check-list

- ☑ 기둥코와 빼뜨기코는 콧수로 세지 않습니다.

- ☑ 바닥은 단마다 6코씩 늘어납니다.
  1단을 8코로 시작하면 단마다 8코씩 늘어나요.

응용1 미니 머랭이

❝ 작은 사이즈는 핸드폰에 걸면
귀엽답니다. 볼체인 등
부자재가 없다면 핸드폰 고리에
사슬뜨기로 달아도 좋아요.

🧶 **실**	아이돌 10g (1볼 + 1볼 + 1볼로 8개 가능)
🎨 **색상**	01 크림 + 04 골드노랑 + 08 복숭아솜털
🪡 **바늘**	모사용 코바늘 5호
🔘 **부자재**	인형눈 단추(4mm), 인형솜(약간), 바느질용 실(검정), 휴대폰 태그홀더
📏 **사이즈**	지름 3cm
🧶 **응용 레시피**	① 바닥 3단, 평단 3단 뜬다. ② 줄이기는 2단 한다. ③ 고리(사슬3)를 만든다. ＊32:08 영상으로 보기

응용2 빅 머랭이

❝ 큼직한 통통이 사이즈예요.
가방에 걸면 귀엽습니다.

🧶 **실**	아이돌 30g(3볼로 2개 가능) (1볼 + 1볼 + 1볼로 8개 가능)
🎨 **색상**	01 크림 + 04 골드노랑 + 08 복숭아솜털
🪡 **바늘**	모사용 코바늘 5호
🔘 **부자재**	인형눈 단추(4mm), 인형솜(약간), 바느질용 실(검정),
📏 **사이즈**	지름 5cm
🧶 **응용 레시피**	① 바닥 5단, 평단 5단 뜬다. ② 줄이기는 4단 한다. ③ 고리(사슬40)를 만든다.

한 해 동안 감사했던 선생님께

기본 통통 오색 복주머니

영상으로 배우기

> 뜨개로 만든 소품을 선물하기 좋은 시즌들이 있어요.
> 5월엔 카네이션, 연말엔 트리 장식, 새해엔 복주머니입니다.
>
> 특히 복주머니는 연말부터 새해까지 많이 뜨는 소품인데요,
> 이 복주머니는 윗부분에만 색을 넣어서
> 배색이 어렵지 않아요.
>
> 한 해를 돌아보며 감사할 분이 많다는 건
> 행복한 사람이라는 뜻이겠죠?
> 선물할 분들이 많으시길 바랍니다.

	기법	매직링, 사슬뜨기, 빼뜨기, 한길긴뜨기, 한길긴뜨기2코넣어뜨기, 두길긴뜨기
	실	아몬드 50g(몸통 1볼 + 배색 6볼, 7볼로 1개 가능)
	색상	49 바닐라(몸통) + 44 파스텔살구 + 15 바나나우유 + 37 파스텔민트 + 30 소라하늘 + 11 연보라 + 17 연그레이(조임끈)
	부자재	나무볼(10mm)
	바늘	모사용 코바늘 5호
	사이즈	지름 10cm, 높이 9cm
	응용 레시피	램스울 복주머니

339쪽 램스울 복주머니

실 사용 tip!

- 안에 솜이 들어간 실이에요. 코도 잘 보이고 형태가 잘 잡히는 실입니다.
  이런 실들은 두꺼운 경우가 많은데 아몬드 실은 얇아서 파우치 뜨기 좋답니다.

초보 탈출 tip!

- 마지막 단에 5가지 색을 같은 콧수로 배색하기 위해서
  바닥은 5의 배수인 10으로 시작했습니다.

푸르시오 방지 tip!

- 더블의 위치를 꼭 지켜서 뜨고, 단마다 콧수를 확인해 주세요.
  나중에 조임끈 넣는 빈칸을 만들 때 콧수가 중요합니다.

뜨기 전 한눈에 보기

1 원형 바닥 6단 뜨기

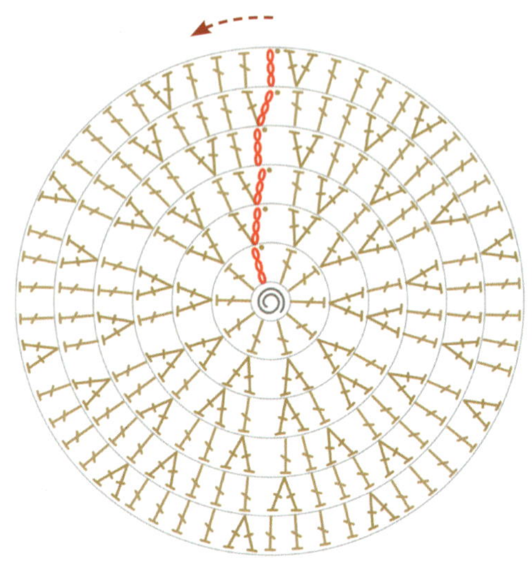

2 몸통 평단 8단 뜨기

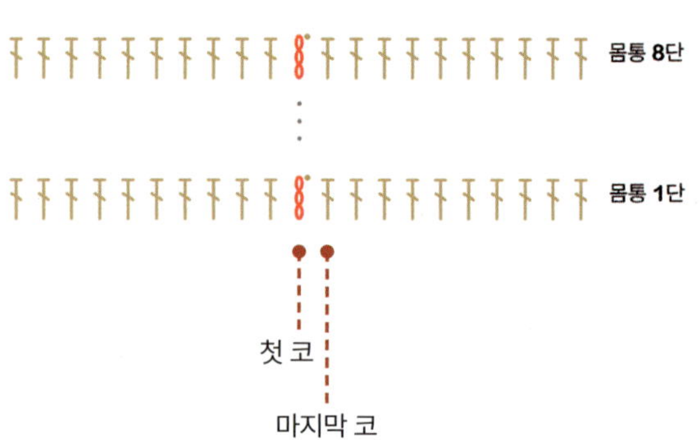

3 몸통 9단, 조임끈 구멍 만들기

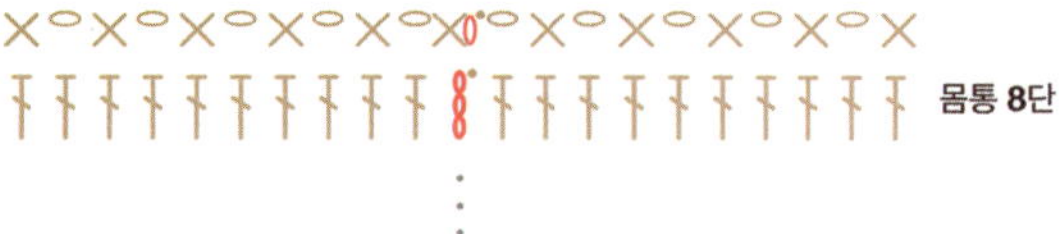

4 몸통 10단, 오색 뜨기

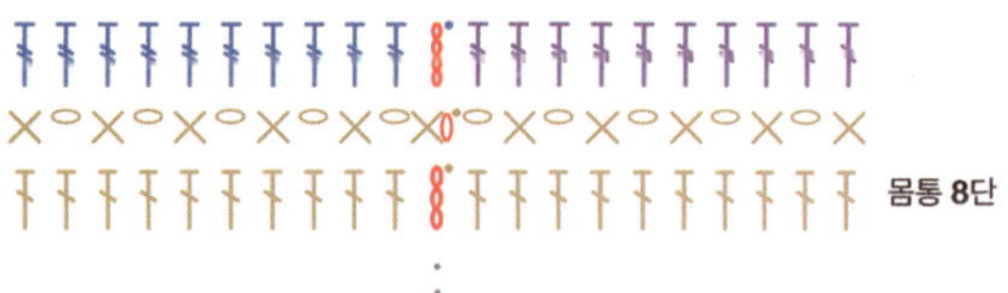

5 조임끈 끼우기

뜨개 레시피

매직링, 바닥 1단

1

매직링을 만들고 **기둥코(사슬3)**를 세운다.
매직링 안에 바늘을 넣어 한길긴뜨기9 한다. (10코)

바닥 2단

2

기둥코(사슬3) + 한길긴뜨기1 하고 더블9 한다.
마지막에 **기둥코** 세 번째 사슬에 빼뜨기한다. (20코)
★ 여기서 '더블'은 '한길긴뜨기2코넣어뜨기'를 말해요.

바닥 3단

3

기둥코(사슬3) + 한길긴뜨기1, 한길긴뜨기1 하고 [더블1, 한길
긴뜨기1]를 9번 한다. **기둥코** 세 번째 사슬에 빼뜨기한다. (30코)

바닥 4단

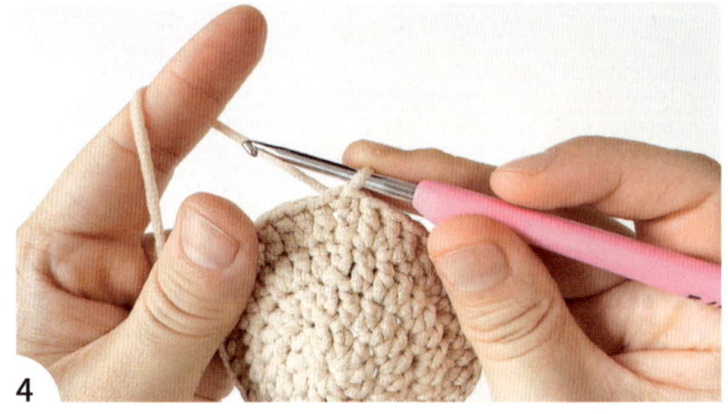

4

기둥코(사슬3), 한길긴뜨기1, 더블1 하고 [한길긴뜨기2, 더블1]를
9번 한다. **기둥코** 세 번째 사슬에 빼뜨기한다. (40코)

바닥 5단

5

기둥코(사슬3) + 한길긴뜨기1, 한길긴뜨기3 하고 [더블1, 한길
긴뜨기3]을 9번 한다. **기둥코** 세 번째 사슬에 빼뜨기한다. (50코)

바닥 6단

6

기둥코(사슬3), 한길긴뜨기3, 더블1 하고 [한길긴뜨기4, 더블1]를
9번 한다. **기둥코** 세 번째 사슬에 빼뜨기한다. (60코)

몸통 1~8단

7

기둥코(사슬3)를 세우고 한길긴뜨기59 한다. (60코)
8단까지 같은 방법으로 뜨고, 기둥코 세 번째 사슬에 빼뜨기한다.

몸통 9단

8

기둥코(사슬1) + 짧은뜨기1사슬뜨기1 하고 다음 코는 건너간다.
이어서 [짧은뜨기1사슬뜨기1]를 29번 한다. (30칸)
이때, 사슬뜨기1 하고 다음 코는 건너간다.

9

첫 코에 빼뜨기하면서 실 색을 바꾼다. * 14:32 영상으로 보기

몸통 10단

10

기둥코(사슬4)를 세우고 두길긴뜨기59 한다. (오색 12코씩, 60코)
기둥코 네 번째 사슬에 빼뜨기한다. 사슬 모양으로 마무리한다.
* 색마다 12번째 코에서 다음 색으로 바꿉니다.
* 84쪽 작품 마무리하기

조임끈

11

사슬뜨기80 해서 조임끈을 만들고, 9단에서 만들었던
빈칸에 끼운다. 이때, 기둥코 있는 곳을 뒷면으로 놓고
오른쪽 측면에서부터 끼운다.

마무리

12

조임끈에 나무볼을 끼우고 끝은 묶어서 자른다.

푸르시오 Time!

Q "바닥 늘리는 게 어려워요"

A
- 코가 마음대로 늘어나고 줄어드나요?
  콧수를 늘리는 건 원래 쉽지 않답니다. 공식에 맞게 차근차근 늘려보세요.

Q "빈칸을 만드는데 콧수가 안 맞아요"

A
- 전 단에서 콧수가 잘못된 건 아닌지 확인하세요.
  ＊ 총 60코입니다.
- 바닥 마지막 단 콧수를 확인해보세요.
  ＊ 총 60코입니다.

Q "조임끈을 넣는데 칸 수가 안맞아요"

A
- 조임끈을 넣을 때 빠뜨린 칸이 있진 않나요?
- 칸 수(30칸)를 확인해 주세요.
  칸 수가 안 맞으면 전 단부터 풀면서 틀린 곳을 찾아야 합니다.

check-list

☑ 첫 코는 무조건 기둥코를 세웁니다. 그래서 바닥 2단은 첫 코에 기둥코를
  세우고 같은 자리에 한길긴뜨기1를 넣어서 첫 번째 더블을 만듭니다.

☑ 콧수는 단마다 10코씩 증가합니다.
  1단에서 11코로 시작했다면 단마다 11개씩 증가합니다.

응용 램스울 복주머니

램스울은 한복과
잘 어울려요.
실이 가닥 가닥 갈라지는
특성이 있으니 바늘이
실 사이로 빠지지 않도록
주의해서 뜨세요.

실		램스울 메종 40g (몸통 1볼 + 배색 6볼, 7볼로 1개 가능)
색상		08 아이보리연베이지(몸통) + 03 살구핑크 + 16 연레몬 + 24 완두콩 + 35 베이비스카이블루 + 41 연보라 + 32 화이트그레이멜란지(조임끈)
바늘		모사용 코바늘 5호
사이즈		바닥 지름 10cm, 높이 9cm
응용 레시피		기본 레시피와 같은 방법으로 뜬다.

초등학교에 입학하는 조카에게

기본 # 사탕 꽃다발

영상으로 배우기

> 아이들 졸업식이나 입학식 날이면
> 사탕과 귀여운 인형을 포장한
> 꽃다발을 많이 보셨을 거예요.
>
> 우리는 뜨개인이니까,
> 사탕 꽃다발을 떠보면 어떨까요?
>
> 시들지 않아 다른 기념일에 다시 활용하기도 좋고,
> 예쁘고 귀여워서 인테리어 소품으로
> 전시해두기도 좋답니다.

🧶	**기법**	사슬뜨기, 빼뜨기, 한길긴뜨기, 한길긴뜨기5코넣어뜨기, 한길긴뜨기앞걸어뜨기
🧶	**실**	아이돌 30g(몸통 1볼 + 꽃잎 1볼 + 포인트 1볼 + 리본 1볼, 4볼로 2개 가능)
🎨	**색상**	53 파스텔연베이지 + 07 복숭핑크(또는 16 연보라) + 28 에머럴드궁전 + 33 카레브라운
🔘	**부자재**	막대 사탕 12개
✏️	**바늘**	모사용 코바늘 5호
📏	**사이즈**	지름 8cm
🧺	**응용 레시피**	램스울 사탕 꽃다발

347쪽 램스울 사탕 꽃다발

실 사용 tip!

- 아이돌실은 색이 정말 다양해서 배색할 색을 고르는 게 고민이죠.
  몸통은 아이보리 계열, 가장자리 꽃잎은 핑크나 보라,
  마지막 단은 포인트 줄 수 있는 색, 리본 끈은 브라운을 추천합니다.

초보 탈출 tip!

- 한 개의 꽃잎을 뜨는데 6코가 필요합니다.
  기초코 사슬 개수를 6의 배수로 시작해 주세요.

푸르시오 방지 tip!

- 한 코에 많은 코를 넣고 나면 다음 코가 숨어서 잘 안보입니다.
  코를 잘 찾으면서 뜨세요.

뜨기 전 한눈에 보기

1 사슬뜨기로 원형 만들기

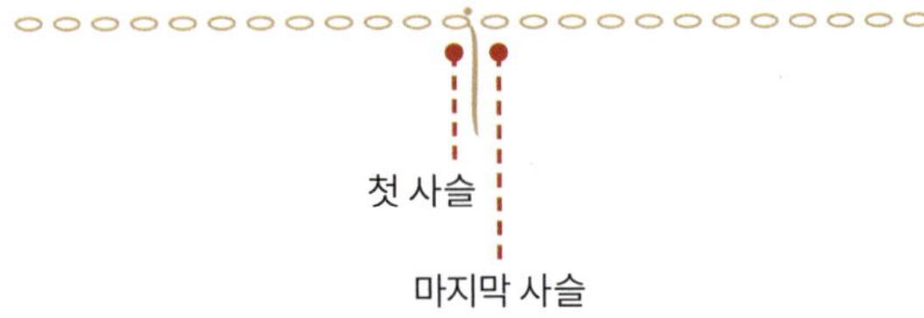

2 1단 뜨기

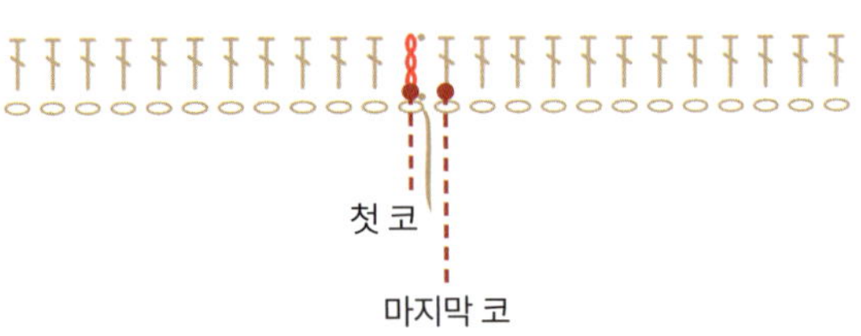

3 2~3단 꽃잎 뜨기

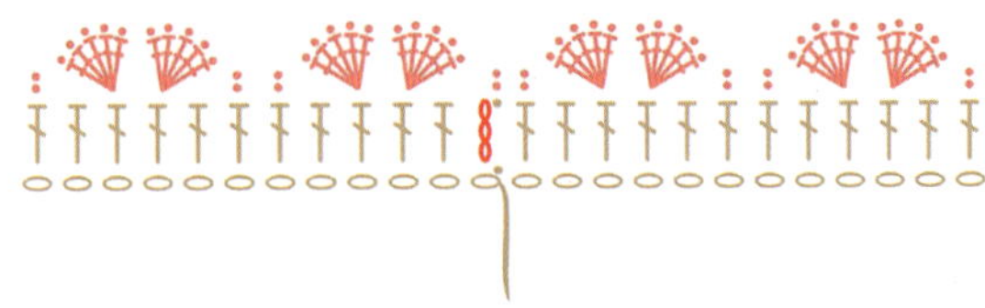

4 4~13단 뜨기

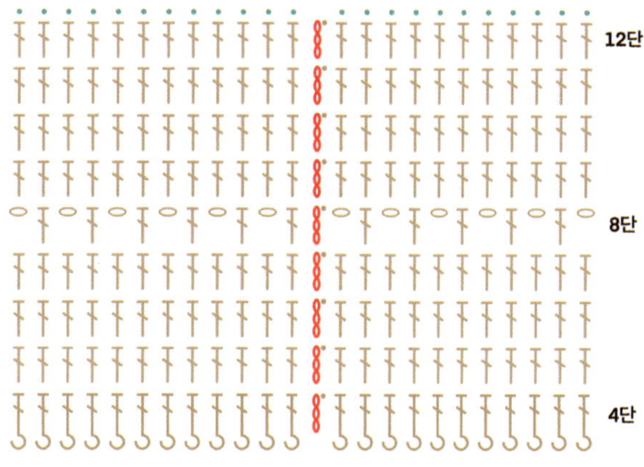

5 사탕 다발 만들기

6 리본끈 끼우고 묶기

뜨개 레시피

시작 매듭, 기초코

1

시작 매듭을 만들고 사슬뜨기48 한다. 첫 코에 빼뜨기해서 사슬을 원형으로 만든다.

1단

2

기둥코(사슬3)를 세우고 다음 사슬부터 한길긴뜨기47 한다. (48코)
사슬의 코산과 반코에 바늘을 넣어서 뜬다. 빼뜨기코에서 실을
바꾼다. ＊ 79쪽 기초코에서 코산과 반코 줍기 ＊ 6:09 영상으로 보기

2단

3

한 코 건너기, 한길긴뜨기5코넣어뜨기2, 한 코 건너기, 빼뜨기하면
1번 꽃잎이 된다. 이어서 [빼뜨기, 한 코 건너기, 한길긴뜨기5코
넣어뜨기2, 한 코 건너기, 빼뜨기]를 7번 한다. (꽃잎 8개)

3단

4

기둥코 세 번째 사슬에 빼뜨기하고, 1번 꽃잎부터 마지막 코까지
한 코에 하나씩 빼뜨기한다. 사슬 모양으로 마무리한다.
＊ 84쪽 작품 마무리하기

4단

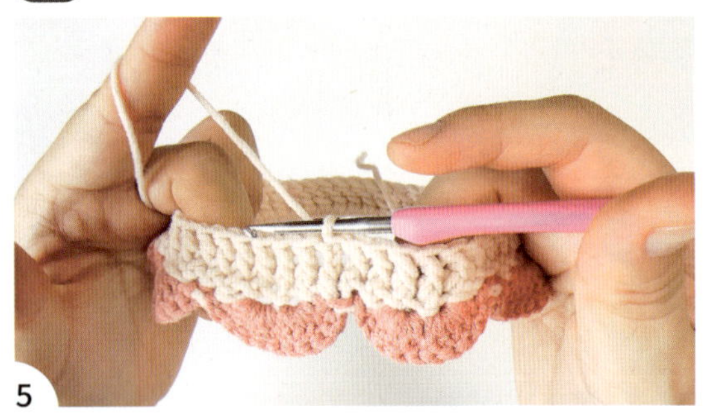

5

뒷면이 보이게 잡는다. 1단 **기둥코**를 바늘로 걸고, 실을 감아서
기둥코 오른쪽으로 뺀다. **기둥코(사슬3)**를 세우고 한길긴뜨기
앞걸어뜨기47, **기둥코** 세 번째 사슬에 빼뜨기한다. (48코)

5~7단

6

기둥코(사슬3)를 세우고, 다음 코부터 한길긴뜨기47 한다. (48코)
기둥코 세 번째 사슬에 빼뜨기한다. 같은 방법으로 7단까지 뜬다.

8단

7

기둥코(사슬3)사슬뜨기1 하고 다음 코는 건너간다.
이어서 [한길긴뜨기1사슬뜨기1]를 23번 한다. (24칸)
이때, 사슬뜨기1 하고 다음 코는 건너간다.
마지막에 **기둥코** 세 번째 사슬에 빼뜨기한다.

9~12단

8

기둥코(사슬3)를 세우고 한길긴뜨기47 한다. (48코)
마지막에 **기둥코** 세 번째 사슬에 빼뜨기한다. 같은 방법으로
12단까지 뜨고, 12단의 빼뜨기코에서 실을 바꾼다.
* 21:55 영상으로 보기

13단

9

바꾼 실로 마지막 코까지 한 코에 하나씩 빼뜨기한다.
사슬 모양으로 마무리한다. * 84쪽 작품 마무리하기

조임끈

10

사슬뜨기80 해서 조임끈을 만든다. 8단에서 만든 빈칸에 끼운다.
이때, **기둥코** 반대편에서 끼우기 시작한다.

사탕 다발

11

사탕을 다발로 모아 고무줄로 고정시킨다.

리본

12

사탕 다발을 편물에 넣고 조임끈을 리본으로 묶는다.
리본 끝은 매듭으로 묶고 자른다.

푸르시오 Time!

Q "꽃잎이 예쁘게 안돼요"

A
- 한길긴뜨기를 5개 넣을 때 코들이 들쭉 날쭉하면 예쁘게 되지 않아요.
  코들의 크기가 비슷하도록 떠야합니다.
- 빼뜨기할 때도 신경써서 일정하게 해야 예쁩니다.

Q "빈칸의 개수가 안 맞아요"

A
- 전 단에서 콧수가 잘못된 건 아닌지 확인하세요.
  ＊ 총 48코입니다.

Q "조임끈을 넣는데 칸 수가 안 맞아요"

A
- 조임끈 넣을 때 빠뜨린 칸이 있진 않나요?
- 칸 수(24칸)를 확인하세요.
  칸 수가 안 맞으면 전 단부터 풀면서 틀린 곳을 찾아야 합니다.

check-list

☑ 기초코는 6의 배수로 시작합니다.
꽃잎 하나를 뜨는 데 6코가 필요합니다.
그래서 48코로 시작하면 꽃잎이 8개 나옵니다.

☑ 조임끈 넣는 빈칸의 개수는 전 단의 콧수를
2로 나누면 됩니다(48코였다면 24칸).

응용 램스울 사탕 꽃다발

	실	램스울 메종 30g (1볼 + 1볼 + 1볼 + 1볼로 2개 가능)
	색상	08 아이보리연베이지 + 03 살구핑크 + 14 도토리브라운 + 24 완두콩
	바늘	모사용 코바늘 5호
	사이즈	지름 8cm
	응용 레시피	기본 레시피와 같은 방법으로 뜬다.

기본 생리대 파우치

영상으로 배우기

❝ 여자들에게 생리대 파우치는 필수템이죠.
첫 생리를 기다리고 있는 딸을 위해 만들었어요.

갑자기 찾아올 그 날이 두렵지 않도록
한쪽에는 생리대, 다른 쪽에는 여분의 속옷을
넣어주면 어떨까요?

포켓이 2개라 넉넉해서
여행갈 때 챙겨도 좋은 아이템입니다.

	기법	시작 매듭, 사슬뜨기, 빼뜨기, 한길긴뜨기
	실	라라튜브 2겹 70g(1콘 + 1콘으로 2개 가능)
	색상	초코베이지 + 파스텔라일락 (또는 초코베이지 + 모히또)
	부자재	발자석 단추(10mm~)
	바늘	모사용 코바늘 5호
	사이즈	가로 11cm, 세로 11cm
	응용 레시피	대형 파우치, 합사해서 뜨기

355쪽 대형 파우치

355쪽 합사해서 뜨기

실 사용 tip!

- 라라튜브는 파스텔톤 색상이 사랑스러운데다, 술술 잘 떠지는 실이에요.
  살짝 얇은 편이라 2겹을 잡고 떴습니다.

초보 탈출 tip!

- 포켓 두 개를 마주 보게 놓고 돗바늘로 감아서 연결했어요.
  모티브를 연결할 때도 쓰는 방법이라 알아두면 좋습니다.

푸르시오 방지 tip!

- 포켓 두 개를 돗바늘로 연결할 때 빠뜨리는 코가 없도록 주의하세요.

뜨기 전 한눈에 보기

1 기초코, 바닥 1단 뜨기

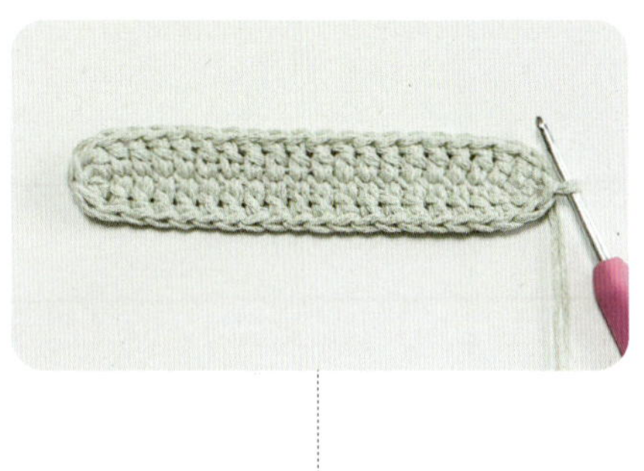

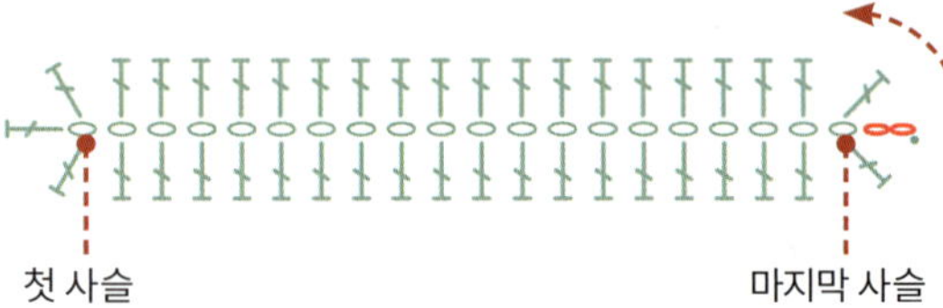

2 몸통 1단 뜨기

3 몸통 2~10단 뜨기

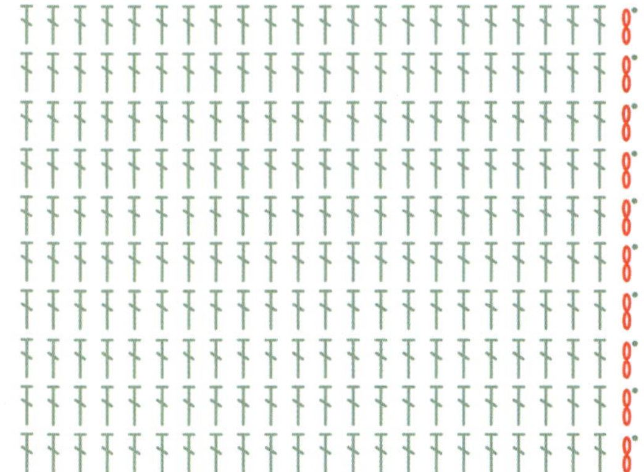

4 몸통 11단(겉면 연결부분) 뜨기

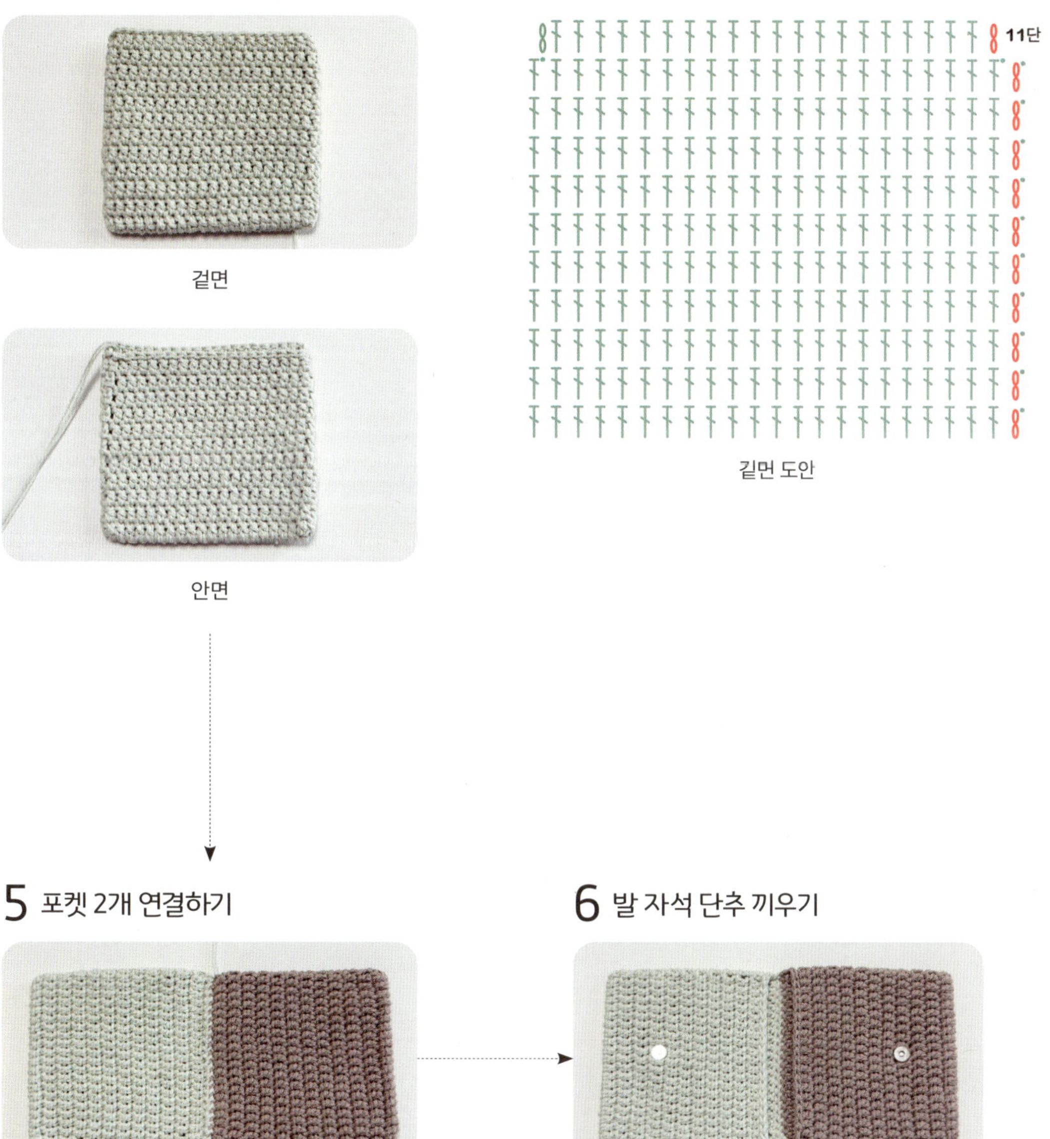

겉면

안면

11단

겉면 도안

5 포켓 2개 연결하기

6 발 자석 단추 끼우기

뜨개 레시피

시작 매듭, 기초코, 바닥 시작

1

시작 매듭을 만들고 사슬뜨기20 한다. 기초코 마지막 사슬에
기둥코(사슬2) + 한길긴뜨기1 한다. 이때, 사슬의 코산과 뒤
반코에 바늘을 넣어서 뜬다. ＊ 79쪽 기초코에서 코산과 반코 줍기

바닥 1단(기초코 위)

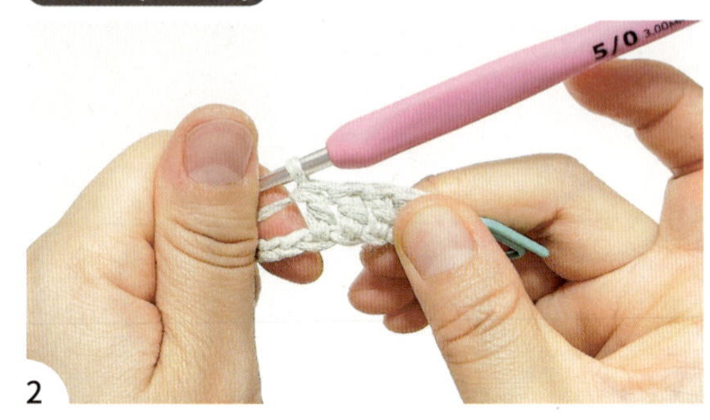

2

다음 사슬부터 한길긴뜨기18 한다.

바닥 1단

3

기초코 첫 번째 사슬에 한길긴뜨기3 한다.

바닥 1단(기초코 아래)

4

다음 사슬부터 다리 아래 남아있는 반코에 한길긴뜨기18 한다.

바닥 끝

5

기초코 마지막 사슬에 돌아오면 한길긴뜨기1 하고
기둥코 두 번째 사슬에 빼뜨기한다. (42코)

몸통 1~10단

6

기둥코(사슬2)를 세우고 한길긴뜨기41 한다. **기둥코** 두 번째
사슬에 빼뜨기한다. (42코) 10단까지 같은 방법으로 뜬다.

몸통 11단 겉면(연결 부분)

7

기둥코(사슬2)를 세우고 한길긴뜨기20, 사슬뜨기2 + 빼뜨기한다.
* 기둥코 위치가 사선으로 기울었다면 왼쪽으로 1~2코
빼뜨기해서 측면으로 이동한 후에 뜹니다.

몸통 11단 안면

8

안면은 마지막 코까지 한 코에 하나씩 빼뜨기한다.

1번 포켓 마무리

9

실을 길게 남기고 잘라 돗바늘에 끼운 후 사슬 모양을 만든다.
2번 포켓도 1번 포켓과 같은 방법으로 뜬다. 이때, 2번 포켓은
꼬리실을 숨겨준다.

포켓 연결

10

1, 2번 포켓의 겉면이 위로 오도록 마주보고 놓는다.
이때, 서로 11단(연결 부분)이 닿도록 한다.

11

과정 ⑨에서 길게 남겼던 꼬리실을 돗바늘에 끼워
양쪽 머리를 이어준다.

발자석 단추

12

포켓 중앙 부분에 발자석 단추를 끼운다.

푸르시오 Time!

Q "첫 코 자리가 많이 기울었어요"

A
- 손힘이 쫀쫀하면 더 기울 수 있습니다.
  연결부분(11단) 뜨기 전에 빼뜨기로 이동해 주세요.

Q "포켓 두 개를 연결 하는데 콧수가 안맞아요"

A
- 돗바늘로 연결할 때 빠뜨린 머리가 없는지 확인하세요.
- 포켓 마지막 단 콧수가 맞는지 확인하세요.
  * 22코 입니다.

check-list

☑ 한길긴뜨기 기둥코는 콧수로 셉니다.

☑ 단이 끝날 때 하는 빼뜨기코는 콧수로 세지 않습니다.

☑ 연결부분(11단) 뜨기 전에 코가 기운 만큼
   빼뜨기로 이동합니다.

응용 1 대형 파우치

" 입는 생리대가 들어가는
사이즈예요. 속옷 파우치로
사용해도 좋습니다.

	실	라라튜브 2겹 100g (1콘 + 1콘으로 2개 가능)
	색상	초코브라운 + 모히또
	바늘	모사용 코바늘 5호
	사이즈	가로 14cm, 세로 14cm
	응용 레시피	① 기초코 사슬뜨기26 한다. ② 바닥 1단, 몸통 14단 뜬다. ③ 연결부분(15단)은 28코 뜬다.

응용 2 합사해서 뜨기

" 2가지 실을 합사하면
독특한 느낌을 낼 수 있답니다.

	실	아이돌 + 방울실 70g(아이돌 2볼 + 방울실 1볼로 1개 가능)
	색상	53 파스텔연베이지 + 형광오렌지 ＊방울실과 합사할 때는 아이보리 계열을 추천해요.
	바늘	모사용 코바늘 5호
	사이즈	가로 11cm, 세로 11cm
	응용 레시피	기본 레시피와 같은 방법으로 뜬다.

목감기를 달고 사는 엄마에게

기본 꽈배기 목도리

영상으로 배우기

" 어떻게 하면 초보분들도
코가 잘 안 보이는 겨울실로 뜰 수 있을까
고민하다가 만든 목도리예요.

코의 다리를 손으로 만져서 잘 찾아내면
충분히 뜰 수 있습니다.

뜨기 좋은 울러버 실로 연습하고,
뽀글뽀글 귀여운 겨울실로도 완성해보세요.
사이즈를 조절하면 아이용부터 어른용까지
온 가족이 쓸 수 있는 목도리랍니다.

기법	시작 매듭, 사슬뜨기, 한길긴뜨기, 한길긴뜨기앞걸어뜨기, 한길긴뜨기뒤걸어뜨기	
실	울러버 50g(1볼로 1개 가능)	
색상	26 카멜브라운(또는 08 베이지)	
바늘	모사용 코바늘 8호	
사이즈	길이 60cm, 폭 5cm	
응용 레시피	뽀글이 목도리, 세안 머리띠	

363쪽 뽀글이 목도리

363쪽 세안 머리띠

실 사용 tip!

- 부드럽고 술술 잘 떠지는 겨울용 실입니다.
  앞걸어뜨기, 뒤걸어뜨기는 편물이 촘촘하게 나오는 편이니
  권장 바늘보다 큰 바늘로 뜨세요.

초보 탈출 tip!

- 앞걸어뜨기는 바늘이 앞에서 들어가고,
  뒤걸어뜨기는 바늘이 뒤에서 들어온다는 것을 기억하세요.

푸르시오 방지 tip!

- 목에 둘렀을 때 살짝 여유있는 길이까지 뜬 후 구멍을 만듭니다.

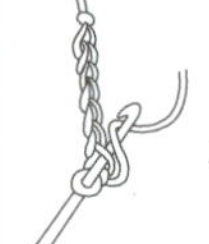

뜨기 전 한눈에 보기

1 시작 매듭, 기초코, 1단 뜨기

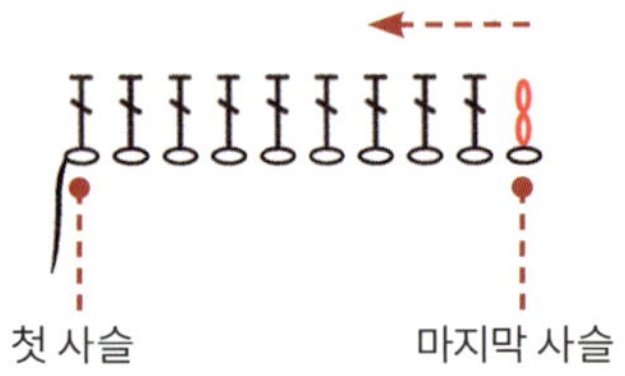

2 2단 뜨기(뒤걸어뜨기)

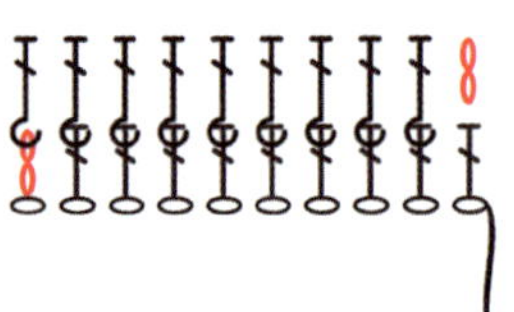

3 3단 뜨기(앞걸어뜨기)

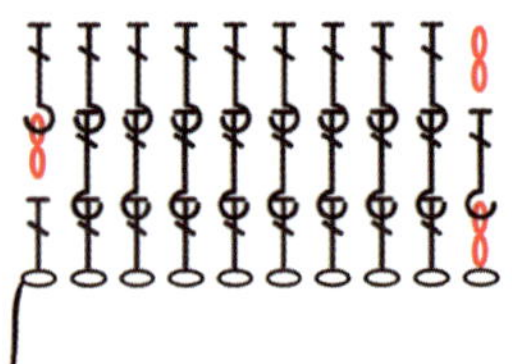

4 4~51단 뜨고, 52단(짝수단)에서 구멍 만들기

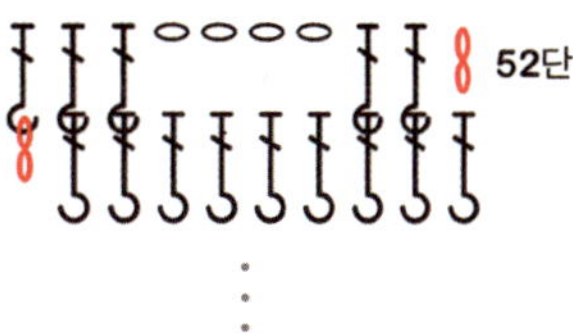

5 53단 뜨기

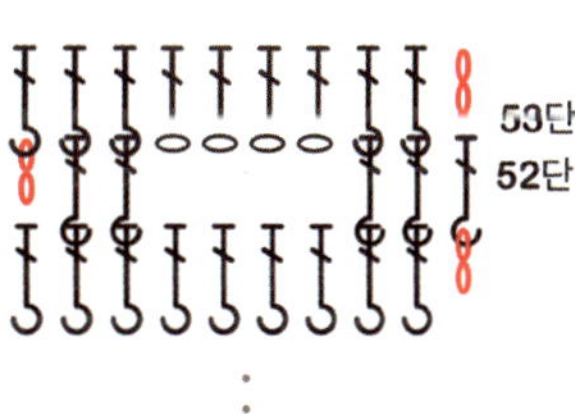

6 54~61단 뜨기

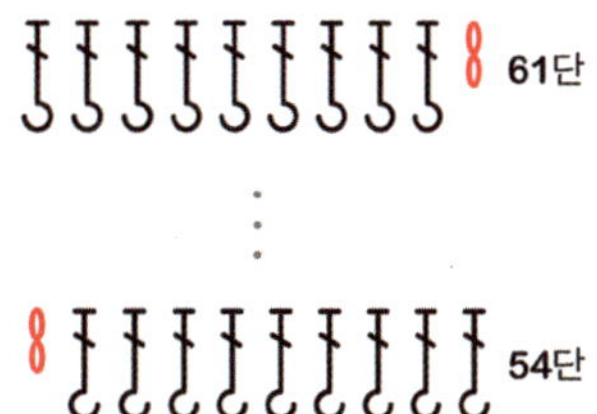

뜨개 레시피

시작 매듭, 기초코

1

시작 매듭 만들고 사슬뜨기10 한다.

3

다음 코부터 사슬의 코산과 뒤 반코에 바늘 넣어서 한길긴뜨기9 한다. (10코) * 79쪽 기초코에서 코산과 반코 줍기

5

다음 코부터 한길긴뜨기뒤걸어뜨기9 한다. (10코)

1단

2

기둥코(사슬2)를 세운다.

2단

4

기둥코(사슬2)를 세우고 편물을 뒤집는다. * 편물을 뒤집을 때는 계속 같은 방향으로 돌리며 뒤집어야 모양이 균일하게 나와요.

3단

6

기둥코(사슬2)를 세우고 편물을 뒤집는다.

3단

7

한길긴뜨기앞걸어뜨기9 한다. (10코)

51단

8

2~3단과 같은 방법으로 51단까지 뜬다. (10코)

★ 구멍을 만들기 전, 목둘레에 맞게 단수를 조절해도 좋아요.

52단(구멍)

9

기둥코(사슬2)를 세우고 편물을 뒤집는다. 한길긴뜨기뒤걸어뜨기2,
사슬뜨기4, 한길긴뜨기뒤걸어뜨기3 한다. (10코)
이때, 사슬뜨기4 하고 4코를 건넌다.

53단

10

기둥코(사슬2)를 세우고 편물을 뒤집는다. 한길긴뜨기앞걸어뜨기2,
한길긴뜨기4, 한길긴뜨기앞걸어뜨기3 한다. (10코)

★ 한길긴뜨기4 는 구멍에 바늘을 넣어서 뜹니다.

54~61단

11

2~3단과 같은 방법으로 61단까지 뜨고 끝매듭(사슬1)을 한다.
(10코) 실을 자르고 돗바늘에 끼운 후 꼬리실을 숨긴다.

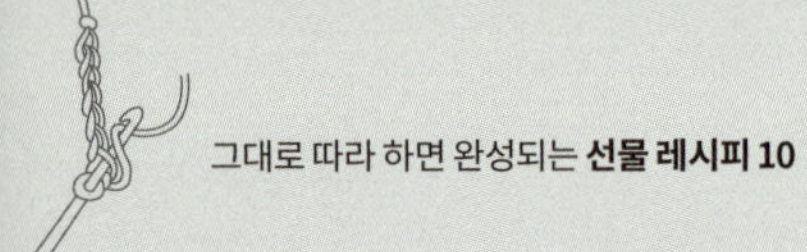

푸르시오 Time!

Q **"뒤걸어뜨기가 어려워요"**

A
- 세 가지를 기억하세요.
  ① 다리 오른쪽 뒤에서 바늘이 들어온다.
  ② 다리를 바늘로 눌러준다.
  ③ 실을 감아서 다리 오른쪽으로 뺀다.
  ★ 감아서 다리 오른쪽으로 뺄 때 길게 빼줍니다.

Q **"편물 양쪽 끝이 말려요"**

A
- 원래 그런 디자인이랍니다. 끝이 돌돌 말리는 귀여운 모습에 꽈배기 목도리라고 이름 붙였어요.

Q **"착용하니까 답답해요"**

A
- 목둘레에 따라 구멍 만들기 전의 단수가 적을 수 있습니다. 구멍 만들기 전, 목에 감아보고 작다면 단수를 더 늘려 만드세요.

check-list

☑ 한길긴뜨기 기둥코는 콧수로 셉니다.

☑ 구멍 바로 전 단까지 뜨고 목에 걸어서 길이를 재보세요.

☑ 구멍은 짝수단에서 만듭니다.

응용1 뽀글이 목도리

" 뽀글뽀글해서 귀엽지만 코가 잘
안보여 어려울 수 있는 실이에요. 대신,
틀려도 티가 잘 안 나는 실이랍니다.
첫 단만 집중해서 뜨고, 다음 단부터
다리만 잘 찾아 뜨면 됩니다.

응용2 세안 머리띠

" 착용법을 조금 바꾸면 머리띠로
사용할 수 있어요. 얼굴에 닿는 느낌이
부드러운 극세사실로 떠보세요.
이마에서 흘러내리지 않도록
구멍을 작게 만들어 주는 게 좋아요.

실	셜리 40g(1볼로 2개 가능)	
색상	704 에버닌(또는 705 베이지)	
바늘	모사용 코바늘 9호	
사이즈	길이 60cm, 폭 5cm	
응용 레시피	① 기초코 사슬뜨기8 한다. ② 40단에서 구멍(사슬4) 만든다. ③ 41단 구멍에 한길긴뜨기4 한다. ④ 47단까지 뜬다. * 22:28 영상으로 보기	

실	포슬 40g(1볼로 1개 가능)	
색상	10 에크루베이지	
바늘	모사용 코바늘 8호	
사이즈	길이 60cm, 폭 4cm	
응용 레시피	① 기초코 사슬뜨기10 한다. ② 52단에서 구멍(사슬2) 만든다. ③ 53단 구멍에 한길긴뜨기2 한다. ④ 61단까지 뜬다.	

네트백을 좋아하는 모두에게

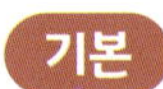

기본 # 421 무드백

영상으로 배우기

> 저는 네트백을 좋아해서 정말 다양한 네트백을 떴는데요,
> 네트백의 단점인 처지는 느낌을 보완하고 싶었어요.
> 그렇게 탄생한게 '여름 무드백'이었습니다.
> 10개나 떠서 선물했다는 분도 계실 만큼
> 많은 분들이 좋아해 주셨던 가방이랍니다.
>
> 이번에 책에 넣으면서 좀 더 쉽게 만들어봤어요.
> 내추럴하면서도 깔끔한 무드를 담은
> '421 무드백'을 소개합니다.

	기법	매직링, 사슬뜨기, 빼뜨기, 짧은뜨기, 한길긴뜨기, 빼뜨기이랑뜨기, 한길긴뜨기앞걸어뜨기, 짧은뜨기앞걸어뜨기
	실	순면 콘사 18합 250g(1콘으로 2개 가능) / 순면 색사 18합 180g(1콘으로 1개 가능)
	색상	무색(또는 베이지)
	바늘	모사용 코바늘 5호
	사이즈	바닥 16cm, 세로 16cm
	응용 레시피	숄더백, 포슬 무드백

372쪽 숄더백

372쪽 포슬 무드백

실 사용 tip!

- 면사 18합도 종류가 많은데요.
  무색 순면 콘사 18합으로 떴을 때 제일 예뻤습니다.

초보 탈출 tip!

- 사각형 바닥은 꼭짓점 네 곳에서 콧수를 늘립니다.
  첫 번째 꼭짓점만 시작할 때 한 번, 끝날 때 한 번 나눠서 늘리는데
  그 부분을 잘 봐주세요.

푸르시오 방지 tip!

- 바닥은 꼭짓점에서 콧수를 늘리면 단마다
  변의 다리(한길긴뜨기앞걸어뜨기) 개수가 증가합니다.
  한 변의 다리 개수를 세면서 뜨면 좋아요(단마다 한 변에 다리 2개씩 증가).

뜨기 전 한눈에 보기

1 바닥 1~3단 뜨기

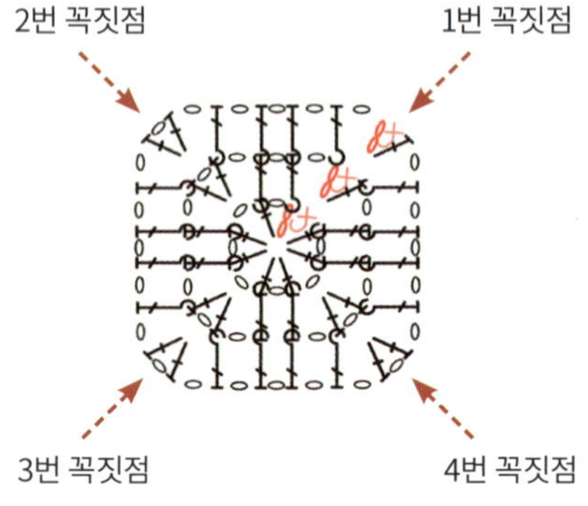

2 같은 방법으로 바닥 10단까지 뜨기

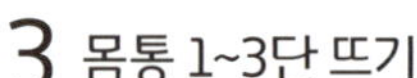

3 몸통 1~3단 뜨기

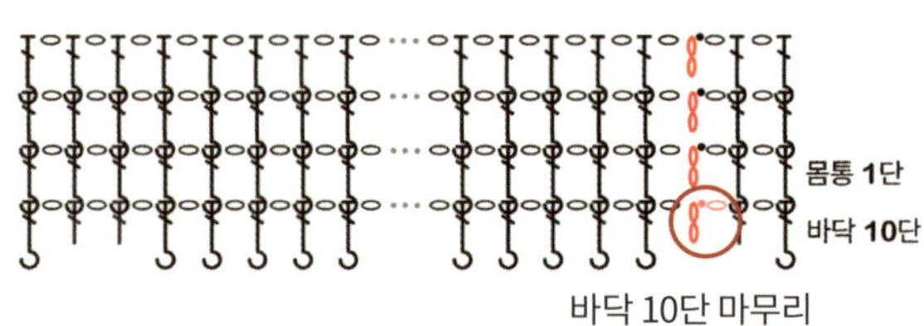

4 같은 방법으로 몸통 20단까지 뜨기

5 끈 바깥쪽 1~3단, 안쪽 1~3단 뜨기

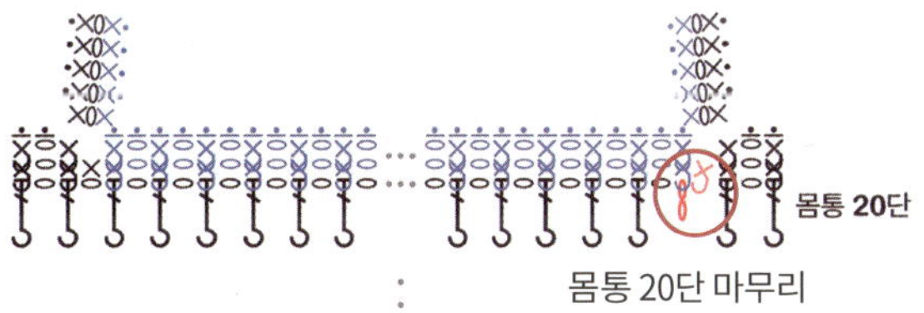

몸통 **20**단

몸통 20단 마무리

뜨개 레시피

매직링, 바닥 1단 시작

1

매직링 만들고 **기둥코(사슬2)** 사슬뜨기1 한다. 매직링 안에
바늘을 넣어서 [한길긴뜨기1사슬뜨기1]를 6번 한다.

바닥 1단 끝

2

한길긴뜨기1 더 하고, **기둥코**에 짧은뜨기앞걸어뜨기1 한다.

바닥 2단 시작

3

1번 꼭짓점에서 **기둥코(사슬2)** 사슬뜨기1 한다.

바닥 2단

4

1번 변은 [한길긴뜨기앞걸어뜨기1사슬뜨기1]를 2번 하고,
2번 꼭짓점에는 [한길긴뜨기1사슬뜨기1]를 2번 한다.
★ 다른 변과 3, 4번 꼭짓점도 동일하게 진행해요.

바닥 2단 끝

5

1번 꼭짓점에 돌아오면 한길긴뜨기1 하고, **기둥코**에 짧은뜨기
앞걸어뜨기1 한다. (한 변의 한길긴뜨기앞걸어뜨기 개수 = 2,
단마다 한 변에 2개씩 증가)

바닥 3~10단

6

2단과 같은 방법으로 10단까지 뜬다. 10단 마무리로 사슬뜨기1
하고 **기둥코**에 빼뜨기한다. 이때, 빼뜨기는 바늘로 기둥코 전체를
걸어서 한다. (한 변의 한길긴뜨기앞걸어뜨기 개수 = 18)

몸통 1단

7

기둥코(사슬2)사슬뜨기1 한다.
이어서 [한길긴뜨기앞걸어뜨기1사슬뜨기1]를 반복한다.

몸통 1단 끝

8

사슬뜨기1 하고 기둥코에 빼뜨기한다.
(한 변의 한길긴뜨기앞걸어뜨기 개수 = 20)

몸통 20단 끝

9

1단과 같은 방법으로 20단까지 뜬다.
20단 마무리로 기둥코에 짧은뜨기앞걸어뜨기1 한다.

끈 바깥쪽 1단

10

1번 끈은 1번 꼭짓점에서 사슬뜨기40 하고 2번 꼭짓점에
짧은뜨기로 연결한다.

11

이어서 몸통은 [짧은뜨기앞걸어뜨기1사슬뜨기1]를 반복하다가
3번 꼭짓점 바로 전 코에서 짧은뜨기앞걸어뜨기1 로 끝난다.
* 32:54 2번 끈과 반대편 몸통 영상으로 보기

끈 바깥쪽 2단

12

1번 끈 사슬에 한 코에 하나씩 짧은뜨기한다.
이때, 사슬의 코산과 반코에 바늘을 넣어서 뜬다.
* 79쪽 기초코에서 코산과 반코 줍기

13

이어서 몸통은 [짧은뜨기앞걸어뜨기1사슬뜨기1]를 반복하다가
3번 꼭짓점 바로 전 코에서 짧은뜨기앞걸어뜨기1 로 끝난다.
이때, 전 단의 머리를 걸어서 앞걸어뜨기한다.
* 38:12 2번 끈과 반대편 몸통 영상으로 보기

끈 바깥쪽 3단

14

끈은 한 코에 하나씩 빼뜨기, 몸통은 한 코에 하나씩 빼뜨기
이랑뜨기한다. 이때, 끈의 첫 코와 마지막 코는 건너간다.
다 뜨면 실을 자르고 돗바늘에 끼운 후 사슬 모양으로
마무리한다. * 84쪽 작품 마무리하기

끈 안쪽 1단

15

끈의 첫 코에 바늘을 넣고 실을 새로 가져와 몸통부터 시작한다.
몸통은 [짧은뜨기앞걸어뜨기1사슬뜨기1]를 반복하고,
짧은뜨기앞걸어뜨기1 로 끝난다.

끈 안쪽 2단

16

끈 안쪽은 한 코에 하나씩 짧은뜨기한다.
* 남아있는 반코에 바늘을 넣어서 뜹니다.

17

몸통은 [짧은뜨기앞걸어뜨기1사슬뜨기1]를 반복하고
짧은뜨기앞걸어뜨기1 로 끝난다.
이때, 몸통은 전 단의 머리를 걸어서 앞걸어뜨기한다.

끈 안쪽 3단

18

끈은 한 코에 하나씩 빼뜨기, 몸통은 한 코에 하나씩 빼뜨기
이랑뜨기한다. 이때, 끈의 첫 코와 마지막 코는 건너간다.
다 뜨면 실을 자르고 돗바늘에 끼운 후 사슬 모양으로
마무리한다. * 84쪽 작품 마무리하기

푸르시오 Time!

Q **"바닥이 작은 것 같아요"**

A
- 작아보여도 완성하고 물건을 넣으면 적당히 처지면서 생각보다 커집니다.
- 바닥 단수를 늘리고 싶다면, 그만큼 몸통 단수도 늘려주세요.

Q **"변마다 다리 개수가 달라요"**

A
- 한 변의 다리(한길긴뜨기앞걸어뜨기) 개수를 세면서 떠주세요.
  바닥은 단마다 한 변에 2개씩 증가합니다
- 몸통 1~10단은 변화 없이 한 변에 20개입니다.

Q **"몸통이 너무 낮은 것 같아요."**

A
- 앞걸어뜨기는 튼튼한 대신 속도가 더딥니다.
  몸통을 한참 뜬 것 같은데 아직도 바닥인거 같고 그렇답니다.
- 이 레시피에서는 낮고 귀여운 느낌을 주었는데요, 원한다면 몸통 단수를 늘려도 됩니다.

Q **"끈 뜨기가 힘들어요"**

A
- 끈을 간단하게 다는 가방도 있지만 이 가방은 중간에 짧은뜨기 단을
  넣어야 예뻐요. 힘들어도 완성하고 나면 보람이 있을거예요.

check-list

☑ 바닥 첫 번째 꼭짓점은 처음에 한 번, 끝에 한 번 나누어 코를 늘려줍니다.

☑ 바닥 마무리는 짧은뜨기앞걸어뜨기로 하다가 마지막 단만
  사슬뜨기1, 빼뜨기합니다.

☑ 몸통 마무리는 사슬뜨기1, 빼뜨기하다가 마지막 단만
  짧은뜨기앞걸어뜨기1 합니다.

응용1 솔더백

> 몸통 단수, 끈 사슬 개수를
> 늘려 솔더백 스타일로도
> 만들 수 있어요. 원한다면
> 몸통 단수를 더 늘려도 좋습니다.

	실	순면 콘사 18합 300g (1콘으로 2개 가능)
	색상	무색
	바늘	모사용 코바늘 5호
	사이즈	바닥 16cm, 높이 18cm
	응용 레시피	① 기본 레시피와 같은 방법으로 　시작해서 바닥 10단까지 뜬다. ② 몸통 25단까지 뜬다. ③ 끈(사슬110)을 만든다.

응용2 포슬 무드백

> 보슬보슬 부드럽고
> 겨울 느낌이 나는 수면사예요.
> 코가 잘 안보이지만 다리만 잘 찾아서
> 앞걸어뜨기하면 됩니다.

	실	포슬 150g(4볼로 1개 가능)
	색상	10 에크루베이지
	바늘	모사용 코바늘 5호
	사이즈	바닥 16cm, 높이 16cm
	응용 레시피	기본 레시피와 같은 방법으로 뜬다. * 51:24 영상으로 보기

INDEX

실과 바늘에 따른 목차 .... 갖고 있는 실로 뜰 수 있는 다른 작품을 찾아보기

☑ **단디**
(도톰하고 부드러운 여름실, 7호)
핸들백 240
내추럴 빅 네트백 270

☑ **더코튼**
(부드러운 면사, 7호)
데일리 망태기 가방 260
미니 망태기 가방 269

☑ **라이크 린넨**
(린넨느낌 면사, 5호)
투톤 명함지갑 178

☑ **램스울 메종**
(빈티지한 색감, 5호)
겨울용 파우치 315
램스울 게이프 323
램스울 복주머니 339
램스울 사탕 꽃다발 347

☑ **메이크업**
(솜이 들어간 도톰한 실, 7호)
리본 머리끈 139
빅 리본 머리핀 140
리본 키링 140

☑ **방울실**
(합사하면 예쁜 특수사, 4호)
합사해서 뜨기(충전선) 107
합사해서 뜨기(곱창 밴드) 193
합사해서 뜨기(생리대 파우치) 355

☑ **버디버디**
(도톰한 겨울실, 10호)
도톰 겨울실 티코스터 149
미니 사각 바구니 158
미니 원형 바구니 168
겨울 토트백 249

☑ **빈센트 코튼 36합**
(도톰하고 탄탄한 면사, 8호)
면사로 뜨기(미니 사각 바구니) 167
면사로 뜨기(미니 원형 바구니) 177

네트 크로스백 204
세로형 네트 크로스백 211
배색하기(네트 크로스백) 212
와인 네트백 292
네트 휴지걸이 300

☑ **삼베실**
(천연 수세미실, 7호)
삼베 수세미 157

☑ **샌디**
(탄탄하고 가벼운 여름실, 5호)
비치 네트백 279

☑ **셜리**
(뽀글이실, 10호)
뽀글이 목도리 363

☑ **순면 콘사 18합**
(가성비 좋은 면사, 5호)
단색 빅 파우치 203
421 무드백 364
숄더백 372

☑ **순면 콘사 24합**
(가성비 좋은 면사, 7호)
주방용 덮개 239
데일리 망태기 가방 260
텀블러백 299
촘촘 네트 휴지걸이 307

☑ **아몬드**
(솜이 들어간 얇은 실, 5호)
충전선 꾸미기 100
꽃 116
네잎클로버 124
리본 132
통통 오색 복주머니 332

☑ **아이돌**
(작은 소품 뜨기 좋은 실, 5호)
줄무늬 네트 파우치 194
다용도 물결 매트 230
블루투스 이어폰 파우치 308

반려동물 케이프 316
머랭 크래커 키링 324
사탕 꽃다발 340

☑ **아임 낫 레더**
(가죽 느낌 실, 10호)
가죽 네트백 212
가죽 와인백 299

☑ **알로하**
(라탄 느낌 여름실, 7호)
여름용 카드지갑 185

☑ **울러버**
(울 느낌 겨울실, 7호)
포근 핸드워머 214
온 가족 비니 222
배색하기(데일리 망태기 가방) 269
꽈배기 목도리 356

☑ **컬리 코튼**
(얇은 면사, 3호)
얇은 실로 뜨기(체인 팔찌) 115

☑ **통통이 코튼**
(통통하고 부드러운 면사, 7호)
줄무늬 스트링백 250
미니 크로스백 259
도트 무릎 담요 280

☑ **포슬**
(부드러운 극세사실, 8호)
겨울 담요 287
핸드 타월 288
세안 머리띠 363
포슬 무드백 372

☑ **필트위스트 마크라메**
(부드러운 면사, 7호)
5가지 기초 기법 030
체인 팔찌 108
사각 티코스터 142
냄비 받침 149
원형 티코스터 150

함께 보면 좋은 책

레시피팩토리의 '진짜 기본 시리즈'는
초보자를 대상으로 한 요리, 베이킹, 실용 콘텐츠를
따라 하기 쉽게 풀어 소개하는 입문서입니다.

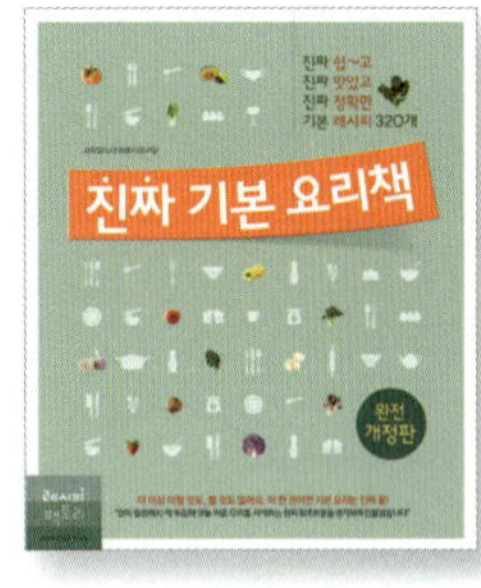

< 진짜 기본 요리책 완전개정판 > 레시피팩토리 지음 / 356쪽

"저 같은 요린이한테 강추하는 책이에요.
네이버 카페가 있어서 요리하다가
궁금한 점은 언제든지 물어볼 수 있어요.
요리 도전에 대한 의지도 생겼답니다!"

\- 온라인 서점 교보문고 ko****** 독자님

< 진짜 기본 요리책 : 응용편 > 레시피팩토리, 정민 지음 / 352쪽

"간장맛 채소닭갈비, 강원도식 물닭갈비,
해물닭갈비, 까르보나라 닭갈비까지.
한 가지 메뉴를 여러 가지로 완전히 다르게,
집밥을 지루하지 않게 만들어 먹을 수 있어요"

\- 온라인 서점 예스24 o*********7 독자님

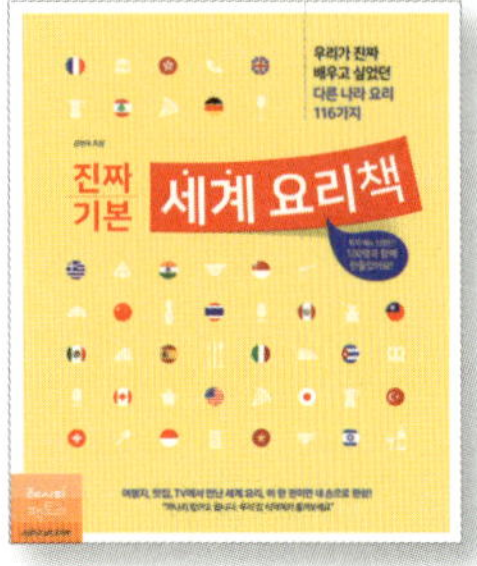

< 진짜 기본 세계 요리책 > 김현숙 지음 / 356쪽

"가장 대표적인 전 세계 요리들이
담겨 있어 흥미로운데다
따라 하기 쉬워 하나씩 만들어 보고 있어요.
정말 재밌는 책이에요."

\- 온라인 서점 예스24 s******3 독자님

늘 곁에 두고 활용하는 소장 가치 높은 책을 만듭니다 **레시피팩토리**

홈페이지 www.recipefactory.co.kr

< 진짜 기본 한식 디저트책 > 정희선, 정해진 지음 / 352쪽

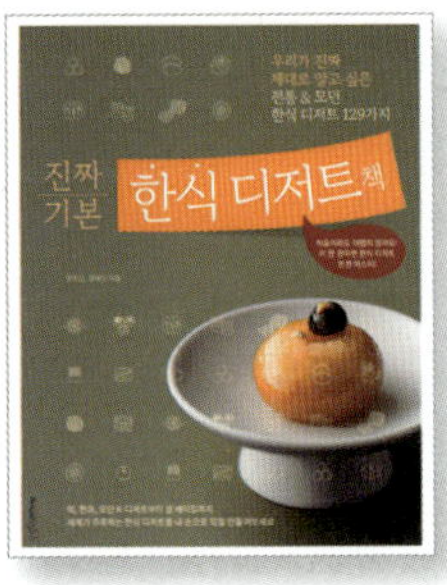

"매우 세심한 레시피 과정을 담고 있기에
저희 집 초딩 아이들도 즐겨본답니다.
아이들이 골라준 메뉴와 제 최애 메뉴부터
차곡차곡 한식 디저트 레시피를 쌓아보겠습니다."

- 온라인 서점 알라딘 i*******0 독자님

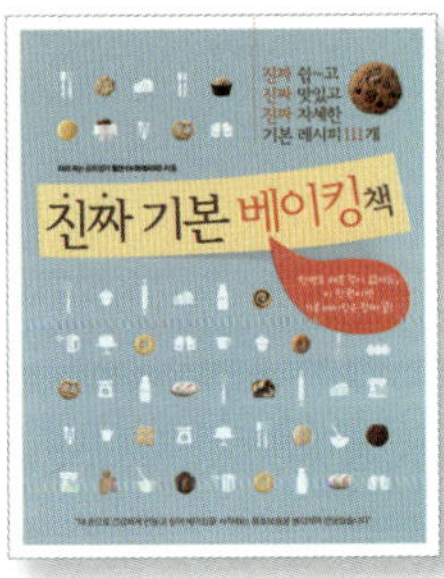

< 진짜 기본 베이킹책 > 레시피팩토리 지음 / 296쪽

"제가 찾던 베이킹의 진짜 기본을
배울 수 있는 책이에요.
이 책 한 권만으로도 베이킹을 하기에는
충분할 것 같아요. 정말 감사합니다."

- 온라인 서점 교보문고 kc****** 독자님

< 진짜 기본 베이킹책 2탄 > 베이킹팀 굽ㄷa 지음 / 196쪽

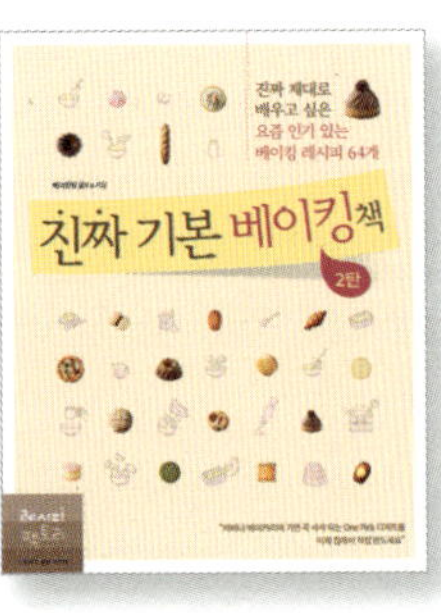

"1탄이 탄탄한 기본기를 알려준다면
2탄은 1탄을 발판 삼아 좀 더 트렌디하고
업그레이드 된 베이킹을 시도할 수 있어요.
소장가치 충분한 책이에요."

- 온라인 서점 알라딘 t****l 독자님

< 진짜 기본 청소책 > 두룸 정두미 지음 / 232쪽

"평소 청소에 관심이 많았는데
진짜 완전 도움 됩니다. 이렇게 상세하면서
공간별, 물건별로 청소 방법이 정리된 책은
처음이에요. 청소에 유용한 제품 추천도 좋아요."

- 온라인 서점 예스24 s*******r 독자님

1판 1쇄 펴낸 날	2025년 12월 18일
편집장	김상애
책임편집	엄지혜
디자인	원유경
사진	박형인(studio TOM, 완성 및 사진 보정) / 김나리(과정)
스타일링	지수정(모하스타일링)
일러스트	조라
기획 · 마케팅	내도우리
독자 서포터즈	김수현, 김유진, 김해선, 문은진, 신혜숙, 오혜주, 이영희
편집주간	박성주
펴낸이	조준일
펴낸곳	(주)레시피팩토리
주소	서울특별시 용산구 한강대로 95 래미안용산더센트럴 A동 509호
대표번호	02-534-7011
팩스	02-6969-5100
홈페이지	www.recipefactory.co.kr
애독자 카페	cafe.naver.com/superecipe
출판신고	2009년 1월 28일 제25100-2009-000038호
제작 · 인쇄	(주)대한프린테크

값 27,000원

ISBN 979-11-92366-63-0